다이얼로그
물리학

4

상대성이론 · 양자역학

DIALOGUE
PHYSICS

묻고 답하며 알아가는 물리학

다이얼로그 물리학

4

상대성이론 · 양자역학

이공주복 지음 | 임승연 그림

이화여자대학교출판문화원

이 저서는 이화여자대학교 학술연구과제(1-2019-0205-001-1)의 일부 지원을 받음.

들어가며

"I love physics with all my heart.
It is a kind of personal love, as one has for
a person to whom one is grateful for many things."
- Elise "Lise" Meitner (1878~1968)

이화여자대학교 물리학과에 해마다 80명씩 신입생이 입학하던 시절이 있었다. 그러다 학부제가 실시되었고, 자연과학부로 입학한 학생 중 물리학을 전공으로 선택하는 학생들의 수는 급격히 감소했다. 수학을 좋아하고 잘하는 학생들은 수학을, 싫어하는 학생들은 화학이나 생물학을 전공으로 택하는 경향이 나타났기 때문이다. 수학은 '물리학의 언어'라고들 하니 어느 정도의 수학 능력을 갖춰야만 하는 물리학을 굳이 전공으로 택할 이유가 없지 않은가. 정말 물리학을 사랑하지 않는다면 말이다.

이즈음 일반물리학의 한 분반을 담당하며, 정녕 수학이라는 장벽 때문에 물리학을 택할 수 없는 것이라면 수학을 최소한으로 줄이고 물리적 개념을 많이 강조하는 방식으로 강의해보자는 생각이 들었다. 지금처럼 많은 동영상 자료가 있던 시절이 아니라서 구할 수 있는 한 많은 사진 이미지를 준비했는데 학생들 반응이 좋았다. 물리학을 전공할 생각이 전혀 없던 학생이 물리학을 전공으로 택하기도 하고, 인문사회 계열이나 예체능 계열의 학생들이 많지는 않았지만 나의 일반물리학 강의를 수강하러 왔다. 모두 수식을 최소한으로 사용하여 자연의 법칙을 이해해보자는 강의 소개문을 보고 찾아온 것이다. 이 비非이공계 학생 중에는, 수강생 대부분이 이공계인 일반물리학 강좌에서 아주 좋은 성적을 받은 학생들도 꽤 있었다. 동기 유발과 교육 효과가 함께 간다는 것과, 수학적 배경이 물리학을 처음 공부하는 데 필수가 되는 것은 아님을 깨닫는 경험이었다.

우리가 일상에서 경험하는 많은 현상은 일차적으로 고전물리학, 즉 고전역학이나 고전전자기학으로 설명된다. '일차적'이라고 표현한 것은, 자연현상은 까도 까도 새로운 양파처럼 한 가지 이론이나 법칙만으로 완벽하게 설명되지 않는 경우가 대부분이지만 그럼에도 그것을 통해 주된 이유 정도는 파악할 수 있음을 의미한다. 뉴턴의 운동방정식이나 맥스웰 방정식 등의 미분방정식 및 적분방정식을 푸는 대신, 친숙한 일상의 사례들을 통해 원리를 먼저 이해해보고자 했던 시도는 동료 교수의 부추김이 더해져 『만득이의 물리귀신 따라잡기』 1~3권 시리즈(1997~1999)의 출간으로 이어졌다. 오래전 일이다. 수식을 최소한으로 하는 일반물리학 강의는 기회가 될 때마다 계속 진행했지만 이 책들에 대해서는 잊고 있었다. 그러다가 시리즈를 출간한 지 10년도 훌쩍 지나서 다시 주변 사람들에게 등 떠밀려 개정판을, 심지어 예전에 포함하지 못한 '상대성이론과 양자역학'까지 포함해 일반물리학 전반을 아우르는 시리즈 개정판을 출판하는 것에 동의하고 말았다. 처음에는 제목과 등장인물을 바꾸고 내용만 조금 다듬으면 되는 수준이라고 생각했으나 다시 읽어보니 그 정도로 해결될 수 없겠다는 생각이 들었다. 세월이 흘렀다고 일반물리학의 기본 주제가 달라진 것은 아니나 설명 방식은 많이 달라졌기 때문이다. 주제가 바뀔수록 수정도 많아졌고, 거의 새로운 책을 다시 쓰는 지경이 되었다. 이렇게 해서 먼저 고전물리학과 물성·파동·열역학을 다룬 『세상 뭐든, 물리』 1·2권(2017)이 나왔다. 하지만 4권으로 예정되었던 '상대성이론과 양자역학'뿐 아니라 기존 시리즈의 3권에 해당하는 '전자기학'까지 출간할 수 없는 상황에 놓였다. 아쉬워하던 차에, 일반물리학 전반에 관한 입문서를 완결하고 싶었던 나의 마음이 통했는지 많은 이들의 염려와 도움으로 드디어 『다이얼로그 물리학』 1~4권 시리즈를 출간하게 되었다. 1·2권은 수정이 많이 이루어지긴 했지만 출판사 관계자들의 동의하에 『세상 뭐든, 물리』 1·2권과 같은 내용을 다루고 있음을 밝혀둔다.

이 시리즈는 두 학생 '울리'와 '엘리'가 우연히 한동네에 사는 여성 물리학자 '바리 교수'를 알게 되고, 바리 교수와 함께 대화하며 일상의 다채로운 예를 통해 물리학의 기초 개념들을 하나씩 깨우쳐가는 이야기로 구성되어 있다. 나의 분신이기도 한 바리 교수의 이름 '바리'는 나와 어울린다며 딸이 지어준 이름이고, '울리'는 '물리학의 양심'으로 불리는 천재 물리학자 볼프강 파울리(1900~1958)에게서, 또 '엘리'는 아인슈타인이 '우리(독일어권)의 퀴리 부인'이라고 칭한 여성 물리학자 리제 마이트너(1878~1968)의 어릴 때 이름인 '엘리제'에서 따온 이름이다.

바리, 울리, 엘리의 대화는 질문과 답변으로 이어진다. 대부분의 질문은 내가 일반물리학 강의를 하며 학생들에게서 받은 것들, 혹은 일반적으로 익숙하여 쉽다고 생각하지만 그것이 잘못된 이해에 기인하는 경우가 많은 개념을 질문으로 재구성한 것들이다. 특히 일반물리학 강의를 수강하면서 한 학기 동안 수십 번 질문하는 열정적인 비이공계 학생들이 종종 있는데, 그들의 질문을 대화에 많이 포함하여 비전공자나 대중이 보편적으로 가질 수 있는 궁금증들에 답을 제시하고자 노력했다. 반면에 자연의 법칙을 이해하기 위해 물리학이 어떤 개념들을 내놓았는지 최소한의 수학을 사용해 설명하고자 했으나, 완전히 수학을 배제하려 하지는 않았다. 물리학을 조금 더 깊이 잘 이해할 수 있는 가장 쉬운 방법은 어찌 보면 결국 수학을 통해서이기 때문이다. 직관적으로 자연의 법칙을 이해하는 것은 결코 쉽지 않지만, 수학으로 기술된 자연의 법칙을 수학적으로 풀고, 그 결과를 해석함으로써 자연을 이해하는 것은 훈련을 통해 가능하다. 이 시리즈는 그러한 수학적 훈련에 본격적으로 들어가기 위한 가교라고 할 수 있다.

『다이얼로그 물리학 1: 고전역학』은 속력, 속도, 가속도의 기초 개념으로 시작하기 때문에 처음에는 지루하게 느낄 수 있으나, 물리학을 '진지하게' 처음 접하는 독자라면 차근차근 읽어가길 바란다. 그러다 보면 '에프는 엠에이$F = ma$' 하나로 얼마나 많은 현상을 이해할 수 있는지, 직선운동이 어떻게 회전운동의 개념으로 확장되는지, 관성력은 왜 필요한지 등을 경험할 수 있게 될 것이다. 『다이얼로그 물리학 2: 물성·파동·열역학』은 총 네 권의 시리즈 중 가장 쉽게 접근할 수 있는 내용이다. 아르키메데스의 원리나 베르누이의 원리, 엔트로피를 비롯한 열역학 법칙들, 그리고 음파를 통한 파동의 물리적 특성 등을 일상의 예와 함께 이해해나갈 수 있을 것이다. 『다이얼로그 물리학 3: 전자기학』은 수식이 가장 많이 등장하는 권이다. 고전역학이 뉴턴의 운동방정식 '$F = ma$' 하나를 공부하는 것이라면 전자기학은 맥스웰 방정식 네 개를 공부하는 것이라고 할 수 있기 때문이다. 전기장과 자기장이 독립적이지 않고 서로 얽혀 있어서 이 둘과 관련된 네 개의 방정식은 모두 상대적으로 복잡하다. 방정식의 의미를 대화로 풀어 설명했지만 진지하게 물리학을 공부하고자 하는 독자를 위해 해당 방정식들을 따로 각 회차 마지막에 정리하여 제공했다. 1~3권은 대부분 고전물리학 영역이다. 즉 1900년 이전까지 확립된 물리학이다. 하지만 『다이얼로그 물리학 4: 상대성이론·양자역학』은 소위 '현대물리학'이라고 부르는 1900년 이후에 발전한 개념들을 소개한다. 고전물리학처럼 우리의 일상에서 '직접적으로' 경험할 수 있는 개념이 아니어서 처음 접하는 사람은 누구나 매우 혼란스러워한다. 대중매체에서 다루는 과학 정보를 통해 아인슈타인의 상대성이론이나 '슈뢰딩거의 고양이' 등의 개념에 이미 익숙한 사람도 실제 그것의 구체적인 내용이나 원리에 대해 이해해보고자 하면 쉽지 않을 것이다. 나 역시 맛보기 수준으로만 집필하는 데도 많은 어려움을 느꼈다. 이러한 어려움을 조금이라도 상쇄해보고자 4권에서는 아인슈타인을 비롯한 아홉 명의 유명한 현대물리학자와 그들의 삶, 업적 등에 대해 간략히 소개했다. 시리즈의 내용 중 서로 연관된 일화들은 해당 내용 부분에 참조로 권과 일화의 번호를 넣었고, 매 일화의 끝에는 <바리 교수의 물리노트>로 핵심 내용을 간략히 요약했다. 참, 바리, 울리, 엘리가 함께 놀이하듯 물리 공부를 한다는 설정 아래 바리 교수의 갖가지 요리 레시피들이 모든 시리즈 사이사이에 양념처럼 등장하니, 복잡해진 머리를 환기하는 시간이 되었으면 한다. '리, 리, 리 자로 끝나는 말은? 바리, 울리, 엘리, 요리, 물리 보따리~'도 흥얼거리며.

"Have no fear of perfection: you'll never reach it."

- Salvador Dali (1904~1989)

원고 교정을 볼 때마다 오류가 보이고, 기존에 설명한 방식들이 계속해서 마음에 들지 않았다. 심지어 간단히 설명한다는 명목 아래 핵심을 짚지 않고 설명한 것은 아닌가 하는 불안감도 들었다. 그러나 결코 도달할 수 없는 완벽함을 갈구하지 않기로 했다. 물리학을 전공하는 사람들도 물리학 공부가 어렵다고 한다. 속도와 가속도의 정의로 시작해서 표준모형으로 마칠 때까지 총 160개의 일화를 통해 물리학 전반을 다룬 이 네 권의 시리즈는 일반물리학을 제대로 맛보기 위한 입문서에 불과하다. 그래도 어렵다. 하지만 30년간 대학 교단에서 물리학을 강의하며 얻은 나의 경험이, 많은 학생에게 그들이 조금이라도 덜 어렵게 물리학에 접근할 수 있도록 하는 데 도움이 될 수 있지 않을까 하는 희망으로 이 책들을 집필했다.

일반물리학 관련 문헌은 무수히 많으나, 집필하며 특별히 참고한 문헌은 *Physics for Scientists and Engineers with Modern Physics* (Raymond A. Serway & John W. Jewett, Jr., Brooks/Cole)와

Fundamentals of Physics (David Halliday, Robert Resnick, & Jearl Walker, John Wiley & Sons), *Conceptual Physics* (Paul G. Hewitt, Pearson Addison Wesley) 등이다. 또한 'MIT OCW'(https://ocw.mit.edu/)에 업로드되어 있는 Walter Lewin 교수님의 물리학 강의 영상물을 일부 본문에 인용했고, 'The Physics Classroom'(http://www.physicsclassroom.com), 경상대학교 정기수 교수님이 제작하신 '물리의 이해'(http://physica.gnu.kr/) 등의 웹페이지와 『호기심의 과학』(유재준, 계단, 2016) 등의 서적에서 개념을 쉽게 설명하기 위한 아이디어를 얻기도 했다. 그 외에 미항공우주국 NASA(https://www.nasa.gov)나 온라인백과사전 위키피디아(https://en.wikipedia.org)의 문도 종종 두드렸다. 특히 4권에서 살펴본 물리학자들의 삶과 연구에 대해서는 노벨상 홈페이지(https://www.nobelprize.org/)와 『스핀』(이강영, 계단, 2018), 『현대물리학의 선구자』(임경순, 다산, 2001), 『아인슈타인이 말합니다』(아인슈타인 저, 김명남 역, 에이도스, 2015) 등을 참조했다.

이 시리즈가 나오기까지 참으로 많은 분의 도움이 있었다. 『세상 뭐든, 물리』 1·2권의 오류를 꼼꼼히 정리하여 보내주신 통계물리학자 손승우 교수님, 상대성이론과 관련한 일화들을 자문해주신 중력파 물리학자 김정리 교수님, 유명한 '현대물리학과 인간사고의 변혁' 강의록을 쾌히 보내주시고 양자역학 및 표준모형과 관련한 일부 일화들을 자문해주신 입자물리학자 김찬주 교수님께 깊이 감사한다. 또한 대중적 인기가 전혀 없을 일반물리학 입문서인 이 책들을, 오로지 교육적 필요만을 이유로 주저 없이 출판하기로 결정해주신 이화여자대학교출판문화원의 이승아 전 원장님과 이혜지 주간님께 깊은 경의를 표한다. 이 분들의 무모한 결정이 없었다면 나의 초고는 낡은 컴퓨터 메모리 안에 영원히 갇혀 있었을 것이다. 무엇보다도 나의 행운은 이지예 편집자님을 만난 것이다. 비이공계 출신의 편집자가 대중서도 아닌 물리학 입문서를 편집한다는 것이 결코 쉽지 않았을 텐데도 한 줄 한 줄 스스로 물리학을 공부하는 자세로 계산식까지 확인해가며 편집하셨다. 교정지를 보며 얼마나 여러 번 감탄하고 순간순간 자신감을 얻었는지 모른다. 또 표지와 본문을 예쁘게 디자인해주시고, 본문 내 수식들을 보기 좋게 편집하느라 애써주신 디자이너들께도 감사한 마음을 전하고 싶다. 마지막으로 가족과는 비즈니스를 하지 않는다는 신념 아래 삽화 의뢰를 극구 거절했지만, 갖은 회유와 애원에 결국 승낙하여 복잡한 전문 삽화들을 꼼꼼하게 그려준 딸, 임승연 일러스트레이터에게도 큰 감사를 전한다.

2022년 2월

이공주복

차례

01 달리는 탑차에서 쏜 광선의 속력이 변하지 않는다구요?

특수상대성이론의 기본 가정/동시성의 상대성

방학 동안 엘리와 울리는 바리 교수를 좀 더 자주 찾아가기로 했다. 바리 교수가 그동안 공부해온 고전물리학과는 사뭇 다른 상대성이론과 양자물리학에 대해 이야기해주겠다고 했기 때문이다. 울리는 예전에 친구들과 함께 <인터스텔라>라는 영화를 본 적이 있는데, 당시 이 영화에서 나온, 아빠가 우주여행을 다녀온 사이에 딸이 할머니가 되어버린다는 이야기가 영화적인 설정인 줄로만 알았다. 그런데 나중에 어디선가 상대성이론에 의하면 이것이 정말 가능한 일이라는 설명을 듣고는 매우 신기하다고 생각했다.

울리 아줌마~ 오늘 '우주여행을 다녀온 사람이 지구에 있던 사람보다 왜 더 젊은가'에 대해 가르쳐주실 건가요?

바리 바로 그 주제를 다룰 순 없단다. 전혀 익숙하지 않은 개념들이라 어떻게 설명해야 잘 이해시킬 수 있을지 살짝 걱정되지만 천천히 하나씩 얘기해줄게. 이해가 안 된다고 너무 실망하지 말고,

이미 입증된 내용들이니까 믿고 받아들이도록 노력하렴.

엘리 정말 어려운 내용인가 봐요.

바리 생소한 내용이지. 우리가 일상생활에서 직접적으로 경험하지 못하니까 말이야. 먼저 우리가 일상에서 경험할 수 있는 것부터 생각해보자. 일정한 속도 100km/h로 달리는 탑차 안에서 공을 탑차가 달리는 방향을 향해 일정한 속력 50km/h로 던진다면, 탑차 밖에 서 있는 사람은 이 공의 속도가 얼마라고 할까?

엘리 달리는 탑차 안에서 같은 방향으로 움직이는 공을 보는 것이니 공의 속도가 탑차가 달리는 방향으로 150km/h라고 하겠죠.

바리 그렇지? 그럼 탑차가 달리는 방향과 반대 방향을 향해 일정한 속력 50km/h로 공을 던진다면 어떨까?

울리 탑차가 달리는 방향으로 50km/h의 속도로 공이 날아가는 것으로 볼 것 같아요.

바리 잘했어. 그럼 이번에는 공이 아니라 손전등을 켜서 빛이 탑차가 달리는 방향을 향해 퍼져나가는 경우를 생각해봐. 탑차 밖에 서 있는 사람은 이 빛의 속도가 얼마라고 할까?

울리 공과 마찬가지로 빛의 속도에 탑차의 속도를 더한 것 아닐까요? 근데 빛의 속력이….

엘리 빛의 속력은 진공에서 약 30만 km/s!

울리 넌 또 바로 나오네. 나도 막 기억나긴 했지만 말이야. 히히-

엘리 근데 정말로 탑차가 달리는 방향으로 퍼져나가는 빛의 속력이 30만 km/s에 탑차의 속력 100km/h를 더한 것이 되나요? 탑

탑차의 속도: $+100\,\text{km/s}$	탑차 안 관측자	탑차 밖 관측자
공의 속도	$+50\,\text{km/s}$	$+150\,\text{km/s}$
	$-50\,\text{km/s}$	$+50\,\text{km/s}$
빛의 속도	$+c$	$+c$
	$-c$	$-c$

차가 달리는 방향의 반대 방향으로 퍼져나가는 빛의 속력은 30만 km/s에서 100km/h를 뺀 거고요? 지난번에 무슨 실패한 실험에 대해 얘기하시면서 빛의 속력이 변하지 않는다고 하신 것 같아서요.

울리 아, 맞다! 빛이 전자기파로 진행하는 데 필요한 매질을 찾으려다가 찾지 못하고 빛의 속력이 변하지 않는다는 결론만 얻었다고 하셨어요. 무슨 실험이었죠?

바리 마이컬슨-몰리 실험! (제3권 40화 참조) 그 실험에 대해 이야기하기 전에, 관성계에 대해 복습부터 하자.

엘리 관성계, 비관성계를 배운 지 한참 되었는데 다시 나오네요. '관성계에 대해 가속운동하는 관측자는 비관성계여서 원심력이나 전향력 같은 가상의 힘이 필요하다'고 하신 것은 기억나요. (1권 27화 · 28화 · 30화 참조)

울리 헉! 너는 또? 난 기억이 가물가물한데….

바리 괜찮아~ 다시 알면 되지. 정지해 있거나 일정한 속도로 움직이는 관측자는 관성계라고 할 수 있어서, 일정한 속도로 달리는 탑차에 타고 있는 관측자와 탑차 밖에 정지해 있는 관측자는 모두 관성계지. 그리고 '모든 관성계에서 운동법칙은 동일하다'는 '갈릴레이의 상대성원리principle of Galilean relativity'가 있단다.

엘리 정지한 상태에서의 운동법칙과 일정한 속도로 움직이는 상태에서의 운동법칙이 같다는 거죠?

바리 그렇지. 달리는 탑차 안에서 공을 던질 때, 탑차 밖의 정지한 관측자가 느끼는 공의 속도는 이러한 갈릴레이의 상대성원리와 잘 맞는 거고 말이야.

울리 근데 빛의 경우에는 뭔가 다를 것 같은 느낌인데요? 히히-

바리 하하- 울리의 눈치는 여전하구나~ 이제 마이컬슨-몰리 실험을 살펴보면, 이 실험은 마치 흘러가는 강물에서 배의 운동을 이용해 강물의 속력을 구하는 것과 비슷하단다. 강물은 에테르, 배는 빛에 해당한다고 생각하면 말이야.

엘리 강물의 속력을 어떻게 배의 운동을 이용해서 알 수 있는데요?

바리 강에서 일정한 속력의 배가 일정한 거리를 물줄기의 방향과 나란하게 왕복할 때 걸리는 시간과, 물줄기의 방향과 수직이 되게 가로질러 왕복할 때 걸리는 시간을 측정하면 강물의 속력을 구할 수 있거든. 그래서 마이컬슨-몰리 실험에서도 빛이 가상의 에테르 흐름과 나란한 방향으로 왕복하는 데 걸린 시간과 수직한 방향으로 왕복하는 데 걸린 시간을 측정하여 에테르의 속력을 구하려 한 거야. 근데 정교한 장치를 고안하여 다양한 경로에 대해 여러 번 측정을 해봐도 에테르의 속력은 항상 0이었지.

엘리 아, 그래서 에테르는 없다는 거군요.

바리 당시에는 에테르가 여전히 존재한다고 믿고 싶어서 오히려 에테르의 속력이 측정되지 않는 이유를 설명하려는 시도들이 많이 있었다고 해. 근데 1905년 아인슈타인이, '빛의 속력은 관측자와 광원 간의 상대운동과 관계없이 일정하다'는 가설을 내놓았지. 빛의 속력이 일정하기 때문에 마이컬슨-몰리 실험에서 같은 길이의 다양한 빛의 경로에 대해 시간차가 생기지 않는 것이라고 말이야.

울리 역시 예상대로 빛이 특이한 거였어요. 헤헤- 근데 그럼 달리는 탑차 안에서 퍼져나가는 불빛의 속력이 탑차 밖에 정지한 관측자에게도 똑같은 속력으로 관측된다는 거잖아요? 탑차가 아무리 빨리 달려도요.

바리 그렇지. 사실 마이컬슨-몰리 실험이 나오기 전부터 맥스웰방정식이 '진공 중 빛의 속력 30만 km/s가 모든 관성계에서 성립한다'는 의미를 포함하고 있었기 때문에, '갈릴레이의 상대성원리를 전자기학에 적용할 수 있는가' 하는 문제는 계속해서 제기되고 있었어.

울리 그래서 아인슈타인의 상대성이론이 문제를 해결한 거군요~ 갈릴레이의 상대성원리와는 어떻게 달라요?

바리 아인슈타인은 두 가지 가설을 전제로 '특수상대성이론special

theory of relativity'이라는 새로운 이론 체계를 발표했어. 그 두 가지 가설은 다음과 같지. ① 상대성원리principle of relativity: 모든 관성계에서 물리법칙은 동일하다. ② 광속불변의 원리principle of invariant light speed: 모든 관성계에서 진공 중 빛의 속력(광속) $c=30$만 km/s다.

엘리 어? 갈릴레이의 상대성원리를 그대로 포함하고 있으면서 빛의 속력이 불변하면 모순 아닌가요?

바리 첫 번째 가설은 '모든 관성계에서 운동법칙이 동일하다'는 갈릴레이의 상대성원리와 달리, '역학, 전자기학, 광학, 열역학 등 모든 물리법칙이 모든 관성계에 동일하다'는 거야.

엘리 아, 운동법칙이 물리법칙으로 바뀐 거네요. 저 두 가지 원리를 이용하면 우주여행을 다녀온 아빠가 지구에 있던 딸보다 더 젊은 것을 설명할 수 있는 거예요?

바리 그래. 광속불변의 원리는 어디에서나 시간이 동일하게 흐른다는 보편적 개념을 깨는 원리거든. 간단한 예를 생각해볼까? '어떤 두 사건이 동시에 일어난다'는 것의 의미 같은 것 말이야.

울리 두 사건이 같은 시간에 일어나면 동시에 일어났다는 거잖아요? 다른 의미가 있어요?

바리 '모든 관성계의 관측자가 두 사건이 동시에 일어난다고 할 것인가' 하는 문제야. 다시 일정한 속력으로 달리는 탑차를 생각해보자. 탑차 정중앙에 전등이 있고, 이 전등의 불빛이 차량 양 끝에 동시에 도달하는지를 달리는 탑차 안의 관측자와 탑차 밖의 정지한 관측자 입장에서 각각 말해볼래?

울리 먼저 달리는 탑차 안의 관측자는 불빛이 동시에 양 끝에 도달한다고 보겠죠. 전등이 탑차 정중앙에 있으니 양 끝까지의 거리가 같잖아요.

바리 그렇지. 그럼 탑차 밖에 서 있는 관측자도 불빛이 양 끝에 동시에 도달한다고 주장할까?

엘리 탑차 밖의 관측자 입장에서도 빛의 속력은 같으니 빛이 이동하는 거리만 비교하면 되는 거죠? 근데 불빛이 정중앙에서 앞뒤로

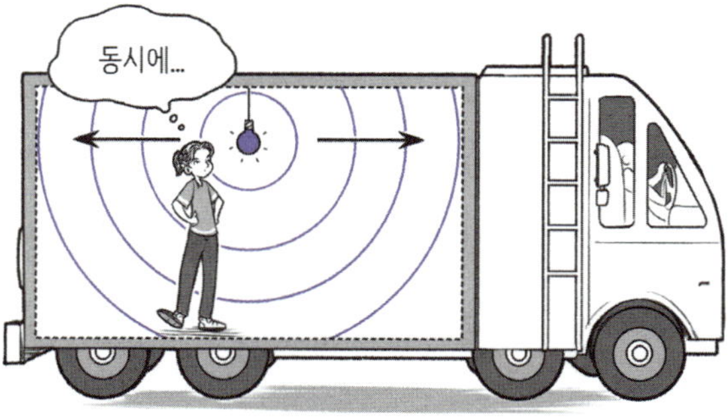

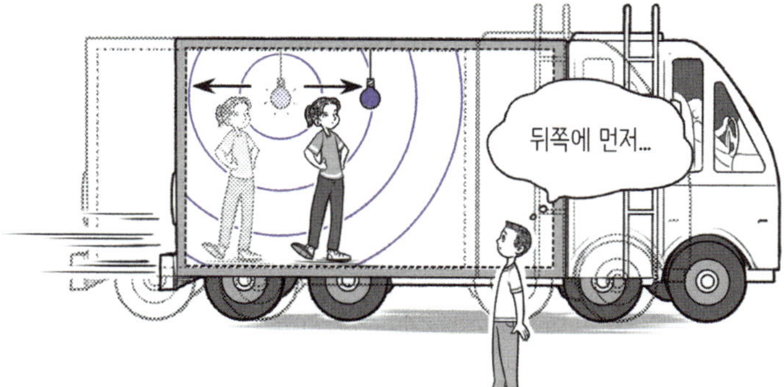

퍼져나가는 동안 탑차가 앞으로 갔으니 뒤쪽까지의 거리는 줄어들고 앞쪽까지의 거리는 늘어나겠네요.

바리 아주 잘했어.

울리 오~ 그럼 불빛이 탑차 뒤쪽에 먼저 도착하는군요?

엘리 그래서 탑차 밖에 서 있는 관측자는 불빛이 기차 양 끝에 동시에 도달하지 않았다고 주장하겠네요.

바리 이렇게 특수상대성이론에서 동시성simultaneity은 절대적이지 않고 상대적이지. 한 관성계에서 동시에 일어난 사건이 다른 관성계에서는 동시에 일어난 사건이 아닐 수 있으니까 말이야. 한편 '움직인 거리÷걸린 시간'이 속력이니까 광속이 일정하려면 거리가 변할 때 시간도 변해야 한다는 뜻이겠지?

울리 와~ 시간과 거리가 연결되어 있다는 뜻인가요?

바리 그래~ 우리가 그동안 배운 뉴턴의 운동법칙에서는 모든 관측자에게 동일한 어떤 보편적 시간이 있고, 누구한테나 동시성도 보장되는데, 상대성이론에서는 이런 시간의 보편성이 깨진다는 뜻이기도 하지.

엘리 시간의 개념이 그동안 우리가 알고 있던 것과 달라지네요.

바리 그렇지. 곧 다시 알려주겠지만, 상대성이론에서는 두 점 사이의 거리나 두 사건이 일어난 시간의 차이가 관측자에 따라 달라질 수 있거든.

울리 시간과 거리가 연결되어 있어서 '4차원 시공간'이라고 하는 건가 봐요?

바리 갖아. 시간과 공간이 서로 연결되어 있어서 우리가 일상적으로 경험하는 3차원 공간과 더불어 '광속 × 시간', 즉 *ct*라는 차원을 동시에 생각해야 한다는 것이 아인슈타인의 4차원 시공간 개념이지. 다음에 오면 특수상대성이론에서 두 사건이 일어난 시간차가 관측자에 따라 어떻게 달라지는지 자세히 구해볼게. 수식이 좀 나올 테니 그러려니 하렴~

울리 수식이 어려울까 봐 걱정이 되지만 개념 이해도 만만치 않을 것 같아요. 오늘만 하더라도 광속은 변하지 않는다든지, 엘리한테는 동시에 일어난 일이 저한테는 동시에 일어나지 않을 수 있다든지 하는 개념으로 혼란스럽거든요.

엘리 저도요. 오히려 수식을 통해 쉽게 이해할 수 있으려나요?

바리 상대성이론이나 양자역학을 처음 접하면 누구나 혼란스러워해. 그래서 자꾸 그러려니 하고 받아들이라고 한 거야. 암튼 대충이라도 들어본다는 생각으로 편하게 오렴~

바리 교수의 물리노트 1

- 특수상대성이론special theory of relativity의 두 가지 기본 가설: 상대성원리, 광속불변의 원리
  - 상대성원리principle of relativity: 모든 관성계에서 물리법칙은 동일하다.
  - 광속불변의 원리principle of invariant light speed: 모든 관성계에서 진공 중 빛의 속력(광속) $c = 30$만 km/s다.
- 동시성simultaneity은 절대적이지 않고 상대적이다. 즉 어떤 관성계에서 동시에 일어난 두 사건이 다른 관성계에서는 동시에 일어나지 않을 수 있다.

02 빨리 뛸수록 나이를 덜 먹을 수 있다구요?

특수상대성이론_시간 지연

엘리는 울리와 3시에 아파트 정문에서 함께 만나 바리 교수를 찾아가기로 했다. 집에서 늦장을 부리다 보니 시간이 다 되어 급히 나왔는데, 아파트 정문에 거의 다 왔을 때 핸드폰을 집에 두고 온 것을 알았다. 할 수 없이 엘리는 핸드폰을 가지러 다시 집으로 발길을 돌렸다. 부지런히 뛰어서 다녀왔지만 3시 정각에 정문에 도착할 수는 없었다. 저 멀리 정문에서 엘리를 기다리며 핸드폰을 보고 있는 울리를 발견하고, 엘리는 있는 힘을 다해 뛰어갔다.

엘리 헥- 헥- 약속을 했으면 지켜야 하는데. 늦어서 미안~

울리 넌 뛰어와서 나보다 나이를 덜 먹었겠다.

엘리 엥? 갑자기 그게 무슨 소리야?

울리 상대성이론을 미리 좀 검색해봤더니 속력이 클수록 나이를 덜 먹는대. 그런 의미에서 우리 뛰어가자~ 헤헤-

바리 (잠시 후) 왜들 뛰어오니?

엘리 울리가 뛰면 나이를 덜 먹는다며 뛰자고 해서요.

바리 하하- 울리가 상대성이론을 찾아보고 왔나 보구나.

엘리 우주여행이나 뛰는 거나 비슷한가요? 나이를 덜 먹는 것이요.

바리 그런 셈이지. 오늘은 관측자의 속력에 따라 시간이 어떻게 다른지 살펴보자. 다시 일정한 속력 v로 오른쪽으로 움직이는 탑차를 상상해보렴. 이번에는 탑차의 위아래에 거울이 있고 아래쪽에서 빛이 나와 두 거울 사이를 왕복하는 장치가 설치되어 있다고 생각하고 말이야. 누가 탑차 안에 있을래?

엘리 저요~ 탑차 안에서 뭘 할까요? 헤헤-

바리 그럼 울리는 탑차 밖에 서 있는 거야. 하하- 자, 이제 각자 빛이 두 거울 사이를 한 번 왕복하는 데 걸리는 시간을 재보자. 빛이 아래 거울에서 나가는 순간과 위 거울에서 반사되어 다시 아래 거울로 돌아오는 순간의 시간을 재는 거지. 거울 사이의 거리를 d, 광속을 c, 빛이 두 거울 사이를 한 번 왕복하는 데 걸리는 시간을 Δt_0라고 하고 말이야.

엘리 '속력×시간'이 거리니까 '빛이 왕복하면서 이동한 거리÷빛의 속력'을 구하면 왕복하는 데 걸린 시간 $\Delta t_0 = 2d/c$겠죠.

바리 잘했어. 그럼 달리는 탑차 밖에서 탑차 안의 장치를 보고 시간을 재는 울리는 어떤 결과를 얻을까?

울리 아, 제가 탑차 안에 탔어야 하는데…. 빛이 거울 사이를 움직이는 시간 동안 탑차가 앞으로 갈 텐데요…. 빛의 속력은 변하지 않으니까 거리만 구하면 되는 거죠?

바리 그렇지. 탑차 안의 엘리는 정지한 위아래의 거울 사이를 빛이 왕복하는 것을 보지만, 탑차 밖의 울리는 탑차가 움직이는 바람에, 빛이 아래 거울을 출발해 위 거울에 닿았을 때는 탑차의 위치가 처음보다 오른쪽인 것을 보겠지. 위 거울에서 반사해서 다시 아래 거울에 왔을 땐 탑차의 위치가 더 오른쪽으로 가 있는 것을 볼 테고 말이야.

울리 빛이 마치 삼각형 빗변을 따라 움직이는 것처럼 보이는 건가요?

바리 맞아. 이런 경우는 그림을 그리면 이해가 쉽지. 그림에서 이등변 삼각형의 높이는 위아래 거울 사이의 거리 d, 밑변 길이는 빛이 위아래 거울 사이를 왕복하는 동안 탑차가 움직인 거리 $v\Delta t$야. 탑차 밖에 있는 울리 입장에서 빛이 두 거울 사이를 한 번 왕복하는 데 걸리는 시간이 Δt일 때 말이야.

울리 그림으로 보니까, 빛이 일정한 속력 c로 더 긴 거리를 움직여야

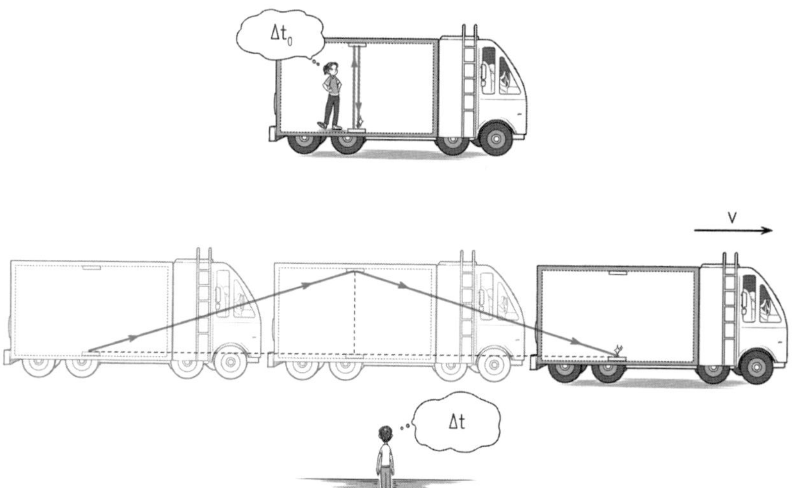

해서 거울 사이를 왕복하는 데 걸리는 시간 Δt는 엘리가 측정 한 시간 Δt_0보다 길겠어요.

바리 바로 그거야. 관측자와 장치 사이에 상대속도가 없는 경우보다 상대속도가 있는 경우 빛이 더 천천히 왕복한다는 거지.

엘리 그렇다고 시간이 천천히 흐른다고 할 수 있나요?

바리 그걸 이해하기 위해, 빛이 위아래 거울을 한 번 왕복할 때마다 눈금이 한 칸 움직이는 시계가 있다고 생각해봐. 그리고 이런 장치의 시계가 울리가 서 있는 땅에 하나 더 있다고 하고 말이야.

엘리 울리는 바로 옆에 있는 시계도 보고 탑차 안의 시계도 보고 있는 상황인가요?

바리 그래. 울리 입장에서 정지한 시계와 움직이는 시계를 이용하여 시간을 비교하려는 거거든. 자, 울리 바로 옆에 있는 장치에서 빛이 한 번 왕복하여 시곗바늘이 한 칸 움직이는 동안 울리는 탑차 안의 시곗바늘이 얼마만큼 움직인 것을 볼까?

울리 울리는 탑차 안에서 빛이 위아래 거울을 한 번 왕복하는 데 걸리는 시간(Δt)이, 정지해 있는 장치에서 걸리는 시간(Δt_0)보다 길다고 관측하잖아요? 그럼 탑차 안의 시계는 눈금 한 칸을 움직이지 못하는 거고요.

바리 그렇지. 울리는 자신에 대해 상대운동이 없는 시계에서보다 일정한 속도의 상대운동이 있는 탑차 안의 시계에서 시간이 느리다는 것을 관측한다는 거야.

엘리 아하, 그래서 움직이는 탑차 안의 시간이 천천히 간다고 관측하게 되는 거군요.

바리 이런 특수상대성이론의 결과를 '시간 지연time dilation'이라고 해. 이해를 도우려고 빛을 이용한 시계 장치를 예로 들었지만, 핵심은 움직이는 물체에서는 모든 시간 간격이 길어진다는 뜻이야. 맥박도 천천히 뛰는 것으로 관측되고 말이지.

엘리 와~ 맥박도 천천히 뛰고, 나이도 천천히 먹고요?

바리 황당하지? 우리가 일상에서는 경험할 수 없기 때문이지. 속력이 엄청 커야만 효과가 조금 나타나거든. 얼마나 속력이 커야 하는지 한번 계산해볼까?

울리 각오하고 와서 수식을 봐도 놀라진 않을 거예요. 히히-

바리 그리 어렵진 않아. 피타고라스 정리만 이용하면 되거든. 아까 탑차 안의 엘리가 잰 왕복 시간은 Δt_0, 탑차 밖에 서 있는 울리가 탑차 안의 장치를 보며 잰 왕복 시간은 Δt라고 했으니 직각삼각형의 각 변 길이를 다음 그림처럼 나타낼 수 있겠지?

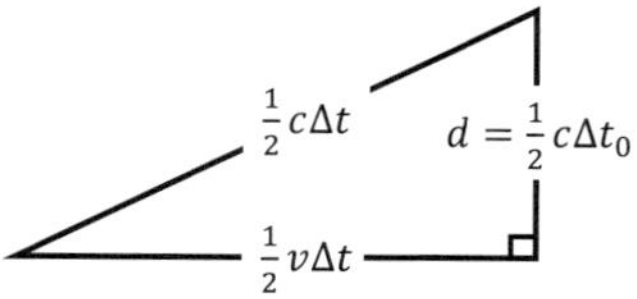

$$(c\Delta t)^2 = (v\Delta t)^2 + (c\Delta t_0)^2$$

엘리 이등변삼각형의 반쪽에 해당하는 직각삼각형의 변들은 빛이 왕복한 시간의 절반에 해당하는 시간 동안 움직인 거리들을 나타내기 때문에 모두 $\frac{1}{2}$이 들어 있군요. 근데 피타고라스 정리를 쓰면 $\left(\frac{1}{2}c\Delta t\right)^2 = \left(\frac{1}{2}v\Delta t\right)^2 + \left(\frac{1}{2}c\Delta t_0\right)^2$이라서 $\frac{1}{2}$은 모두 지워지게 되네요.

바리 그렇지. 그래서 $(c^2 - v^2)(\Delta t)^2 = c^2(\Delta t_0)^2$인데 여기서 양변을

c^2으로 나눠주면 $(1-v^2/c^2)(\Delta t)^2 = (\Delta t_0)^2$이 되고, 따라서 $\Delta t = \dfrac{\Delta t_0}{\sqrt{1-v^2/c^2}}$가 된단다.

엘리 아줌마가 계산을 다 해주셨네요. 헤헤-

바리 계산보다 결과를 이해하는 것이 더 의미가 있으니까~ 이제 이 식에 탑차의 속력 v를 넣어보자. $v=0$인 경우부터 말이야.

울리 $v=0$이면 $\Delta t = \Delta t_0$네요. 당연한 거죠~

바리 그렇지. 상대속도가 없으면 시간 지연도 전혀 없다는 거지.

엘리 탑차가 아무리 빨라도 광속에 비하면 엄청 느려서 v^2/c^2은 굉장히 작은 값이겠네요. 그래서 결국 시간 지연이 없고요.

바리 핵심을 바로 짚었네. 우리가 일상에서 경험하는 속력에서는 $\Delta t \approx \Delta t_0$야. 근데 만일 아주 빠른 우주선이 있어서 $v=0.5c$라면 $\Delta t \simeq 1.155\Delta t_0$가 되어 $\Delta t = 1\mathrm{s}$가 $\Delta t_0 \simeq 0.87\mathrm{s}$지. 만일 우주선의 속력 $v=0.9c$라면 $\Delta t \simeq 2.294\Delta t_0$가 되어 $\Delta t = 1\mathrm{s}$가 $\Delta t_0 \simeq 0.44\mathrm{s}$고 말이야.

울리 와~ 그럼 우주선의 속력이 광속과 같으면 어떻게 되는 거예요?

바리 그럼 $\Delta t = \infty \times \Delta t_0$가 되어 무한대의 시간 지연이 일어나고 광속으로 움직이는 우주선 안의 시간이 정지된 상태로 관측되겠지. 시간 지연 식 $\Delta t = \dfrac{\Delta t_0}{\sqrt{1-v^2/c^2}}$를 종종 $\Delta t = \gamma \Delta t_0$로 쓰는데, 여기서 γ(감마)는 '로런츠인자Lorentz

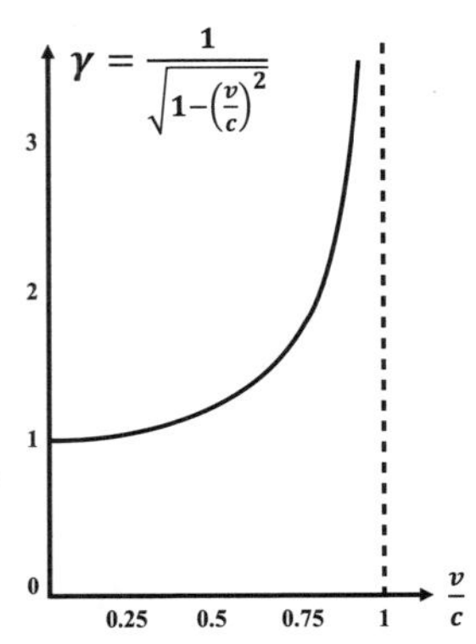

factor'라고 불러. 속력이 클수록 로런츠인자가 커져서 시간 지연도 길어지지.

엘리 $\Delta t = \gamma \Delta t_0$! 기억하기는 쉽네요.

바리 그리고 Δt_0를 '고유시간 간격proper time interval'이라고 하는데, '두 사건이 같은 장소에서 일어났을 경우에 측정한 시간 간격'으로 정의한단다.

울리 무슨 뜻이죠?

바리 아래 거울에서 빛이 나간 순간의 시간과 빛이 다시 아래 거울로 들어온 순간의 시간을 우주선 안에서 측정할 경우에는 이 두 순간이 같은 위치에서 일어나잖아? 이럴 때 측정한 시간을 고유시간이라고 해.

울리 아하, 우주선 밖에서 재는 경우에는 우주선이 움직이기 때문에, 빛이 출발할 때의 거울 위치와 반사해 돌아왔을 때의 거울 위치가 달라서 Δt는 고유시간 간격이 아니고요?

바리 그래. 시간 지연 식을 이용할 때는 누가 고유시간 간격을 측정하는 것인가가 중요하거든.

엘리 그나저나 우주여행을 해야만 시간 지연을 확인할 수 있겠네요.

바리 우리가 체감할 정도는 아니지만 아주 정밀한 시계로 이미 시간 지연을 검증했지. 1971년에 세슘원자시계를 비행기에 싣고 동쪽과 서쪽으로 각각 두 번씩 지구를 돈 후 지구상의 다른 세슘원자시계와 시간을 비교했거든.

엘리 근데 왜 동쪽으로도 돌고 서쪽으로도 돌았어요? 결과는 물론 예상대로였겠죠?

바리 지구 자전 때문에 동쪽으로 돌면 시간이 느려지고, 서쪽으로 돌면 시간이 빨라질 것을 예상했는데, 실험에서 동쪽으로 돌았을 때는 약 60ns 느려지고, 서쪽으로 돌았을 때는 약 273ns 빨라졌다고 해. 물론 특수상대성이론의 계산 결과와도 잘 일치하는 값이어서 시간 지연을 지구에서 확인한 첫 실험이 되었단다.

울리 ns면 나노초요? 그렇게 짧은 시간도 잴 수 있는 시계가 있군요.

바리 놀랍지? 특수상대성이론의 결과는 그것보다 더 놀랍고 말이야.

바리 교수의 물리노트 2

- 시간 지연time dilation: 특수상대성이론에 의하면, 관측자에 대해 상대운동(v)을 하는 시계는 γ(로런츠인자)만큼 시간이 천천히 간다는 것으로 $\Delta t = \gamma \Delta t_0 \geq \Delta t_0$다. 여기서 Δt_0는 고유시간 간격이다.
- 로런츠인자Lorentz factor $\gamma = \dfrac{1}{\sqrt{1-v^2/c^2}}$ (c: 광속)
- 고유시간 간격proper time interval(Δt_0): 어떤 관성계의 같은 장소에서 일어난 두 사건의 시간 간격을 그 관성계에서 측정한 것을 의미한다.

03 빨리 뛸수록 홀쭉해 보인다구요?

특수상대성이론_길이 수축

바리 교수는 특수상대성이론의 주요 결과인 '시간 지연'과 '길이 수축'을 같이 공부하는 것이 좋다며 울리와 엘리에게 시간이 괜찮은지 물었다. 울리가 저녁밥을 주면 더 공부하고 아니면 집에 가겠다고 너스레를 떨자, 엘리가 저녁을 굶어야 살이 빠진다는데 그러다 언제 살이 빠지겠냐고 울리를 놀려댔다. 둘의 대화를 듣고 있던 바리 교수는 울리가 아주 빨리 달리면 엘리의 눈에 홀쭉하게 보일 거라고 이야기했다.

울리 아까 배운 시간 지연 현상을 생각해보면 제가 광속과 비교될 만큼 빨리 뛰어야 홀쭉해 보이는 거죠?

바리 하하- 결론은 그렇지.

엘리 움직이는 시계의 시간은 느려지는데, 움직이는 물체의 길이는 짧아지나 봐요?

바리 그래~ 결론은 움직이는 물체는 움직이는 방향으로의 길이가 짧아진다는 건데, 이런 특수상대성이론의 효과를 '길이 수축length contraction'이라고 해. 이제 얼마만큼 짧아지는가를 구해보자. 길이는 어떻게 재지?

울리 자로 재면 되죠~ 헤헤-

바리 정지해 있는 물체의 길이를 잴 때는 자로 직접 재면 되겠지만, 물체가 움직이면 어떻게 잴까?

엘리 물체 속력이 크면 쫓아가며 잴 수도 없고…. 흠, 어떻게 재죠?

바리 움직이는 물체가 지나가는 곳에 자를 설치하고, 물체가 움직이는 동안 사진을 찍는 거지.

울리 아~ 기발하네요. 우리도 그런 실험을 할 건가요?

바리 물론 아니지. 하하- 울리 말대로 특수상대성이론의 효과를 경험하려면 광속과 비교될 만큼 빨라야 하니까 우리가 실험을 해도 길이의 차이는 없을 거라서 말이야.

엘리 그럼 탑차를 탈까요? 우주선을 탈까요? 헤헤-

바리 계속 탑차를 생각하는데, 고속도로 위 A-휴게소와 B-휴게소 사이의 거리를 재는 상황을 생각해보자. 간단하게 고속도로는 직선이라고 가정하고 말이야. 이번에는 일정한 속력 v로 달리는 탑차 안에 울리가 있고, 엘리는 고속도로 A-휴게소에 서 있다고 할까?

울리 이번에도 제가 더 어려운 상황 같은데요? A-휴게소, B-휴게소는 모두 정지 상태니까 엘리는 그냥 긴 줄자로 거리를 재면 되는 거잖아요. 저만 미워하시는 거죠? 히히-

바리 앗, 그런가? 미안. 하하- 여기서도 '고유길이proper length'라는 것을 정의하는데, '관측자와 물체 간 상대속도가 없을 때 잰 길이'를 말해. 그래서 엘리가 잰 두 휴게소 사이의 거리는 고유길이가 되는 거지. 그럼 A-휴게소에 서 있는 엘리 입장에서 탑차가 두 휴게소를 통과하는 데 걸린 시간은 고유시간 간격일까, 아닐까?

엘리 고유시간 간격은 두 사건이 일어난 시간 간격을 같은 장소에서 재야 하잖아요. 근데 A-휴게소에 서 있다가 탑차가 A-휴게소를 통과한 순간의 시간을 잰 뒤 B-휴게소로 이동하여 탑차가 B-휴게소를 통과한 순간의 시간을 재야 하니까 시간 재는 위치가 변해서 고유시간 간격이 아닌 것 같아요.

바리 잘했어. 그리고 A-휴게소에 있는 엘리는 똑같은 시계를 하나 더 준비해서 B-휴게소에 있는 다른 사람에게 탑차가 통과할 때 시간을 기록해달라고 부탁하는 것이 좋겠지. 하하-

엘리 아하, 그게 좋겠네요. 결국 엘리는 고유길이를 잴 수 있지만 고유시간을 잴 수 있는 것은 아니군요.

바리 그렇지. 그럼 엘리 입장에서, 두 휴게소 사이의 거리 L_0, 탑차가 두 휴게소를 통과하는 데 걸린 시간 Δt, 탑차의 속력 v는 $L_0 = v\Delta t$의 관계가 성립되겠지?

울리 그렇겠네요. 그럼 저는 어떤 입장일까요? 탑차 안에서 잰 시간이 고유시간인가요? 휴게소에 정지해 있는 엘리와는 반대일 테니까요. 헤헤-

바리 오늘도 울리의 눈치는 빛을 발하는구나~ 달리는 탑차 안에 있는 울리는 탑차가 두 휴게소를 통과할 때 걸린 시간을 측정하기 위해 탑차가 A-휴게소를 통과할 때 시간을 잰 뒤 같은 장소에서 탑차가 B-휴게소를 통과할 때 시간을 재면 되니까 울리가 측정한 시간이 고유시간 간격 Δt_0지.

엘리 그럼 울리 입장에서 두 휴게소 사이의 거리는 어떻게 구해요?

바리 고유시간 간격 Δt_0, 탑차의 속력 v로부터 울리가 측정한 두 휴게소 사이의 거리 $L=v\Delta t_0$가 되겠지. 근데 우리는 시간 지연 $\Delta t=\gamma\Delta t_0$를 이미 구했으니 이 식을 이용하면 거리 L과 L_0의 관계식을 구할 수 있단다.

엘리 정리하면, $L_0=v\Delta t$, $L=v\Delta t_0$, $\Delta t=\gamma\Delta t_0$니까 울리가 측정한 거리 $L=v\Delta t/\gamma=L_0/\gamma$가 되는 건가요?

바리 그렇지. $L=L_0/\gamma$가 되는데, 다시 이 기호의 의미를 새겨보자. L은 탑차 안의 울리가 측정한 두 휴게소 사이의 거리로, 관측자 울리와 두 휴게소는 상대운동이 있는 거지. 즉 '관측자에 대해 상대운동을 하는 물체의 길이'라고 할 수 있어.

울리 휴게소가 움직이는 것이 아닌데 움직이는 물체의 길이라고요?

바리 울리 입장에서 탑차와 울리는 정지해 있고 휴게소가 속도 $-v$로 움직이는 거잖아.

울리 아하~ 그래서 움직이는 물체의 길이군요.

엘리 L_0는 '관측자와 상대운동이 없는 물체의 길이'고요.

바리 그렇지. 로런츠인자 γ의 정의를 넣어주면, $L=\sqrt{1-v^2/c^2}\,L_0$고 $\sqrt{1-v^2/c^2}\leq 1$이니까 일정한 속력 v로 움직이는 물체의 길이

〈 엘리의 입장 〉

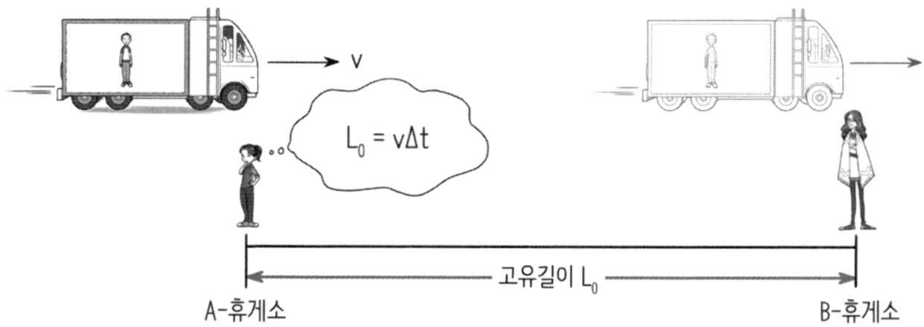

〈 울리의 입장 〉

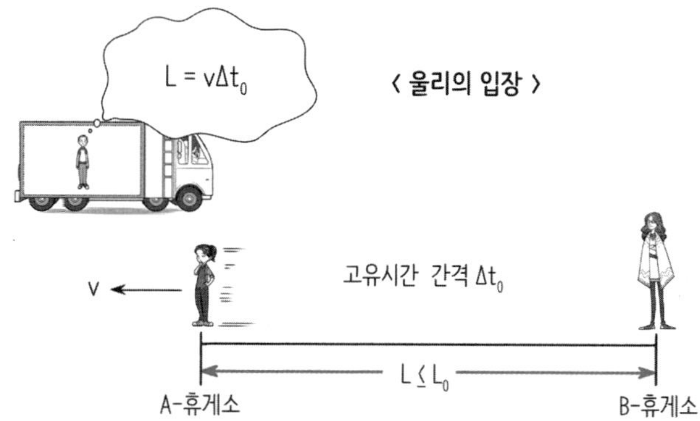

L은 정지했을 때의 길이 L_0보다 짧다는 결론이고 말이야.

울리 근데 실제로 길이가 짧아지는 거예요?

바리 여러 번 측정해서 같은 값이 나오면 실제 길이라고 하겠지? 그런 의미에서 움직이는 물체의 짧아진 길이는 실제지. 좀 더 정확하게 표현하자면, 관측자에 대해 움직이는 물체는 움직이는 방향의 물체 길이가 정지했을 때의 물체 길이보다 짧아진 것으로 측정된다는 거야.

엘리 근데 상대운동을 하는 두 관측자가 서로 상대방이 움직이고 자신은 정지 상태라고, 또 서로 상대방의 길이가 짧아진다고 주장하지 않을까요?

바리 엘리의 질문과 관련된 문제가 있는데, '관측자와 상대운동이 없는 상태에서 길이 15m의 막대가 길이 10m의 창고에 들어갈 수 있는가' 하는 거야.

울리 막대의 속력을 크게 한 뒤 측정하면 가능한 것 아닌가요? 막대의 길이가 10m보다 짧아지도록 빠르게 운동시키면요.

바리 $L=\sqrt{1-v^2/c^2}L_0$를 이용해서 $v=0.75c$인 경우에 대해서 구해보면 $L\simeq 9.9$m가 되니까 울리가 이 막대를 수평으로 들고 $v=0.75c$의 속력으로 오른쪽에 있는 창고를 향해 달려간다고 상상해봐. 창고의 오른쪽과 왼쪽 문은 열려 있다가 울리와 막대가 완전히 창고 안에 들어간 순간, 창고 밖에 서 있는 엘리가 리모컨으로 창고의 양쪽 문을 동시에 닫았다가 바로 다시 열 수 있다고 가정하고 말이야.

엘리 막대를 든 울리가 창고 안에 완전히 들어갈 수 있다는 것을 확인하는 거네요. 근데 울리의 입장에서도 양쪽 문이 닫힌 창고 안에 있는 순간을 경험하나요? 울리와 막대는 가만히 있는데 창고가 $v=0.75c$의 속력으로 다가온다고 느끼니 창고의 길이는 10m보다도 더 짧다고 느낄 텐데요? 이것이 제 질문이었어요.

바리 그렇지? 그 경우 막대를 든 울리에게 달려오는 창고의 길이는 약 6.6m로 측정될 거야.

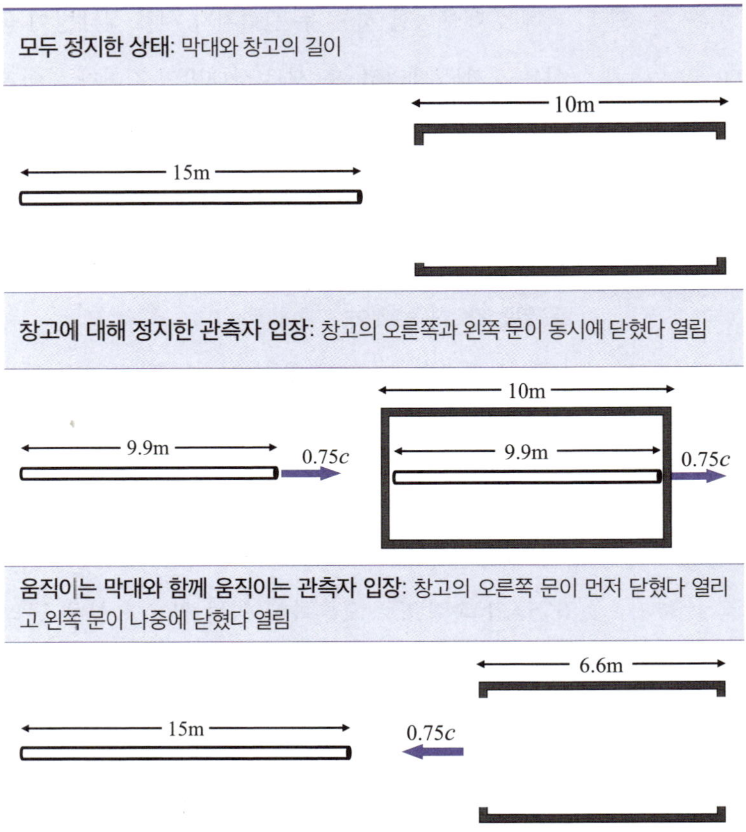

엘리　그럼 창고 밖에 서 있는 엘리가 창고 문을 닫을 때 막대를 든 울리는 막대가 창고 문에 걸린다고 주장할 것 같아요. 울리한테 막대의 길이는 15m니까요.

바리　혼란스럽겠지만, 사실 막대를 든 울리 입장에서도 짧아진 창고가 막대를 통과하는 데 아무 문제가 없어. 엘리 입장에서 막대가 창고 안에 완전히 들어간 순간에 창고의 양쪽 문을 동시에 닫고 열어도 말이야. 핵심은 동시성이 상대적이라는 거야.

울리 아~ 또 동시성의 문제가 되네요. 창고 밖에 서 있는 엘리는 창고의 양쪽 문을 동시에 닫았다 열었지만 울리에게는 그게 동시에 일어난 사건이 아니라는 거죠?

바리 그래~ 창고 밖 엘리에게는 막대의 오른쪽 끝이 창고의 오른쪽 문을 만나기 직전과 막대의 왼쪽 끝이 창고의 왼쪽 문을 만난 직후가 동시지. 그럼 울리 입장에서는 어떨까? 울리를 향해 다가오는 창고는 오른쪽 문이 막대의 오른쪽 끝과 먼저 만나고, 창고는 계속 왼쪽으로 이동하여 왼쪽 문과 막대의 왼쪽 끝이 나중에 만나게 되어 동시에 창고의 양쪽 문이 닫혔다 열리는 것이 아니라는 거야.

엘리 뭔가 마법에 홀린 것 같아요~ 저한테는 분명 양쪽 문이 동시에 닫혔다 열린 것인데 울리한테는 오른쪽 문이 먼저 닫혔다 열리고 왼쪽 문은 나중에 닫혔다 열린 거라니요.

바리 그렇지? 모든 관성계에서 물리법칙은 동일하기 때문에 관측 결과에 모순이 없어야 하는데 겉으로 보기에는 혼란스러울 수 있어. 결론만 다시 정리하자면, 관측자와 상대운동이 없는 경우와 비교하여 관측자와 상대운동이 있는 모든 관성계에서 시간은 느리게, 모든 물체의 운동 방향으로의 길이는 짧게 측정된다는 거야.

엘리 탑차와 휴게소로 다시 비유하면, 휴게소에 서 있는 관측자에게는 달리는 탑차의 길이는 짧고, 탑차 안의 사람은 홀쭉하고, 탑차 안의 시계는 천천히 간다는 거죠?

울리 탑차 안의 관측자에게는, 자신은 탑차에 대해 상대운동이 없는 정지 상태니 휴게소의 사람들이 홀쭉하고, 휴게소 사이의 거리가 짧고, 휴게소의 시계가 천천히 간다는 거고요.

바리 같아. 그리고 휴게소에 있는 관측자에게 동시에 일어난 사건이 달리는 탑차 안의 관측자에게는 동시에 일어나지 않고, 마찬가지로 달리는 탑차 안의 관측자에게 동시에 일어난 사건이 휴게소에 서 있는 관측자에는 동시에 일어나지 않고 말이야.

엘리 근데 상대적이기 때문에 관측자의 입장이 모두 맞는 얘기라면, 우주여행을 하고 돌아온 사람이 지구에 있던 사람보다 실제 더 젊은 것은 어떻게 이해해야 하죠? 우주선에 있는 사람의 입장에서는 지구가 빠른 속력으로 움직인 것이고, 우주선은 정지 상태니까 지구에 있는 사람의 시간이 더 천천히 가서 더 젊어야 하는 거잖아요?

바리 그게 바로 '쌍둥이 역설twin paradox' 문제야. 사실은 역설이 아니지만 말이지. 그렇지 않아도 이제 우주여행 이야기를 하려고 했는데, 먼저 뭐 좀 먹고 하자~

울리 네~~ 배고파 죽는 줄 알았어요~~ 헤헤-

엘리 나도~ 이해는 못하면서 에너지만 소모했나 봐요. 히히-

바리 교수의 물리노트 3

- 길이 수축length contraction: 특수상대성이론에 의하면, 관측자에 대해 상대운동(v)을 하는 물체는 운동 방향의 길이(L)가 상대운동이 없을 때의 길이(L_0)보다 짧아진다는 것으로 $L=\sqrt{1-v^2/c^2}L_0 \leq L_0$다. 여기서 c는 광속이고, L_0는 고유길이다.
- 고유길이proper length(L_0): 관측자와 상대속도가 없는 상태에서 측정한 길이.

04 우주여행을 다녀오면 진짜 덜 늙는다구요?

특수상대성이론_쌍둥이 역설/시공간

바리 교수는 며칠간 숙성시켜놓은 연어가 있다며 먹을거리를 준비했다. 숙성연어는 북유럽국가에서 즐겨 먹는 '그라브락스'라는 것인데, 바리 교수는 소금, 설탕, 허브 딜, 레몬 껍질 등으로 연어를 덮고 무거운 돌을 올린 채 사나흘 냉장고에 넣어두면 된다며 요리법을 자세히 설명해줬다. 그리고 울리에게는 겨자, 올리브오일, 레몬즙, 허브 등을 섞어 소스를 만들라고 하고, 엘리에게는 먹고 싶은 빵들을 골라 겉이 바삭하게 구우라고 했다.

울리 와~ 이런 연어는 처음 먹어봐요.

엘리 짭조름하면서 연어 살이 탱글탱글 반짝반짝해요~

바리 내가 연어를 그리 좋아하지 않는데 이렇게 숙성시킨 것은 좋아하거든. 기름이 엄청 빠져 나와서 덜 느끼하고 말이야. 이렇게 빵에 소스와 함께 올려서 먹어도 좋고, 밥에 올려서 덮밥처럼 먹어도 좋단다.

울리 정말 새로운 맛이네요. 아줌마는 이런 요리를 어떻게 아세요?

바리 모두 SNS 덕이지. 정보가 넘쳐나잖아. 며칠 기다렸다 먹어야 하지만 만드는 것은 진짜 쉽거든.

엘리 저도 엄마 안 계실 때 슬쩍 해서 냉장고 구석에 숨겨놨다가 엄마를 드려봐야겠어요~ 우리 엄마는 바빠서 주중에는 냉장고를 열어보실 시간도 거의 없거든요.

바리 엄마가 감동하시겠다~

울리 그거 먹을 때 나도 불러주라~ 히히-

바리 자, 이제 배도 부르니 쌍둥이 역설 얘기를 해볼까?

울리 이젠 졸음이…. 하~ 암~~

엘리 이그~~

바리 하하- 잠이 달아날 수도 있어. 상황은 이래. 지구에 쌍둥이 형제가 있는데, 나이 20세에 형만 지구에서 20광년 떨어진 행성으로 우주여행을 가게 된 거야.

엘리 '광년'은 뭐예요?

바리 빛이 진공에서 1년 동안 간 거리를 1'광년light-year'이라고 정의해. 거리를 km로 표현하기에는 우주가 너무 광활해서 광년을 거리의 단위로 사용하지. ly로 표기하고 말이야.

엘리 와~ 그 빠른 빛의 속력으로 1년을 간 거리라고요?

바리 엄청나지? 암튼 20ly 떨어진 행성을 향해 우주선과 쌍둥이 형은 지구에 대해 $0.95c$의 일정한 속력으로 날아갔다가 행성에서 지체 없이 바로 방향을 바꿔 같은 속력 $0.95c$로 지구를 향해 돌아오는 상황인 거야.

울리 지구에 왔더니 쌍둥이 동생은 할아버지가 되어 있고 우주여행 다녀온 형은 여전히 젊었다는 거죠? 영화 <인터스텔라>에서도 지구에 있던 딸이 우주여행 다녀온 아빠보다 훨씬 늙어 있었잖아요.

엘리 그게 맞는 결론이라고들 하는데, 그 결론은 지구에 있던 쌍둥이 동생의 입장이잖아요? 우주선을 타고 있던 쌍둥이 형은 반대의 결론을 내릴 거고요.

바리 그래서 역설이라고 했던 거지. 엘리가 질문한 것을 다른 사람들도 질문했거든. 우주선 안에 있었던 형의 입장에서는 지구와 동생이 우주선으로부터 멀어졌다가 다시 가까이 온 것이니까 말이야. 근데 이후에 이 쌍둥이 역설은 결국 역설이 아닌 것으로 설명되었어.

울리 아, 맞다. 아까 식사 전에 잠깐 말씀하셨죠? 왜 역설이 아닌 거예요?

바리 그 이유는 잠시 후에 설명하기로 하고, 그보다 먼저 지구에 있던 쌍둥이 동생과 우주여행을 한 형의 나이를 계산해보자. 지구에 있던 동생의 입장에서 말이야.

엘리 쌍둥이 동생의 입장에서 보면 형이 왕복 총 거리 40ly를 $0.95c$의 속력으로 다녀온 것이니 왕복하는 데 걸린 시간은 '$40\text{ly} \div 0.95c$'로 약 42년, 즉 형이 42년 만에 우주여행에서 돌아왔고 동생의 나이는 62세가 되었겠네요.

울리 동생이 측정한 우주선 안의 시간은 느리게 가서 $\Delta t = \gamma \Delta t_0$를 이용해야 하죠? 고유시간 간격 Δt_0는 우주선 안에서 측정한 시간이고요.

바리 그렇지. 지구에 있던 동생이 예상하는 형의 나이를 구해야 하니까 엘리가 구한 42년을 이용해서 고유시간 간격을 구하면 되는 거지. 즉 $\Delta t_0 = \Delta t/\gamma = \Delta t\sqrt{1-\upsilon^2/c^2}$ 에 $\Delta t = 42$년, $\upsilon = 0.95c$를 넣어서 말이야.

울리 계산기를 이용해서 구해보면 약 13년이 나오네요.

바리 오늘 공부한 거라 그런가? 둘 다 아주 잘하는데? 울리 졸음은 달아났나 보지?

울리 앗, 그렇네요. 제가 우주여행을 다녀오면 엘리는 할머니가 되어 있을 거라 생각하니 재미있어요. 히히- 근데 결론적으로 지금 우리가 계산해본 지구에 있던 동생의 입장이 맞는다는 거죠? 20세에 우주여행을 떠났다 돌아온 쌍둥이 형은 진짜 33세, 지구에 있던 쌍둥이 동생은 진짜 62세인 게요.

〈 울리가 우주여행을 떠나기 직전 〉 〈 울리가 우주여행에서 돌아온 직후 〉

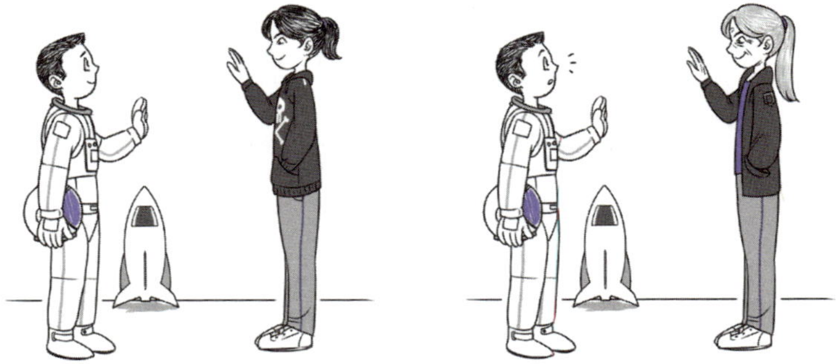

바리 그래. 이제 그 궁금증을 풀기 위해 지구에 있는 쌍둥이 동생에 대해 일정한 속력으로 움직이고 있는 제3의 관측자가 있다고 상상해보자. 이 제3의 관측자가 봤을 때 쌍둥이 동생은 계속 같은 관성계에 있겠지?

엘리 그렇겠죠. 동생은 계속 지구에 있는 거니까요.

바리 그럼 우주선에 탄 쌍둥이 형은 제3의 관측자에게 어떻게 보일까? 지구의 동생처럼 계속 같은 관성계에 있는 걸까?

울리 등속운동하며 계속 우주선 안에 있으니까 같은 관성계에 있는 것 아닌가요?

바리 우주선이 계속 일정한 속력으로 날아만 갔다면 쌍둥이 형도 계속 같은 관성계에 있다고 할 수 있지. 근데 별에 갔다가 되돌아왔잖아. 되돌아왔다는 것은 등속운동만 한 것이 아니라 중간에 가속운동을 했다는 뜻이고 말이야.

엘리 아하, 별에 가서 바로 지체 없이 되돌아와도 그 순간 방향을 바꾼 것이니 속도 변화가 생긴 거라 가속운동을 한 거네요.

바리 그렇지. 특수상대성이론은 관성계에서 성립하고 가속운동을 하는 계에는 적용되지 않거든. 다시 말하면 형이 왕복 우주여행을 하는 동안 계속 같은 관성계에 머문 사람은 지구에 있던 동생이고, 그래서 특수상대성이론의 시간 지연 효과는 동생의 입장에서 적용하는 것이 맞는다는 거야.

울리 같은 우주선을 계속 타고 있다는 것은 별 의미가 없군요.

바리 관측자와의 상대운동이 중요해서 그렇단다. 우주선은 등속운동을 하며 가다가 순간적으로 가속운동을 해서 방향을 바꾸고, 다시 등속운동을 하면서 지구로 돌아온 것인데, 여기서 등속운동을 하며 갈 때의 관성계와 등속운동을 하며 돌아올 때의 관성계가 다른 거야. 가속운동 때문에 달라진 거지.

엘리 왕복 우주여행이 중간에 반드시 가속운동을 포함해야 해서 관성계에만 적용되는 특수상대성이론을 적용할 수 없다는 것은 이해되었어요. 그럼 가속운동을 한 우주선 속 형의 입장에서도 지구에 있는 동생이 더 나이를 먹을 거라는 것을 예측할 수 있는 이론이 따로 있다는 거죠?

바리 물론이지. 가속운동을 포함한 상대성이론을 '일반상대성이론 general theory of relativity'이라고 하는데 우리가 다루기에는 수학적으로 꽤 어렵단다. 나중에 살짝 언급만 할 거야. 지금은 4차원 시공간의 개념을 이용해서 우주선 속 형의 입장을 조금은 이해해볼 수 있어.

울리 광속이 일정하려면 시간과 공간이 서로 연결되어 있어야 한다는 4차원 시공간요?

바리 그래. '시공간에서의 물체의 경로'를 '세계선world line'이라고 하는데, 우리는 계속 1차원 운동만 얘기하고 있으니 시공간도 간단하게 1차원 공간(x)에 시간 축(ct)을 더한 2차원 시공간으로 생각해보자. 그림에서처럼 수평축을 거리(x)로, 수직축을 시간(ct)으로 그려서 말이야. 지구의 위치를 $x=0$이라고 하면, 동생의 세계선은 $x=0$을 지나는 수직축이 되지.

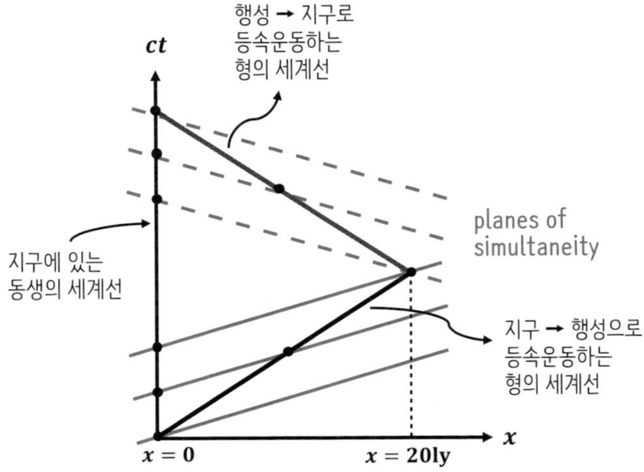

엘리 동생은 지구에 계속 있으니 위치는 바뀌지 않고 시간만 흐른 것을 시공간에 표현한 거네요. 형은 등속도로 멀어졌다가 갑자기 방향을 바꿔 지구를 향해 등속도로 다가오는 거니까 형의 세계선은 방향을 바꾸는 지점에서 꺾이게 되고요.

바리 그렇지. 근데 동시성은 상대적이기 때문에 우주선 안에 있는 형이 동시에 일어났다고 생각한 사건이 지구에 있는 동생한테는 동시에 일어난 것이 아니잖아? 그림의 보라색 선은 바로 우주선 안에 있는 형이 동시라고 느끼는 순간들을 연결한 거야. 즉 각 보라색 선상의 모든 점이 우주선 안에 있는 형한테는 같은 시간이란 뜻이지. 실제는 '동시면plane of simultaneity'이지만 말이야.

엘리 아리송해요. 그럼 우주선 안의 형은 동생의 나이를 어떻게 구할 수 있어요?

바리 예를 들어 형이 지구에서 행성까지 등속운동을 하는 동안 동생의 시간은 얼마나 흘렀는가를 보려면, 수직축에서 원점과 방향을 바꾸기 직전의 보라색 실선이 지난 점 사이의 시간 간격을 계산하면 되는 거야.

울리 어? 근데 방향을 바꾸는 순간이 수직축 선상에서는 같은 점이 아니네요?

바리 그게 바로 핵심이야. 방향을 바꾸는 가속운동에 의해 지구에 있는 동생의 시간에 점프가 생겨서, 우주선 안에 있는 형이 계산한 동생의 나이도 형보다 더 많아지게 된다는 것 말이야.

엘리 으~ 어려워요….

울리 엘리 네가 어렵다고 하니 큰 위안이 된다. 헤헤-

바리 하하- 설명하는 나도 어려워~

엘리 근데 저 동시선들은 어떻게 구하는 거예요? 행성으로 갈 때와 행성에서 지구로 돌아올 때의 동시선 기울기가 완전 다르네요.

바리 동시성이 상대적이란 얘기는 했지만 어떻게 구하는지는 알려주지 않았어. 광속 불변을 유지하며 상대운동을 하는 관성계의 좌표와 정지한 관성계의 좌표를 연관시키는 것을 '로런츠변환 Lorenz transformation'이라고 하는데, 역시 수학적 유도는 하지 않을 거야. 저 동시선은 같은 시간을 연결한 선이니 결국 우주선의 공간축과 나란한 선들이지.

엘리 그럼 우주선의 시간축은 동시선에 수직한가요?

바리 아니. 자세한 것은 로런츠변환으로 구해야 하지만 결과만 알려줄게. 관성계의 속도 v에 따른 공간축과 시간축을 정지한 시공간축으로 표현하면, $v>0$인 경우 공간축(x')은 $ct=\frac{v}{c}x$, 시간축(ct')은 $ct=\frac{c}{v}x$가 되어 양(+)의 기울기를 갖고, 시간축의 기울기가 더 크지. 관성계의 속력이 광속보다 클 수 없으니까 말이야.

울리 관성계의 속도가 반대 방향으로 바뀌면 모두 음(−)의 기울기를 갖겠네요? $v<0$일 테니까요.

엘리 아, 그래서 우주여행에서 돌아올 때 동시선의 기울기가 음(−)인 거군요.

바리 관성계가 $v>0$으로 운동할 때와 $v<0$으로 운동할 때의 시공간축을 보면 동시성이 좀 더 명확하게 보이는데, 정지한 관성계에서 동시에 일어난 세 사건 1, 2, 3이 $v>0$인 관성계와 $v<0$인 관성계에서 각각 어떤 순서로 일어나는지 살펴볼래?

울리 그림을 보면, $v>0$인 경우에는 사건 3이 제일 먼저 일어나고, 그다음이 사건 2, 사건 1의 순서로 일어나네요.

엘리 $v<0$인 경우에는 사건 1이 제일 먼저 일어나고, 그다음에 사건 2, 사건 3의 순서로 일어나고요.

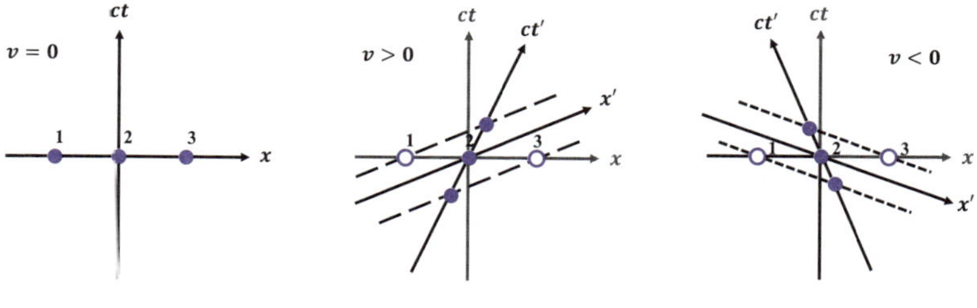

1, 2, 3 동시에　　3, 2, 1 순으로　　1, 2, 3 순으로

바리 그렇지? 이렇게 관성계의 운동에 따라 동시성이 달라지는 것을 다시 살펴보았네. 어떤 관성계에서는 현재 일어난 일이 다른 관성계에서는 미래에 일어나기도 하고 과거에 일어나기도 할 수 있다는 걸 말이야.

엘리 여전히 꿈속의 이상한 세계 같이 알 듯 모를 듯해요.

바리 교수의 물리노트 4

- 쌍둥이 역설twin paradox: 쌍둥이 중 한 명은 우주여행을 다녀오고 다른 한 명은 지구에 남아 있을 때, 두 쌍둥이 모두 자신은 정지 상태에 있었고 상대방은 운동 상태에 있었기 때문에 상대방에게 특수상대성이론의 시간 지연 효과가 나타나 더 젊어야 한다고 주장하는 모순된 역설.
- 쌍둥이 역설은 역설이 아니다. 왕복 우주여행을 하면 떠날 때와 돌아올 때 같은 관성계에 있는 것이 아니라, 방향을 바꾸는 가속운동으로 인해 다른 시공간을 거치게 된다. 따라서 특수상대성이론은 같은 관성계(지구)에 있었던 관측자에게만 적용돼서 왕복 우주여행을 한 관측자의 시간이 천천히 간다.
- 세계선world line: 시공간에서의 물체의 경로.

05 빨리 뛸수록 홀쭉해지는 동시에 무거워진다구요?

특수상대성이론_질량 증가_질량·에너지 등가

엘리가 우주여행을 가장 많이 한 사람이 누구인지 궁금하여 검색해봤더니 러시아의 우주비행사 '겐나디 파달카Gennady Padalka'라고 나왔다. 1958년생인 파달카는 1998년 미르Mir 우주정거장 수리를 위해 처음 우주여행을 시작한 이래 2015년까지 총 5회의 우주여행으로 878일 11시간 31분을 우주에서 보내며 최장 기록을 냈다고 한다. 그런데 사진을 보니 그리 젊어 보이지는 않았다. 엘리는 특수상대성이론의 결과를 경험할 수 없는 현실이 아쉽다기보다는 위안이 되었다.

울리 와~ 878일이면 거의 2년 반을 우주에 있었다는 거네?

엘리 연속은 아니지만 그래도 신기하지?

바리 시간여행을 가장 많이 한 우주비행사를 찾아봤구나.

엘리 그래도 젊어 보이진 않던데요.

바리 그렇지? 계산해보면 약 0.024초 미래로 여행을 한 것이라고 해.

울리 에게~ 1초도 안 되네요. 히히- 오늘은 또 어떤 믿기 어려운 얘기를 해주실 건가요?

바리 오늘은 상대론적 운동량과 에너지에 대해 알아보자. 상대론에서 가장 많이 알려진 식 $E=mc^2$에 대한 얘기도 하고 말이야. 복습 하나 할까? 입자 2개의 충돌을 정지한 관측자가 보고 있을 때 두 입자의 총 운동량은 보존되겠지?

엘리 외력이 없으면 운동량은 보존되니까 충돌 과정 중의 두 입자의 총 운동량은 항상 보존돼야죠. (1권 17화 참조)

바리 그럼 일정한 속도로 움직이는 관측자가 봤을 때는 어떻게 될까? 운동량이 보존될까?

울리 특수상대성이론의 첫 번째 가설이 '모든 관성계에서 물리법칙이 동일하다'니까, 운동량보존법칙도 동일하게 적용돼야 할 것 같아요. (4권 1화 참조)

바리 요즘은 울리도 복습을 열심히 하나 보구나. 특수상대성이론의 가설이 술술 나오네~

울리 오기 전에 한 번 살펴보긴 했어요~ 헤헤-

바리 울리 말대로 움직이는 관측자한테도 충돌하는 두 입자의 총 운동량이 보존되어야 하는데, 우리가 알고 있는 운동량의 정의를 쓰면 맞지 않는다는 것이 문제란다.

엘리 '운동량=질량×속도'($\vec{p}=m\vec{v}$)가 아니라는 건가요?

바리 그 정의는 관측자가 정지해 있을 때만 맞는 거란 뜻이지. 일정한 속도로 움직이는 관측자한테도 운동량보존법칙이 성립하려면 역시 로런츠변환을 이용해서 구해야 하고, 결론은 운동량도 속도에 따라 달라져서 $\vec{p} = \gamma m_0 \vec{v}$가 된단다. m_0는 정지했을 때의 질량을 의미하는 거야.

울리 시간 지연이나 길이 수축에 나오는 로런츠인자 γ가 여기서도 나오네요?

바리 로런츠변환의 결과기 때문에 상대론적 효과를 보고자 할 때는 $\sqrt{1-v^2/c^2}$의 역수인 로런츠인자 γ가 늘 등장한단다.

엘리 v가 클수록 γ가 크니까 운동량도 커지겠군요.

바리 그렇지. 속력이 광속보다 훨씬 작을 때는 $\gamma \simeq 1$이니까 그동안 정의했던 운동량과 같지만, 속력이 광속과 비교할 만큼 커지면 운동량도 커지지. 또는 움직일 때의 질량 $m = \gamma m_0$로 속력이 클수록 질량이 커진다고 할 수도 있고 말이야.

울리 와~ 빨리 달리면 홀쭉해지는데, 동시에 무거워진다고요?

바리 그래. 달리는 방향으로 길이는 수축하고, 동시에 질량은 증가하지. 이런 상대론적 결과는 뉴턴의 운동법칙에서 아무리 큰 힘을 가하더라도 물체의 속력이 광속을 넘지 못하도록 한단다. 속력이 커지면 질량도 커지니까 말이야.

엘리 뉴턴의 운동법칙이 적용될 수는 있어요?

바리 속력에 따라 질량이 변하니까 $F = ma$는 쓸 수 없고, '힘이 운동량의 시간변화율과 같다'는 식 $F = \frac{dp}{dt}$를 써야 하지. 운동량 $p = \gamma m_0 v$를 시간에 대해 미분해보면, 속력이 광속과 같아질 때 가속도가 0이 되는 것을 알 수 있거든.

울리 물체의 속력이 광속이 되면 아무리 힘을 가해도 가속이 안 된다니 이상한 현상이군요.

바리 우리가 일상에서 경험하지 못하니 매우 부자연스럽지? 아까 얘기했듯이 속력이 빨라질수록 질량이 커지는데 속력이 광속에 접근하면 $\gamma \to \infty$가 되어 질량도 무한대가 되니 가속될 수 없는 거라고 이해할 수 있지. 그래서 질량이 있는 물체는 항상 광속보다 느릴 수밖에 없는 거고 말이야.

엘리 그럼 움직이는 물체의 에너지는 어떻게 돼요?

바리 상대론적 에너지를 얘기하기 전에 다시 뉴턴의 운동법칙을 공부할 때 다루었던 '일-에너지 정리'부터 복습해보자. '알짜힘이 한 일은 운동에너지의 변화와 같다'는 일-에너지 정리를 이용해서 운동에너지를 정의했지. (제1권 19화 참조)

울리 미친 일?

바리 하하하- 그때 울리가 '일이 미쳤냐'고 했지? 일 $W = mad$라고 써서 말이야.

엘리 아하, 난 또~ 기억났어요~

바리 일을 구할 때도 $F = ma$ 대신 $F = \frac{dp}{dt}$와 $p = \gamma m_0 v$를 이용해서 일을 구한 뒤 그 일이 운동에너지의 변화와 같다는 일-에너지 정리를 적용하면, 운동에너지 $K = (\gamma - 1) m_0 c^2$이 된단다. 계산을 모두 생략하니 좋지?

엘리 네~ 좋아요. 헤헤- 상대성이론의 결과들이 너무 생소해서 지금 계산까지 감당하기는 힘들어요.

울리 게다가 모두 미분을 해야 하잖아요? 결과 이해하기도 벅찬데요.

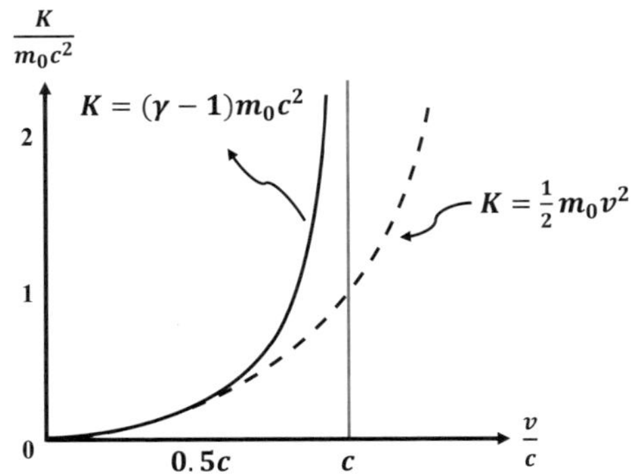

바리 그래서 결과만 알려주는 거야. 일단 결과를 음미하고 나중에 필요할 때 계산도 해보면 되니까 말이야. 일단 상대론적 운동에너지 식을 보면 속력이 0일 때 $\gamma=1$이니까 운동에너지도 0이지?

엘리 속력이 0일 때는 바로 알겠는데, 속력이 0은 아니지만 광속보다 아주 작을 때는 어떻게 운동에너지 $\frac{1}{2}mv^2$이 나올까요?

바리 속력 v가 광속보다 훨씬 작을 때 $\gamma \approx 1+\frac{v^2}{2c^2}$으로 전개되는데, 이를 대입하면 그동안 우리가 사용했던 운동에너지 $\frac{1}{2}mv^2$이 나온단다.

울리 오~ 신기해요. γ에서 제곱근이 없어졌네요?

바리 그렇지? 그래서 수학이 필요한 거란다. 하하- 상대론적 운동에너지를 좀 더 살펴보면, $K=(\gamma-1)m_0c^2$은 $\gamma m_0c^2=K+m_0c^2$이라고 쓸 수 있겠지? 그럼 결국 물체의 상대론적 에너지 $E=\gamma m_0c^2=mc^2$은 운동에너지 K와 정지에너지 m_0c^2의 합이라는 거야.

울리 드디어 엠씨스퀘어가 나왔네요. 근데 상대론적 운동량과 에너지에 모두 γ가 곱해지는군요. 시간 지연 $\Delta t = \gamma \Delta t_0$인 것과 마찬가지로요.

바리 그래. 그럼 $E^2 = p^2c^2 + \left(m_0c^2\right)^2$이 성립한다는 것을 확인해볼래? $E = \gamma m_0 c^2$과 $p = \gamma m_0 v$를 직접 넣어서 말이야.

엘리 음 … . $\left(\gamma m_0 c^2\right)^2 = \left(\gamma m_0 v\right)^2 c^2 + \left(m_0 c^2\right)^2 = \left(\gamma^2 \frac{v^2}{c^2} + 1\right)\left(m_0 c^2\right)^2$ 인데, $\gamma^2\left(1 - \frac{v^2}{c^2}\right) = 1$이니까 $\gamma^2 \frac{v^2}{c^2} + 1 = \gamma^2$이라서 정말 좌우가 같아요.

울리 헉! 대단하다~

바리 잘했어. $E^2 = p^2c^2 + \left(m_0c^2\right)^2$은 속력 v가 직접적으로 들어 있지 않다는 것이 장점이지. 우리가 빛의 압력인 '복사압'을 정의하면서 $E = pc$라는 관계를 이용했는데, 바로 이 상대론적 에너지를 사용한 거란다. (3권 31화 참조) 광자photon는 질량이 없어서 $m_0 = 0$이거든.

울리 아하~ 레이저포인터의 압력을 구할 때 이용한 식이 바로 상대론적 에너지와 운동량이었군요. 전 근데 이 식을 보고 왜 피타고라스 정리가 연상될까요?

바리 오~ 훌륭한 연상인데? 밑변이 m_0c^2, 높이가 pc인 직각삼각형을 그려보면, 여기서 빗변은 뭐가 될까?

울리 상대론적 에너지 E가 되겠죠.

바리 그렇지? 밑변을 반지름으로 하는 원을 그려 빗변과 만나는 점을 표시하면 m_0c^2과 운동에너지 K로 나눠지고 말이지.

엘리 와~ 울리는 천재인가 봐요~ 근데 직각삼각형의 밑변과 빗변이

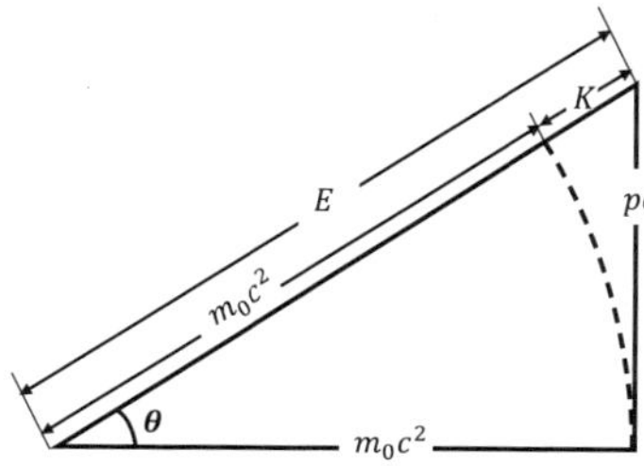

$$E^2 = (pc)^2 + (m_0c^2)^2$$

$$\sin\theta = \frac{pc}{E} = \frac{\gamma m_0 vc}{\gamma m_0 c^2} = \frac{v}{c}$$

$$\cos\theta = \frac{m_0c^2}{E} = \frac{1}{\gamma}$$

만드는 각 θ에도 물리적 의미가 있나요?

바리 직각삼각형에서 $\sin\theta = \frac{pc}{E} = \frac{\gamma m_0 vc}{\gamma m_0 c^2} = \frac{v}{c}$니까 물체의 속력과 광속의 비에 의해서 각이 정해지는 거지. 또는 비슷하게 $\cos\theta = \frac{m_0c^2}{E} = \frac{m_0c^2}{\gamma m_0 c^2} = \frac{1}{\gamma} = \sqrt{1-v^2/c^2}$과 같은 관계식도 얻을 수 있고 말이야.

울리 갑자기 상대성이론이 조금 친근하게 느껴져요~ 헤헤-

엘리 저도요~ 근데 $E = mc^2$이 왜 그렇게 유명한 식이죠?

바리 '질량과 에너지가 동등하다'는 결과를 주기 때문이지. 특히 광속이 엄청 크기 때문에 '정지 상태의 질량도 큰 에너지를 갖고 있다'는 뜻이고, '그동안 알고 있던 에너지보존법칙을 상대성이론에서는 그대로 쓸 수 없다'는 뜻이기도 하고 말이야.

엘리 에너지보존법칙이 성립하지 않는다고요?

바리 그게 아니고, 정지에너지를 항상 고려해야 한다는 거지. 예를 들어 핵반응 과정에서는 작은 질량의 변화로도 큰 에너지 변화가 일어나서 상대론적 에너지보존법칙을 써야 한다는 거야. 1g의 질량 변화에 의한 에너지는 성인 1,000만 명이 하루에 섭취하는 총 에너지와 비슷하거든.

울리 우와~ 1,000만 명이요? 어마어마하네요.

바리 질량이 아주 작은 전자의 정지에너지도 0.511MeV나 되거든.

엘리 MeV는 메가전자볼트죠? 전자볼트도 에너지 단위라고 알려주셨는데 정확한 값은 기억을 못하겠어요.

바리 $1eV = 1.6 \times 10^{-19}J$! (3권 22화 참조) 전자 질량 $9.11 \times 10^{-31}kg$에 광속 30만 km/s의 제곱을 곱하면 약 $8.19 \times 10^{-14}J$이니까 약 0.511MeV가 되지. 자, 이제 일반상대성이론을 구경해볼까?

울리 @#$%^*&@#$

바리 교수의 물리노트 5

- 상대론적 운동량relativistic momentum:

$$p = \gamma m_0 v \ (m_0\text{: 정지 질량}, v\text{: 속력}, \gamma = \frac{1}{\sqrt{1 - v^2/c^2}})$$

- 상대론적 운동에너지relativistic kinetic energy:

$$K = (\gamma - 1) m_0 c^2 \ (c\text{: 광속})$$

- 상대론적 에너지relativistic energy:

$$E = mc^2 = \gamma m_0 c^2 = K + m_0 c^2 \ (m_0 c^2\text{: 정지에너지})$$

- 상대론적 에너지와 운동량의 관계식:

$$E^2 = p^2 c^2 + (m_0 c^2)^2$$

06 중력장에서 빛이 휜다구요?

일반상대성이론_등가원리

바리 교수는 오늘도 울리와 엘리를 일찍 보내주지 않았다. 특수상대성이론에 대한 핵심 결론은 모두 설명했고, 일반상대성이론은 더욱 어려우니 요점만 설명한 후 상대론에 관한 이야기를 오늘로써 마치겠다고 했다. 엘리는 문득 바리 교수와 자기력을 공부할 때 배운, '자기력과 전기력의 근원이 같음을 특수상대성이론으로 이해할 수 있다'고 한 것이 생각났지만 어떻게 연관이 되는지 전혀 감이 잡히질 않았다.

엘리 아줌마, 전에 자기력과 전기력의 근원이 같다는 걸 상대성이론으로 이해할 수 있다고 하셨죠? 어떻게 연관 지을 수 있나요?

바리 잊고 있었는데 엘리가 용케 기억하고 있네. 문제를 간단히 하기 위해, 전류가 흐르는 도선과 그 도선 근처에 전자가 하나 있다고 생각해봐. 도선에는 단위길이당 같은 양의 양(+)전하와 전자가 있는데, 양(+)전하는 정지해 있고 전자는 일정한 속도로 움직인다고 가정하고 말이야. 그럼 도선 밖에 있는 정지 상태의 전자에 작용하는 알짜 전기력이 없다고 볼 수 있겠지?

울리 도선이 전기적으로 중성이니까 전기력이 없겠죠. 전자가 움직이지 않으니 자기력도 없고요.

바리 울리가 정말 그동안 복습을 잘한 것 같구나. 기분 좋은데? 하하- 일단 전기력 관점만 생각해보자. 울리 말대로 도선 밖의 정지한 전자에 작용하는 전기력은 없어. 그럼 도선 밖의 전자가 도선 안의 전자와 같은 속도로 움직이면 어떻게 될까? 이것을 움직이는 전자 입장에서 생각해볼래?

엘리 그럼 도선 안과 도선 밖의 전자는 정지 상태고 도선 안의 양(+)전하가 전자의 속도와 반대 방향으로 움직이는 상황이네요. 그럼 어떻게 되는 거죠? 뭔가 특수상대성이론의 효과가 나와야 할 것 같은데 뭔지 모르겠어요.

바리 도선 밖 전자의 입장에서 도선 안 양(+)전하가 움직이니까 양(+)전하 사이의 간격이 수축하는 효과를 경험하지. 전자들의 간격은 같은데 양(+)전하들의 간격은 줄어드니 단위길이당 양(+)전하가 더 많게 되고, 결과적으로 도선 밖 전자는 도선 쪽으로 당겨지는 전기력을 받고 말이야.

울리 오잉? 도선 근처에서 움직이는 전자가 전기력을 받는다고요? 자기력이 아니고요? 전류가 흐르는 도선이 만든 자기장에 의해 도선 밖 전자는 자기력을 받잖아요? (3권 18화 참조)

바리 움직이는 전자의 입장에서 보면 전기력이 있다는 거야. 이 움직이는 전자의 입장을 양(+)전하의 입장, 또는 정지한 도선의 입장에서 보면 방금 울리가 얘기한 것처럼, 또는 그동안 우리가 공부해왔던 것처럼 도선 밖의 움직이는 전자에 자기력이 작용하는 거고 말이야.

엘리 와~ 특수상대성이론의 길이 수축 효과에 의해 전기력과 같은 효과가 생기는데, 이 전기력이 정지한 관측자한테는 자기력이란 건가요?

바리 그래서 근원이 같다고 한 거야. 어렴풋이나마 이해가 되었길 바라. 이제 일반상대성이론 얘기를 조금 하자.

울리 일반상대성이론은 특수상대성이론을 확장한 거겠죠?

바리 그래~ 일반상대성이론의 두 기본 가설은 '모든 자연법칙이 관성계뿐만 아니라 비관성계의 관측자에게도 동일하다'는 아주 포괄적인 상대성원리와 '등가원리principle of equivalence'란다. 등가원리란 '중력장 하에 있는 계와 중력이 없는 곳에서 가속하는 계가 동등하다'는 것이고 말이야.

울리 가속운동을 하는 비관성계에서도 모든 자연법칙이 동일한 이론이라니 완벽하네요. 근데 등가원리는 무슨 뜻인지도 모르겠어요.

바리 이제 설명하려고 해. 아인슈타인은 뉴턴의 중력이론이 뭔가 잘못되었다고 생각했어. 예를 들어 만일 태양이 한순간에 사라진다면 지구의 운동은 어떻게 될까?

엘리 태양이 당기는 인력이 없어지면 지구는 태양이 없어진 순간의 속도로 움직여야 하니까 타원궤도에서 벗어나 직진하겠죠.

바리 그렇지. 그게 바로 뉴턴의 중력이론이지. 근데 태양이 사라지기 바로 직전에 내놓은 빛은 태양이 사라져도 계속 전파되어 지구로 오겠지? 지구까지 오는 데 8분 정도 걸리니까 말이야.

울리 오~ 태양이 사라져도 지구에서는 햇빛을 본다는 거네요?

바리 그래. 아인슈타인은 '특수상대성이론에 의하면 무엇도 빛보다 빠를 수 없는데, 어떻게 뉴턴의 중력은 빛보다 빨리 전달되어 지구가 즉시 타원궤도에서 벗어날 수 있는가' 하는 의문을 품은 거야. 그리고 등가원리를 제안했지.

울리 그래도 아직 이해가 잘 안 돼요.

바리 좀 더 구체적으로 등가원리를 이해하기 위해 예전에 했던 엘리베이터 안에서 몸무게를 재는 상황을 복습해보자.

엘리 엘리베이터가 위로 가속할 때는 몸무게가 늘어나고, 아래로 가속할 때는 줄어드는 거요?

바리 그래. 위로 가속하는 엘리베이터 안에서는 아래로 작용하는 관성력이, 아래로 가속하는 엘리베이터 안에서는 위로 작용하는 관성력이 있어서 그렇다고 했지. (1권 28화 참조) 이제 엘리베이터 안에 있는 사람은 바깥 상황은 전혀 알 수 없고 오로지 엘리베이터 안에서 몸무게만 잴 수 있다고 생각해보자. 엘리베이터 안의 사람은 자신의 몸무게가 중력에 의한 것인지, 아니면 중력은 없는데 엘리베이터가 위로 가속하기 때문에 생기는 관성력에 의한 것인지 구분할 수 있을까?

엘리 흠…. 엘리베이터 바깥 상황에 대해 전혀 모르면 몸무게의 원인을 모를 것 같아요.

바리 그게 바로 일반상대성이론의 등가원리야. 중력장($\vec{g}$)의 영향을 받으며 정지해 있는 엘리베이터 안에서 잰 몸무게와, 중력장의 영향은 없고 가속도 $\vec{a}=-\vec{g}$로 가속하는 엘리베이터 안에서 잰 몸무게가 같기 때문에 엘리베이터 안의 사람은 자신이 중력장 속에 있는 것인지, 중력장이 없는 공간에서 가속운동을 하고 있는 것인지 구별할 수 없다는 거지.

울리 와~ 뭔가 쿨~ 해요!

바리 멋지지? 그럼 지구 위에 정지해 있는 엘리베이터 안에서 공을 앞으로 수평하게 던지면 엘리베이터 안의 관측자는 공의 포물선운동을 보겠지? (1권 5화 참조) 마찬가지로 중력장은 0이지만 지구 중력장과 크기는 같고 방향은 반대인 가속도를 갖는 엘리베이터 안에서 공을 앞으로 수평하게 던져도 엘리베이터 안의 관측자는 공의 포물선운동을 볼 테고 말이야.

엘리 그렇죠. 중력이 없어도 위로 가속하는 엘리베이터 안에는 지구

〈공을 수평으로 던졌을 때〉

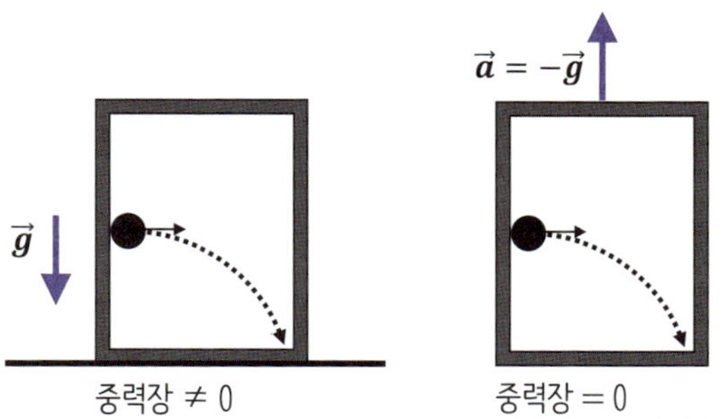

중력과 같은 관성력이 작용하니까요.

바리 그럼 공 대신 빛을 보낸 경우를 생각해봐. 중력장이 0일 때 위로 가속하는 엘리베이터 안에서 빛을 수평으로 보내면, 바깥의 정지한 관측자 입장에서는 빛이 수평으로 직진하고 엘리베이터 바닥은 위로 가속하는 것으로 보이지만 엘리베이터 안의 관측자 입장에서는 공과 마찬가지로 빛이 포물선을 그리는 것을 보게 되지.

엘리 어? 빛이 휘는 거예요?

바리 그래. 더 놀라운 것이 있는데, 아인슈타인은 가속운동 효과와 중력장의 효과를 구분할 수 없기 때문에 중력장이 없는 공간에서 가속하는 엘리베이터 안의 빛이 휜다면, 중력장 속의 정지한 엘리베이터 안에서도 빛이 휘어야 한다고 주장했다는 거야.

울리 정말요? 그럼 우리가 일상에서 빛이 휘는 것을 관측하지 못하는 것은 너무 조금 휘기 때문인가요?

〈불빛을 수평으로 보냈을 때〉

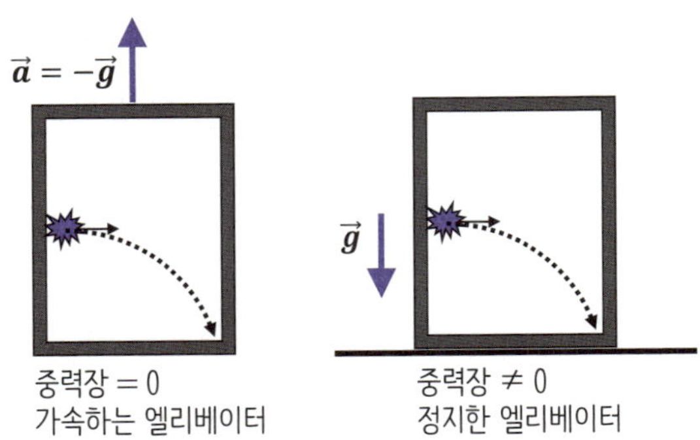

바리 그렇지. 레이저빔으로 실험을 했는데 6,000km 진행하는 동안 1cm보다도 조금 떨어졌다고 하니 우린 볼 수 없지. 중요한 것은 뉴턴의 중력이론에서 예측할 수 없는 것을 아인슈타인의 일반상대성이론이 예측한다는 거야. 뉴턴의 중력이론에 의하면 질량이 없는 빛은 중력의 영향을 받지 않아 직진해야 하거든.

엘리 아, 그렇군요. 저희는 뉴턴의 중력이론이나 운동법칙을 공부하기도 쉽지 않은데 저런 새로운 이론은 언제 다 공부할까요….

바리 일반상대성이론이 필요한 사람들만 자세히 공부하지. 나도 자세히는 모르거든. 하하- 일반상대성이론에 의하면, 지구가 태양 주위를 도는 이유는 시공간이 휘었기 때문이야. 질량이 클수록 질량 주변의 시공간이 많이 휘는데, 2차원에 비유하자면 마치 트램펄린 위에 볼링공을 올려놓으면 휘는 것 같은 거야. 태양 주변의 시공간은 휘어 있고 지구가 그 휜 공간을 따라 직진하는 것이 타원운동으로 관측된다는 거지. 빛도 마찬가지고 말이야.

엘리 와~ 근데 그런 것도 실험으로 증명되었나요?

바리 증명되었지. 일반상대성이론에 의하면, 질량이 큰 태양이 시공간을 휘게 하기 때문에 태양을 지나 지구로 오는 별빛은 실제 휘어서 오는 거라고 말이야. 멀리 있는 동일한 별을 밤과 낮에 찍어 태양이 주변에 없을 때의 실제 위치와 태양이 주변에 있을 때의 겉보기 위치를 비교하는 실험이었지.

울리 어? 낮에 별빛이 잘 보여요? 햇빛 때문에 안 보일 것 같아요.

바리 그래서 개기일식 때 측정했단다. 1919년 영국의 천문학자 아서 스탠리 에딩턴Arthur Stanley Eddington이 관측에 성공했고, 태양 근처를 통과한 별빛이 정말 휘어서 온다는 것도 검증했어. 그 결과 아인슈타인은 세계적 스타가 되었지.

울리 역시 쿨~

바리 그럼 태양이 갑자기 사라질 경우 지구운동은 어떻게 되는지를 아인슈타인의 시공간으로 이해해볼까?

엘리 참, 어떻게 되는 거예요?

바리 태양 때문에 휘어 있던 시공간이 태양이 갑자기 없어짐으로써 출렁이게 되는데, 이 출렁임을 '중력파'라고 해. 아인슈타인은 중력파의 진행 속력이 빛의 속력과 같아서 약 8분이 지나야 지구에서 태양에 의한 시공간의 휨을 경험하지 않는다고 예측했어. 이 중력파의 존재는 일반상대성이론이 발표된 1915년으로부터 100년이 지난 2015년에 실험적으로 입증되었고 말이야.

울리 100년이면 오래 걸린 것도 아니죠? 그동안 더 오래 걸려 입증된 얘기도 많이 해주셨잖아요. 기억은 가물가물하지만요. 헤헤-

바리 하하- 그렇게 볼 수도 있겠다. 중력파의 존재를 입증한 공으로 2017년 세 명의 물리학자가 노벨물리학상을 수상했는데, 그중 한 명은 영화 <인터스텔라>를 제작할 때 자문해준 것으로도 유

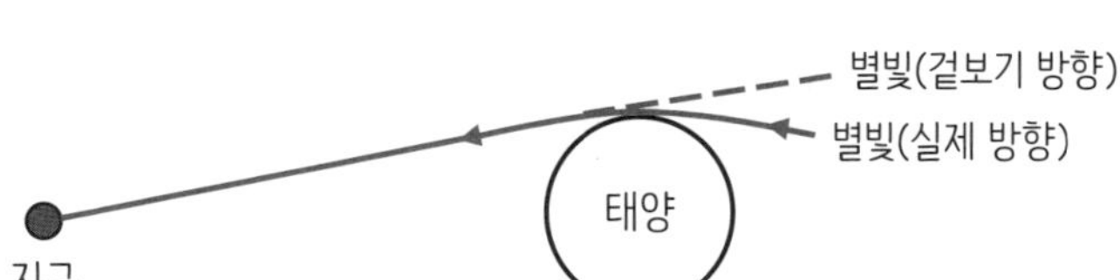

명하지. 바로 킵 스티븐 손Kip Stephen Thorne 교수란다.

울리 그럼 <인터스텔라>는 일반상대성이론에 잘 맞게 만들어진 영화겠네요. 다시 봐야겠어요.

바리 상대성이론을 조금 이해하고 난 뒤에 영화를 보면 느낌이 다르겠지? 일반상대성이론의 또 다른 중요한 결과는 중력장이 셀수록 시간이 천천히 흐른다는 거야. 쌍둥이 역설에서 우주여행을 한 형이 가속운동으로 인해 시간 지연을 경험한 것이 일반상대성이론의 결과라고 했듯이 말이야.

엘리 흥미롭긴 하지만 일상에서는 크게 중요하지 않은 지식 같아요.

바리 일상에서 우리가 상대성이론의 혜택을 보고 있는 대표적 사례가 GPS(Global Positioning System)인데도?

엘리 어, 정말요?

바리 현재 위치를 알려줘야 하니 시간은 아주 중요하겠지? 위성 GPS는 지구로부터 약 2만 km 상공에 떠서 매일 지구 주위를 두 번씩 공전하는 최소 24개의 인공위성으로 구성되어 있고, 초정밀도로 동기화된 원자시계들이 탑재되어 있지.

울리 지금은 30여 개의 위성이 떠 있다고 들었어요. (1권 6화 참조)

바리 그래. 이 위성들은 지구와의 상대속도가 3.9km/s라서, 특수상대성이론에 의해 지상의 원자시계보다 하루에 7μs 정도 느린데, 동시에 일반상대성이론에 의해서 하루에 45μs 정도 빠른 거야.

엘리 왜 빨라요? 너무 높이 떠 있으니 지구중력이 약해서 그런가요?

바리 오~ 바로 응용하는데? 맞았어. 그래서 결국 위성의 시계는 지상의 시계보다 하루에 38μs가 빠른 거지. 38μs는 $\frac{38}{100\text{만}}$초야. 위성에서는 이런 상대성이론의 효과를 보정해서 우리한테 위치를 보내주는 거란다.

엘리 정말 상대성이론을 몰랐다면 GPS는 존재하지 않았겠네요.

울리 아인슈타인 만세~~

바리 교수의 물리노트 6

- 일반상대성이론general theory of relativity의 기본 가설.
  - 모든 자연법칙은 모든 기준계(관성계 또는 비관성계)에 있는 관측자에게 동일하다.
  - 등가원리principle of equivalence: 중력장에 의한 운동과 중력이 없는 곳에서의 가속운동은 구별할 수 없다.
- 일반상대성이론에 의하면 질량이 클수록 시공간이 많이 휘고, 뉴턴의 중력에 의한 운동은 이렇게 휜 시공간을 직진하는 운동이며 빛도 중력장 안에서 휘게 된다. 또 중력장이 셀수록 시간은 천천히 흐른다.

07 슈퍼스타, 알베르트 아인슈타인

Albert Einstein, 1879~1955

바리 교수는 상대성이론과 양자역학을 이해하는 것이 쉽지 않아 엘리와 울리의 집중력이 떨어질 수 있겠다며 20세기 물리학 혁명을 일으킨 주요 물리학자들의 생애에 대해 가끔 이야기해주겠다고 했다. 그러면서 그동안 상대성이론에 관한 설명을 많이 했으니, 이번 주말에는 아인슈타인의 생애에 대한 이야기를 해주겠다면서 마음 편히 놀러 오라고 했다. 엘리와 울리는 공부하러 가는 것이 아니라는 생각 때문인지 바리 교수의 집으로 향하는 발걸음이 더욱 가벼웠다.

울리 와~ 오늘은 왜 이렇게 마음이 편한지 모르겠어요. 히히-

엘리 저도 오늘은 노트도 안 가져오고 놀러 오듯이 왔어요.

바리 그동안 올 때마다 공부하는 마음으로 왔다면 아줌마 잘못이네. 호기심만 불어넣어 주고 싶었는데 말이야.

엘리 에이, 그건 아니고요…. 헤헤-

바리 상대성이론이나 양자역학은 우리가 일상에서 직접 경험하는 현상들이 아니라 더욱 생소해서 그럴 거야. 지금 모두 이해하지 못해도 괜찮고, 그냥 용어 하나, 개념 하나 들어본다고 생각하렴.

울리 전 그런 마음으로 오고 있어요. 사실은 아줌마가 해주시는 간식이 맛있어서 오고 싶기도 하고요. 히히-

바리 그래? 간식으로 동기 부여가 된다면 그것도 의미가 있지. 약속한 대로 오늘은 알베르트 아인슈타인Albert Einstein(1879~1955)의 삶에 대해서만 이야기할게.

울리 지금 검색해보니 아인슈타인은 화이트데이에 태어났네요. 1879년 3월 14일이요.

바리 화이트데이는 1970년대에 일본 과자 업체들이 상업적으로 만들어낸 기념일이라고 하는데 공교롭게 아인슈타인의 탄생일과 같네. 그보다는 '파이 데이pi(π) day'와 같다고 기억하곤 하지. 또 전자기학이론을 완성한 맥스웰이 죽은 해에 아인슈타인이 태어나서 '맥스웰의 정기를 이어받았나' 하기도 하고 말이야. 하하-

엘리 맥스웰은 빛이 전자기파라는 것을 밝혔는데, 아인슈타인은 그 빛의 속력이 불변이라는 가설을 내놓았으니 정말 정기가 전달된 것 같은데요? 히히-

바리 그럴 듯한데? 아인슈타인은 독일 울름의 유대계 가정에서 태어났고, 두 살 아래 여동생이 하나 있었대. 그가 한 살 때인 1880년에 가족이 뮌헨으로 이사를 가게 되어 아인슈타인은 그곳에서 초등학교와 김나지움gymnasium(독일의 중등교육기관)을 다녔으니 어린 시절을 뮌헨에서 지낸 거지.

아인슈타인 남매

울리 아버지가 과학자나 의사는

아니었나요?

바리 아버지 헤르만 아인슈타인은 기술자였다고 해. 뮌헨에 직류전기 장비회사를 세웠다고 하거든. 들어봤겠지만 아인슈타인이 학창 시절부터 천재 소리를 듣는 학생은 아니었대. 하지만 과학과 수학은 아주 뛰어나서 12세에 피타고라스 정리를 자신의 방식으로 유도해냈다는 기록도 있고, 바이올린도 수준급으로 연주했다고 하는구나. 하지만 1894년 어린 아인슈타인만 뮌헨에 남기고 온 가족이 이탈리아 밀라노를 거쳐 파비아로 이사를 갔는데, 이때 아인슈타인은 안 그래도 적응에 곤란을 겪던 학교 생활을 더욱 힘들어했다고 해.

엘리 왜 아들만 놔두고 가족이 다른 나라로 이사를 갔어요?

바리 아버지의 사업이 잘 되지 않아 떠나야 했지만 아인슈타인은 김나지움을 마치게 하려고 한 거지. 근데 결국 아인슈타인은 1894년 12월에 학교를 그만두고 가족한테 간단다.

엘리 헉, 그럼 졸업을 못 한 거예요?

바리 그런 셈이지. 근데 1895년(16세)에 고등학교를 마친다는 조건으로 스위스 취리히연방 공과대학교ETH Zürich로부터 입학 허가를 받았어. 신기하지? 수학과 물리 시험 성적이 아주 좋아서 가능했다는 얘기가 있어. 조건부 입학 허가라서 아인슈타인은 스위스 아라우에 있는 특수고등학교를 일 년간 다녀 1896년에 졸업하고, 병역 기피를 위해 독일 시민권을 포기한 후 취리히연방 공과대학교에 입학해서 수학과 물리학을 공부하지.

울리 흠…. 병역 기피를 위해 시민권을 포기했어요?

바리 그랬다네. 그리고 17살의 아인슈타인은 취리히공대에서 유일한 여성 동급생인 21살의 밀레바 마리치를 만나 물리에 대한 열띤 토론을 하면서 연인이 되었단다.

울리 연상의 여인이었네요. 근데 어떻게 동급생이에요?

바리 여성들에게 대학의 문이 열리지 않았을 때라서 기다리느라 늦어졌다고 해. 밀레바는 지금의 세르비아에 있는 부유한 가정에서 태어났는데 선천적으로 다리를 약간 절었고, 수학, 음악, 미술, 언어 등 다방면에서 탁월했대. 그래서 밀레바의 아버지는 이런 밀레바가 여학교보다 교육 내용이 좋은 명문 남학교에서 수업을 들을 수 있도록 특별 허가를 받아냈다고 하니 놀랍지?

엘리 와, 대단하네요.

바리 그런 밀레바지만 아인슈타인의 어머니 파울리네가 극렬하게 둘의 교제를 반대해서 힘든 시간을 가졌다고 해. 그러다 1900년 여름에 아인슈타인과 밀레바는 졸업시험을 치렀는데, 졸업에 필요한 평균 점수에 약간 부족한 점수를 받았던 아인슈타인은 겨우 꼴찌로 합격시켜줘서 졸업을 하지만, 점수가 많이 부족했던 밀레

아인슈타인과 밀레바 마리치

바는 졸업을 못 하게 되었지.

엘리 아, 안타까워요. 결국 결혼도 못 했나요?

바리 1903년에 결혼을 하긴 했어. 근데 꼴찌로 졸업하고 교수들과도 사이가 나빴던 아인슈타인은 직장을 얻을 수 없어서 아주 힘든 시기를 보냈고, 실험 조교를 하면서 재시험 준비를 하던 밀레바는 혼전 임신을 하게 된단다. 임신 상태에서 졸업 재시험을 봤지만 다시 실패했고, 1902년 밀레바 혼자 자신의 가족에게 돌아가 딸 리제를을 낳았어. 그 후 이 딸이 어떻게 되었는지에 대한 기록은 없다고 해. 한편 1902년 6월에 아인슈타인은 대학 동기 마르셀 그로스만Marcel Grossmann의 도움으로 스위스 베른특허청의 3급 검사관으로 취직을 하게 되었어. 그리고 1903년에 밀레바와 결혼을 했고, 1904년에 아들 한스가 태어났지.

울리 첫 딸 일은 안타깝지만, 곧 안정적인 생활을 하게 되었군요.

바리 놀라운 것은 졸업 후 아주 힘든 시기를 보냈음에도 1905년에 아인슈타인은 엄청난 연구 결과를 발표했다는 거야. 앞에서 배운 특수상대성이론과 질량-에너지등가이론뿐 아니라 브라운운동과 광전효과 등 주옥같은 성과들을 모두 1905년에 발표했거든. 그래서 사람들은 1905년을 아인슈타인에게 있어 기적의 해라고 부르고, 일부 학자는 이때 아인슈타인이 발표한 논문들이 부인 밀레바와 함께 쓴 논문이라고 주장하기도 했단다.

엘리 아, 불쌍한 밀레바….

바리 1905년의 논문들로 유명해진 아인슈타인은 1908년 베른 대학교에서 강의를 하게 되었고, 1909년 취리히연방 공과대학교를 거쳐 1911년에 체코 프라하의 카를 대학교의 정교수가 되었어. 이때 벨기에의 사업가 솔베이라는 사람이 초청받은 학자만 참석할 수 있는 학회를 개최했는데, 제1회 솔베이회의Solvay conference에 아인슈타인도 초청되었어. 참석자 중 최연소자였고, 이 학회를 통해 물리학계의 거장들인 어니스트 러더퍼드, 마리 퀴리, 막스 플랑크, 핸드릭 안톤 로런츠 등과 인연을 맺게 되는 계기가 되었단다. 그러다 그로부터 17개월만인 1913년에 다시 취리히연방 공과대학교의 정교수로 초청되어 프라하를 떠났고 말이야.

엘리 밀레바는요?

바리 엘리는 밀레바에게 관심이 가나 보구나? 밀레바는 1910년에 둘째 아들 에두아르트를 낳고 아들 둘을 키우며 가정주부로서의 삶을 살게 되었어. 1914년에 아인슈타인이 다시 베를린 대학교로 옮겼으니, 이런 잦은 이사도 모두 밀레바의 일이었겠지. 특히 밀레바는 베를린으로 이사하는 것을 반대했는데, 베를린에는 이미 아인슈타인과 연인 관계였던 그의 사촌누나 엘자 뢰벤탈이 있었기 때문이었어.

울리 사촌누나요?

바리 그래. 아인슈타인 이모의 딸이라니 우리로서는 그 둘의 관계를 이해하기가 힘들지? 아인슈타인 아버지와 엘자의 아버지는 사촌이었고 말이야. 결국 밀레바는 몇 달 후 아이들만 데리고 취리히로 돌아갔다고 해. 혼자 남은 아인슈타인은 1915년에 일반상대성이론을 완결하는 논문을 발표했고, 1916년부터 1918년까지 독일물리학회 회장도 했단다. 1919년 5월 29일 에딩턴의 개기일식 관측으로 '빛이 중력에 의해 휜다'고 한 아인슈타인의 이론이 입증되자 『뉴욕타임스*New York Times*』에 기사가 나오는 등 40세의 아인슈타인은 세기의 스타 물리학자가 되었고 말이야.

엘리 밀레바는요?

바리 5년 정도 별거 후인 1919년 2월 14일에 결국 이혼을 했어. 아인슈타인은 자신이 노벨상을 타면 상금을 모두 밀레바에게 주겠다며 이혼을 요청했고 밀레바가 이 조건을 받아들였대. 그리고 아인슈타인은 이혼 3개월 후 바로 사촌누나 엘자와 결혼을 했고 말이야.

울리 실제 노벨상을 받았잖아요? 상금을 모두 줬대요?

바리 1921년 노벨물리학상을 받은 아인슈타인은 상금의 $\frac{3}{4}$을 장기채권에 투자해서 밀레바가 이자를 받도록 했다는데, 미국에 대공황이 찾아와서 채권이 휴짓조각이 되어버렸다는 슬픈 이야기가 있단다. 밀레바는, 20세였던 1930년부터 조현병이 발병한 둘째 아

아인슈타인과 엘자 뢰벤탈

들을 돌보느라 매우 궁핍하게 살다가 1948년 72세에 세상을 떠났고 말이야. 그 후 둘째 아들은 정신병원에 맡겨져 1965년에 세상을 떠났다고 해.

엘리 너무 슬프네요. 큰아들은요?

바리 1933년 아인슈타인은 나치를 피해 엘자와 미국으로 이민을 갔고, 아인슈타인의 권유로 큰아들 한스도 1938년에 스위스를 떠나 미국으로 갔단다. 한스는 버클리의 캘리포니아 대학교 토목공학과 교수로 지내다 1973년에 세상을 떠났어.

엘리 큰아들은 불행한 삶을 살지 않아서 다행이네요. 아인슈타인은 엘자와 잘 살았나요?

바리 엘자는 미국으로 이민을 간 지 3년 만인 1936년 병으로 세상을 떠났단다. 60세였지. 이후 아인슈타인은 여자 관계가 복잡하긴 했지만 결혼을 또 하진 않았고, 1940년에 미국 시민권을 취득한 후 프린스턴 대학교 고등연구소 교수로 지내다 1955년 4월 18일 76세에 임종을 맞았단다. 아인슈타인은 "어제로부터 배우고 오늘을 위해 살고 내일을 희망하라. 가장 중요한 것은 질문을 멈추지 않는 것이다Learn from yesterday, live for today, hope for tomorrow. The important thing is not to stop questioning.", "그

것을 단순하게 설명할 수 없다면 당신은 그것을 충분하게 잘 이해하지 못한 것이다If you can't explain it simply, you don't understand it well enough.", "배우는 것을 멈추면 죽기 시작한다Once you stop learning, you start dying." 등 수없이 많은 명언을 남겼고, 1955년에는 자신의 사적인 편지들을 예루살렘에 있는 히브리 대학교에 남기기도 했어. 더 재미있는 것은 엘자의 딸이자 아인슈타인의 의붓딸인 마르고트가 1912년부터 1955년까지 1,300통에 달하는 가족 간의 편지를 또 히브리 대학교에 기증하면서 자신의 사망 20년 후에 개봉하라고 한 거야. 마르고트의 유언대로 그 편지들은 2006년에 세상에 알려지게 되었고, 아인슈타인과 밀레바 마리치의 삶과 업적에 대해서도 새로운 해석들이 나오게 되었단다.

엘리 와, 신기하네요.

바리 위대한 업적을 남긴 물리학자의 사적인 삶을 연구하는 사람들한테 중요한 자료가 되었지. 아무튼 아인슈타인은 빛이 광자로 되어 있다는 광양자설을 적용하여 광전효과를 이론적으로 설명해서 노벨물리학상까지 받았지만 최후의 고전물리학자라고 할 만큼 양자역학을 강하게 거부했단다.

울리 아, 그래요? 양자역학이 궁금해지는데요.

바리 이제 계속해서 양자역학에 대해 알려줄 거야. 웰컴 투 더 퀀텀 월드~

08 귀 체온계가 더 정밀하다구요?

흑체복사

바리 교수와 만나기로 한 날, 울리와 바리 교수는 엘리가 보낸 문자를 한 통 받았다. 열이 심하게 나 병원에서 진료를 받는 중인데, 의사 선생님이 밖에 나가지 말고 집에서 푹 쉬라고 했다는 내용이었다. 오늘은 울리도 미열이 있다고 했다. 결국 만남은 한 주 미뤄졌고, 주말 동안 집에서 푹 쉰 덕분에 엘리는 열이 내리고 건강을 회복했지만 이번에는 울리가 고열에 시달려 학교를 하루 빠지기까지 했다. 하지만 다행히 울리도 주말쯤에는 정상 컨디션으로 돌아와 바리 교수를 찾아갈 수 있었다. 2주 만의 방문이었다.

바리 둘이 거의 동시에 몸살이 났었네.

엘리 저한테서 옮았다고 울리가 계속 투덜거렸어요.

울리 내 주변에 열났던 사람이 너뿐이거든. 히히-

바리 암튼 둘 다 나아서 다행이구나.

울리 요즘은 체온을 귀를 통해 재서 좋아요. 어릴 땐 엄마가 체온계를 겨드랑이에 끼고 있으라고 해서 싫었는데 얼마 전에 귀 체온계를 사놓으셨더라고요.

엘리 맞아. 우리 엄마랑 함께 사셨나? 우리 집에도 언제부턴가 귀 체온계가 있더라.

바리 오늘부터 양자역학 얘기를 하려 했는데 잘 되었네. 귀 체온계의 작동 원리에도 양자이론이 들어 있거든.

엘리 와~ 정말요? 체온을 재는 데도 양자이론을 이용해요?

바리 예전에 열 전달 방식인 전도, 대류, 복사를 공부할 때 복사에서 슈테판-볼츠만법칙에 대해 살짝 얘기한 적 있는데(제2권 21화 참조), 귀 체온계의 작동 원리가 이 법칙과 관계가 있거든. 근데 슈테판-볼츠만법칙을 증명하려면 양자이론이 필요하지.

엘리 지난번에 흑체복사 실험 결과를 이론적으로 이해하기 위해서 탄생한 것이 양자이론의 시작이라고 하셨는데, 슈테판-볼츠만 법칙이 복사와 관계가 있어서 그렇군요.

울리 이제 본격적으로 양자역학으로 들어가나 본데 준비운동이라도 할까요? 헤헤-

바리 하하- 그동안 상대성이론으로 준비운동 했잖아. 속력이 아주 큰 물체의 운동은 뉴턴의 운동법칙으로 이해할 수 없어서 상대성이론을 적용해야 한다고 했지? 근데 물체가 원자처럼 아주 작을 때도 뉴턴의 운동법칙이나 맥스웰의 전자기학으로 설명되지 않는 현상들이 관측된 거야. 그 첫 번째 대표적인 실험이 흑체복사 실험이고 말이야.

엘리 흑체복사 실험을 다시 요약해주실 거죠?

바리 물론이지. '흑체black-body'의 정의를 다시 얘기하면, '들어오는 전자기파를 모두 흡수할 수 있는 이상적인 물체'를 말하는데, 이 흑체가 내놓는 전자기복사(또는 열복사)를 '흑체복사black-body radiation'라고 해.

울리 우리 주변에도 흑체가 있나요?

바리 흑체에 가까운 것들은 있지. 예를 들어 단단한 공에 작은 구멍 하나를 뚫어놓으면 이 구멍으로 들어간 전자기파는 안에서 반사만 되고 그 구멍을 통해 밖으로 나오긴 힘들지. 엘리가 입을 조금만 벌리고 있어 볼래? 울리는 엘리 입안이 어떻게 보여?

울리 엘리 입안이 까맣게 보여요~

바리 엘리 입안으로 들어간 빛이 나오지 못해서 그런 거야. 또 우리 눈에 보이지 않는 흑체복사도 많지만 숯불의 빨건 불빛처럼 우리 눈에 보이는 흑체복사도 있지.

엘리 온도가 높아서 우리 눈에 보이는 빛을 내는 거네요?

바리 그래~ 온도가 있는 물체는 모두 복사를 하는데, 숯처럼 높은 온도의 물체는 가시광선을 내놓아 우리 눈에 보이는 거지. 흑체복사 실험의 대표적 결과 두 가지는, ① 흑체복사 총 일률은 온도의 네제곱에 비례한다(슈테판-볼츠만법칙Stefan-Boltzmann law)는 것과 ② 흑체복사 세기가 최대일 때의 파장은 온도에 반비례한다(빈변위법칙Wien's displacement law)는 거야.

엘리 흑체복사 세기가 최대일 때의 파장이라는 게 무슨 말이에요?

바리 파장별로 복사 세기를 그려보면 어느 특정 파장의 전자기파 세기가 아주 세고, 이 파장보다 짧거나 긴 파장의 전자기파 세기는 약한 분포를 보이거든. 이 최대복사 세기에 해당하는 파장이 흑체의 온도에 반비례한다는 뜻이야.

울리 온도가 높을수록 짧은 파장에서 최대복사 세기가 나타난다는 거네요. 근데 이런 결과가 왜 일어나는지 알 수 없었던 거예요?

바리 그렇지. 슈테판-볼츠만법칙이든 빈변위법칙이든 당시의 전자기학 지식으로는 설명할 수가 없었던 거야. 특히 지난번에도 얘기했듯이(3권 40화 참조), 흑체에서 나오는 전자기파의 파장별로 세기를 나타내는 실험곡선을 설명할 수 없었어. 이 실험곡선이 이론적으로 설명돼야 두 법칙도 설명되는데 말이야.

엘리 그래서 플랑크가 실험곡선을 맞출 수 있는 식을 억지로 찾은 거라고 하셨죠.

바리 그래. 당시의 물리법칙으로는 모든 파장에 대해 맞는 결과를 찾을 수 없었고, 플랑크 스스로도 믿을 수 없는 가정들을 해야만

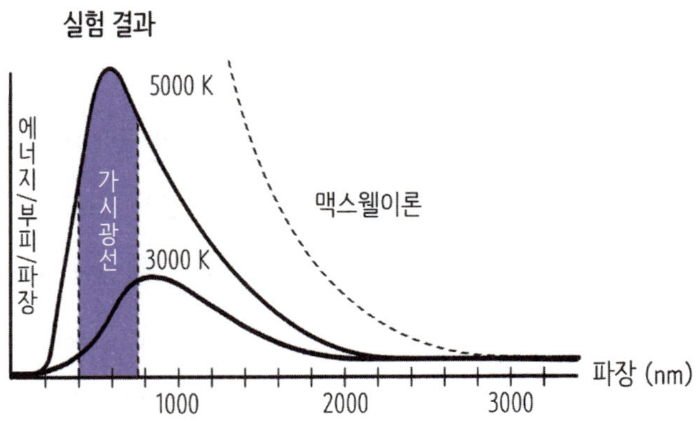

실험곡선식이 나온다고 했지.

엘리 어떤 가정들이었죠? 다시 알려주세요.

바리 우선 흑체복사는 흑체에 있는 원자의 진동에 의한 것이라고 가정하고, '원자가 주어진 온도에 따라 빛을 흡수하거나 방출할 때 그 원자의 진동수에 비례하는 어떤 양을 기본으로 한다'는 가정을 했어. (4권 25화 참조)

울리 그 어떤 양이 에너지라고 하신 것 같은데….

바리 맞아. 원자가 흡수하거나 방출하는 에너지의 기본단위가 '원자의 진동수(f)×플랑크상수Planck constant(h)'라고 가정하니, 방출되는 빛 에너지는 hf의 정수 배의 값만 가능하게 돼서 불연속적인 에너지를 갖는, 당시로서는 기이한 결과를 얻은 거였지.

엘리 플랑크상수 역시 실험곡선을 잘 맞추기 위해 얻은 값이라는 것도 지난번에 알려주셨어요~

바리 그랬지? 정말 신기하게 어떤 온도의 흑체복사 실험곡선도 같은 플랑크상수를 넣으면 잘 설명되었던 거야. 그래서 지금은 가장 보편적이고 중요한 물리상수가 되었지만 말이야. 현재 플랑크상수 $h = 6.62607015 \times 10^{-34}\,\mathrm{J \cdot s}$로 알려져 있지.

엘리 신기해요. 저렇게 작은 값이 그렇게 중요하다니요.

바리 그렇지? 다시 플랑크의 가설을 정리해보면, 기본에너지 $E = hf$기 때문에 가질 수 있는 에너지는 불연속 값인 $E_n = nhf$라는 거야. 양의 정수 n은 '양자수quantum number'라고 하고, 서로 다른 양자수에 대한 에너지는 서로 다른 '양자상태quantum state'

에 해당하고 말이야. $n=1$ 양자상태는 에너지 $E_1=hf$인 상태, $n=2$ 양자상태는 에너지 $E_2=2hf$인 상태인 거지.

울리 모두 양자를 붙이네요.

바리 불연속을 상징하는 거지. $1.2hf$ 같은 에너지는 가질 수 없다는 것을 강조하는 거야. 플랑크 이론의 핵심은 흑체의 원자 진동수에 의해 정의된 하나의 양자상태에서 다른 양자상태로 갈 때는 에너지를 내놓거나 흡수한다는 거야. 예를 들어 $n=2$ 양자상태에서 $n=1$ 양자상태로 가면 두 양자상태의 에너지 차이인 hf 만큼의 에너지를 내놓는다는 거지.

울리 $n=1$ 양자상태에서 $n=2$ 양자상태로 가면 hf만큼의 에너지를 흡수해야 하고요?

바리 그렇지. 그리고 같은 양자상태에만 있으면 에너지가 흡수되거나 방출되지 않는다는 뜻이고 말이야.

엘리 아무리 생각해도 이상해요. 특정한 에너지만 가질 수 있다니요. 그리고 에너지가 불연속적이라고 가정한 것이 어떻게 흑체복사 세기의 실험곡선을 설명할 수 있는지 전혀 감이 오질 않아요. 복잡한 수학 계산을 해야 하나요?

바리 물론 수학적으로 정확히 증명할 수 있지만 우리는 말로만 이해해봐야겠지? 먼저 파장이 긴 경우를 생각해봐. 파장이 길다는 것은 진동수가 작다는 것이니 에너지는 작을 것이고, 그럼 양자상태들은 가깝게 붙어 있겠지?

엘리 파장이 길면 hf가 작으니까 그렇겠네요.

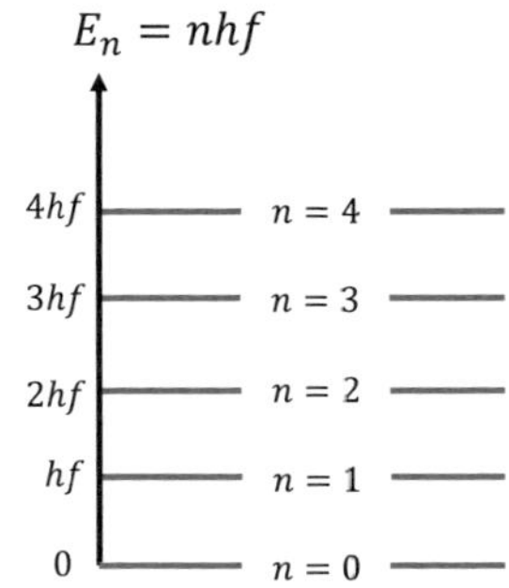

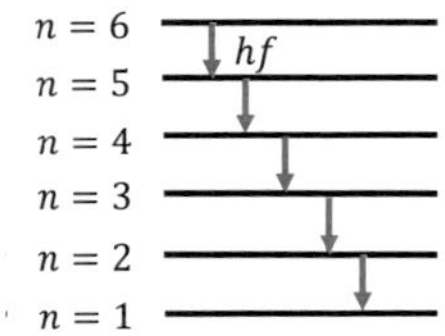

진동수가 작을 때
또는 파장이 길 때

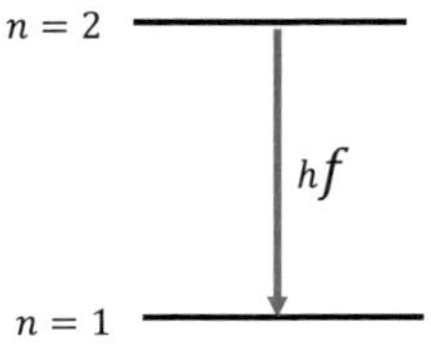

진동수가 클 때
또는 파장이 짧을 때

바리 양자상태들 간의 에너지 차이가 작으니 에너지를 조금만 흡수해도 높은 양자상태로 갈 수 있어서 높은 양자상태에 있을 확률이 커지지. 높은 양자상태에 있을 확률이 크면 낮은 양자상태로 떨어질 확률도 크겠지? 근데 방출되는 에너지는 작으니까 복사 세기는 크지 않고 말이야.

엘리 아, 그래서 흑체복사 세기 곡선이 세기는 작지만 긴 파장 쪽으로 길게 그려지는 거군요.

바리 맞아. 이번에는 파장이 짧은 경우를 생각해봐. 파장이 짧다는 건 진동수가 큰 것이니 양자상태 간의 에너지 차이가 크겠지?

그럼 큰 에너지를 흡수해야만 높은 양자상태에 있을 수 있으니 높은 양자상태에 있을 확률이 낮고, 따라서 파장이 짧은 복사가 일어날 확률도 낮을 거고 말이야.

울리 아하, 그래서 파장이 아주 짧은 복사는 거의 일어나지 않는 거군요. 그렇지만 방출된다면 그 에너지는 커서 세기도 크고요.

바리 그렇지. 파장이 길어질수록 복사 확률은 커지는 반면에 복사 세기는 줄어드니까 특정 파장에서 피크peak를 보이는 거지. 플랑크가 이런 특별한 가정을 하며 만든 이론식을 한번 구경이라도 해볼래?

울리 좀 겁나지만 구경은 해보죠. 헤헤-

바리 플랑크가 찾은 식은 파장당 복사 세기

$$I(\lambda,T)=\frac{2\pi hc^2}{\lambda^5\left(e^{\frac{hc}{\lambda k_B T}}-1\right)}$$

이란다. '지수함수exponential function'가 들어 있지. 여기서 λ는 파장, T는 온도, h는 플랑크상수, c는 광속, k_B는 볼츠만상수야.

울리 와~ 뭐가 뭔지 하나도 모르겠어요.

바리 주어진 온도에서 저 식을 파장에 대해 그리면 앞에서 본 실험곡선이 나온단다.

엘리 구경만 한 걸로 해도 되는 거죠? 히히- 참, 근데 슈테판-볼츠만 법칙이 귀 온도계 원리와는 어떻게 관계돼요?

바리 귀 온도계는 적외선의 복사일률을 측정함으로써 온도 변화를 감지하는데, 복사일률은 슈테판-볼츠만법칙에 의해 온도의 네

제곱에 비례하기 때문에 아주 작은 체온 차이에 대해서도 복사 일률의 차이는 크게 나타나니까 체온을 그만큼 정밀하게 측정할 수 있다는 거야.

엘리 흠….

바리 예를 들어 체온이 정상 체온 36.5℃에서 1℃ 오른 37.5℃일 때 절대온도 비를 구해보면, (37.5+273)÷(36.5+273)=1.0032, 즉 정상 체온에서 0.32%만 증가한 거라 측정이 어려워. 근데 복사 일률의 비는 절대온도 비의 네제곱이니까 1.013이 되어 약 1.3% 증가한 거라 적외선 복사센서가 충분히 측정할 수 있거든.

엘리 아하, 그렇군요.

울리 이건 이해할 만해요~ 헤헤-

바리 교수의 물리노트 8

- 흑체복사black-body radiation 실험 결과:
  - 슈테판-볼츠만법칙Stefan-Boltzmann law: 흑체복사의 총 일률은 온도의 네제곱에 비례한다.
  - 빈변위법칙Bien's displacement law: 최대 흑체복사 세기에 해당하는 파장은 흑체의 온도에 반비례한다.
- 플랑크의 양자가설Planck's quantum hypothesis:

  진동수에 비례하는 에너지 기본량이 존재해서 기본량의 정수(n) 배만큼의 에너지(E_n)만 가질 수 있다는 가설. 즉 $E_n = nhf$. 여기서 비례상수 $h = 6.62607015 \times 10^{-34}\,\mathrm{J \cdot s}$는 '플랑크상수Planck constant'를, 양의 정수 n은 '양자수quantum number'를 가리키며, $E_n = nhf$는 양자수 n이 나타내는 양자상태의 에너지다.
- 플랑크가 양자가설을 이용하여 구한 파장당 복사 세기(I) 이론식은 모든 복사 세기 실험곡선과 일치한다.

  $$I(\lambda, T) = \frac{2\pi hc^2}{\lambda^5\left(e^{\frac{hc}{\lambda k_B T}} - 1\right)}$$

  (λ: 파장, T: 온도, c: 광속, k_B: 볼츠만상수)

09 양자의 아버지, 막스 플랑크

Max Planck, 1858~1947

플랑크가 흑체복사현상을 설명하기 위해 양자 개념을 처음 도입했다는 얘기를 들은 울리와 엘리는 플랑크의 생애에 대해서도 더 알고 싶어졌다. 바리 교수는 흔쾌히 플랑크의 삶에 대한 이야기를 시작했다.

바리 막스 카를 에른스트 루트비히 플랑크Max Karl Ernst Ludwig Planck (1858~1947)는 1858년 독일의 킬 지역에서 태어났는데, 그의 아버지는 저명한 법학 교수이자 독일 민법을 제정하는 데도 공헌한 법학자였다고 해.

엘리 플랑크 집안은 학구적이었나 보네요?

바리 그래. 삼촌은 판사였고, 할아버지와 증조할아버지는 모두 괴팅겐에서 신학 교수였다고 하니 전통적인 학자 집안이었지.

울리 그래도 과학자 집안은 아니네요.

바리 그러게. 플랑크가 9세가 되던 1867년에 가족이 뮌헨으로 이사하게 되어 플랑크도 아인슈타인처럼 뮌헨에서 교육을 받게 된단다. 플랑크는 노래, 피아노, 오르간, 첼로, 작곡 등 음악에 천재성을 보였지만, 뮌헨에서 만난 수학자 뮐러의 영향으로 물리학을 공부하게 되었다고 해. 플랑크의 지도교수였던, 지구 질량을 측정하는 천칭을 고안한 것으로 유명한 필립 폰 욜리Philipp von Jolly는 그에게 물리학을 전공하지 말라고 조언했다고 하지만 말이야.

울리 어? 왜 하지 말라고 했어요?

바리 그 당시 물리학에는 더 이상 연구할 새로운 내용이 없다고 생각했거든. 재미있지 않니?

엘리 어마어마한 일들이 벌어질 것을 전혀 예측할 수 없었군요.

바리 누가 예측을 했겠니. 하지만 플랑크는 1874년에 뮌헨 대학교에서 욜리 교수와 물리학 공부를 시작하게 되었고, 일생의 단 한 번으로 그친 실험 연구를 한 뒤 이론물리학으로 전공 분야를 바꾼단다. 그리고 1877년부터 1년간 베를린 대학교에 가서 물리학자 헬름홀츠, 키르히호프의 지도하에 공부했고, 1879년 열역학 제2법칙에 관한 연구로 박사학위를 받았지.

젊은 시절의 막스 플랑크

울리 아, 우리도 아는 그 키르히호프요?

바리 그래~ 반갑지? 하하- 1880년 대학에서 강의할 수 있는 자격을 따낸 플랑크는 열역학 연구를 지속하며 뮌헨 대학교에서 무보수로 강의를 했어. 그러다 1885년 킬 대학교의 이론물리학 부교수로 임명되었고, 1887년 10월에 베를린 대학교의 키르히호프가 타계하자 1889년 그 후임자로 가게 되었어. 볼츠만이나 헤르츠 같은 당시 유명한 물리학자들이 키르히호프의 후임 자리를 고사하는 바람에 플랑크에게까지 기회가 왔다고 해. 이후 플랑크는 다른 대학으로 옮기지 않고 1926년까지 베를린 대학교에서 강의를 하다가 은퇴했단다.

울리 아인슈타인과는 많이 다르군요. 플랑크는 다른 대학에서 초청을 받지 않았나요?

바리 초청을 받았지만 떠나지 않은 거지. 플랑크는 베를린 대학교에 남으면서 많은 훌륭한 제자를 양성했단다. 1898년 독일물리학회 창립에 중요한 역할을 했고, 1905년부터 1909년까지 학회장도 하면서 독일의 물리학 발전에 힘썼지. 물론 이미 다루었듯이 1900년에는 획기적인 양자에너지 개념으로 흑체복사 세기의 실험곡선을 이론적으로 설명하는 데 성공했고 말이야.

엘리 아인슈타인도 회장을 했던 독일물리학회요? 그럼 아인슈타인하고도 친했나요?

바리 그래. 아인슈타인을 1914년에 베를린 대학교로 오게 한 사람이 바로 플랑크거든. 1905년에 발표된 아인슈타인의 특수상대성이론도 그 가치를 플랑크가 바로 알아본 덕분에 독일학계에서 쉽게 받아들여졌다고 해. 그런가 하면 광전효과를 설명한 아인슈타인의 광양자설의 경우, 플랑크는 처음에는 그것을 받아들이지 않았대. 그러다 1911년 브뤼셀에서 열린 제1회 솔베이회의에

막스 플랑크(왼쪽)와 알베르트 아인슈타인(오른쪽)

서 아인슈타인이 플랑크를 설득하는 데 성공했고, 베를린 대학교의 학장이 된 플랑크는 아인슈타인을 베를린 대학교의 정교수로 초청했지.

엘리 아, 아인슈타인의 첫 부인 밀레바가 싫어했던 베를린에서의 생활이 그렇게 시작된 거군요.

바리 그렇지. 플랑크는 자기보다 19살이나 젊은 아인슈타인과 아주 가까이 지내서, 둘이 자주 만나 함께 음악을 연주하기도 했다고 하는구나.

울리 무슨 그렇게 훌륭한 과학자들이 음악도 잘해요. 기죽게….

바리 그러게 말이다. 하하- 아무튼 플랑크와 아인슈타인은 끝까지 양자역학을 받아들이지 못하는 것도 함께했어.

엘리 모두 양자이론으로 노벨상까지 받았는데 왜 양자역학을 받아들이지 못했을까요?

바리 나중에 좀 더 자세히 다루겠지만, 양자역학의 해석을 받아들이기 힘들었던 거야. 고전물리학에서는 초기 상태와 상호작용에 대해 알면 다음 상태가 정확히 예측되는 반면, 양자역학에서는 모든 것을 확률적으로 이해해야 했으니까 말이야.

울리 확률이요?

바리 그래. 심지어 물리학자들이 지금 즐겨 푸는 슈뢰딩거방정식을 만든 에르빈 슈뢰딩거도 양자역학을 받아들이지 못했을 정도니까 양자역학이 얼마나 혼란스러운 개념이었는지 짐작할 만하지. 슈뢰딩거는 플랑크가 1926년 베를린 대학교를 퇴임했을 때 그 자리를 이어받은 사람이야. 양자역학의 파동방정식인 슈뢰딩거방정식을 찾아내서 노벨물리학상까지 수상한 학자고 말이지. 슈뢰딩거에 대해서는 나중에 좀 더 자세히 얘기할 거야. (4권 21화 참조)

울리 와, 그런데도 받아들이기 힘들었다는 걸로 봐서 양자역학은 정말 어려운 개념인가 봐요.

바리 그래서 양자역학은 한 명에 의해서 완성된 것이 아니고, 1900년부터 거의 30년에 걸쳐 당대의 저명한 물리학자들 다수에 의해 완성되었다고 하는 거야. 특히 1920년대에 보어, 하이젠베르크, 보른, 파울리 등의 물리학자들이 확률 개념을 기반으로 확립한, 양자역학의 소위 '코펜하겐 해석Copenhagen interpretation'을 지금까지 받아들이고 있는데, 아인슈타인이나 플랑크, 슈뢰딩거는 모두 이 해석을 강하게 거부했어. 앞으로 이 학자들의 업적에 대해서는 계속 듣게 될 거야.

울리 오~ 근데 저랑 같은 이름도 있네요. 파~울리! 히히-

엘리 이그~ 좋겠다. 근데 그렇게 천재적인 학자들도 받아들이지 못한 양자역학이 지금은 어찌 되었든 맞는 것이고, 그 천재적인 학자들은 틀렸다는 거잖아요? 아주 희망적인데요. 히히-

바리 그렇게 볼 수도 있지? 완벽하게 항상 학문적으로 옳은 천재는 없다는 것을 보여주는 사례기도 하니까 말이야.

엘리 플랑크의 사생활은 어땠어요?

바리 플랑크는 1887년에 친구의 누이인 마리 메르크와 결혼해서 네

명의 자녀를 낳고 50세 전까지는 행복하게 지냈어. 특히 베를린에 있는 플랑크의 집은 학자들의 사교 문화 중심지로서 아인슈타인, 오토 한, 리제 마이트너 같은 과학자들도 빈번히 드나들었고 말이야. 리제 마이트너는 우라늄의 핵분열을 밝힌 여성 물리학자로(4권 39화 참조), 원래 이름이 '엘리제'인데 나중에 '리제'로 바꾼 거란다.

막스 플랑크와 마리 메르크

엘리 와~ 제 이름과 비슷했네요~ 히히-

울리 어? 그렇네. 근데 50세 이후 플랑크의 삶은 어땠는데요?

바리 사실 플랑크처럼 가족의 죽음을 가장 많이 접한 비운의 물리학자도 없는 것 같아.

울리 에? 그래요? 왜요?

바리 1909년에 아내 마리 플랑크가 48세의 나이로 일찍 세상을 떠났고, 1916년 장남 칼이 28세의 어린 나이에 제1차세계대전 참전 중 전사했고, 1917년 역시 28세의 딸 그레테가 출산 중 사망, 그 후 그레테의 남편과 결혼한 쌍둥이 자매 엠마도 1919년 30세의 나이에 출산 중 사망했거든. 게다가 플랑크와 가장 가깝게 지냈

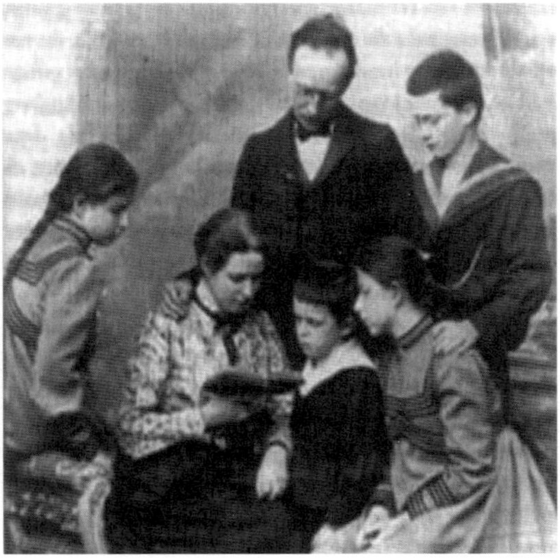

막스 플랑크 부부와 네 자녀

던 둘째 아들 에르빈도 결국 히틀러 암살 계획에 연루되어 1945년 52세 때 처형되었으니 첫 번째 부인과의 사이에서 낳은 자녀 넷이 모두 플랑크보다 일찍 세상을 떠난 거야. 이를 어떻게 감당하고 살았을지 정말 너무 가슴 아프지.

엘리 아, 정말 너무 가혹하네요. 어떻게 부인과 아이들 넷을 모두 먼저 잃을 수가 있어요.

바리 그뿐만 아니라 1944년에는 제2차세계대전 중 공습으로 집이 완전히 타버려서 플랑크의 연구노트와 일기장도 모두 없어졌다고 해.

울리 위대한 과학자의 말년이 참 불운하네요.

바리 플랑크는 둘째 아들 에르빈이 처형된 지 2년 후인 1947년에 89

막스 플랑크와 마르가 폰 회슬린

세의 일기로 세상을 떠났단다.

엘리 재혼은 안 했어요?

바리 1911년에 마르가 폰 회슬린과 재혼해서 아들 헤르만을 낳고 플랑크가 죽을 때까지 함께했단다. 마르가는 플랑크가 사망한 후 1년 뒤인 1948년에 세상을 떠났고 말이야.

울리 휴~ 그나마 다행이네요.

바리 그렇지? 지금 독일에는 80개가 넘는 막스플랑크연구소가 있는데, 1911년 설립된 카이저빌헬름학회가 제2차세계대전으로 제 기능을 못하다가 1948년에 이 학회 소속 29개 연구소를 중심으로 막스플랑크협회가 조직된 것이 그 시작이었어. 1947년에 막스 플랑크가 타계했으니, 카이저빌헬름학회의 회장도 역임한 위

발터 네른스트, 알베르트 아인슈타인, 막스 플랑크, 로버트 밀리컨, 폰 라우에(왼쪽부터)

대한 물리학자 플랑크를 기리기 위해 그의 이름을 딴 것이지.

엘리 와~ 멋져요. 말년의 가족사는 슬펐지만 그 이름은 영원히 독일에 남아 있네요.

바리 막스플랑크협회에는 2018년 12월 기준으로 약 2만 4,000명이 근무하고 있고, 이 중 1만 5,600명은 과학자, 44.4%는 여성, 31.5%는 외국인이라고 하니 정말 국제적인 기관이라고 할 수 있지. 그동안 여기에 소속된 33명의 과학자가 노벨상을 받았으니 연구에 있어서도 놀라운 업적을 냈고 말이야.

엘리 우리나라에서는 하나도 없는 노벨과학상을 그렇게 많이 받았다고요? 부럽네요.

바리 너희가 희망이지~~

10 태양광만 이용해서 세계 일주 비행을 했다구요?

광전효과

요즘 심각해지는 지구온난화 문제로 전 세계 곳곳에서 기후 변화 대응 촉구 집회가 열리고 있다. 특히 스웨덴 출신 한 10대 소녀의 국회의사당 1인 시위를 계기로 전 세계에서 릴레이 집회가 이어지고 있다고 한다. 10대 환경운동가 소녀의 소식을 들은 울리는 괜스레 미안한 마음이 들었다. 그래서 기후변화 대응과 관련해 온라인 검색을 하던 중, 석유는 한 방울도 쓰지 않고 태양에너지만을 이용해 2016년 세계 일주 비행에 성공했다는 스위스의 한 모험가의 이야기를 발견했다. 울리는 바리 교수를 찾아가서도 그 모험가에 대한 이야기를 나눴다.

바리 양쪽 날개에 17,248개의 태양전지를 달았다니 어마어마하지?

엘리 저도 지금 찾아보니까 원래 5개월 계획이었는데 16개월이 걸렸다고 하네요. 비행기 이름이 '솔라 임펄스Solar Impulse 2'고요.

바리 비행기가 고장 나서 고치기도 하고 날씨 때문에 쉬기도 했겠지.

울리 총 비행 시간은 557시간이라고 나와요. 그래도 정말 대단한 것 같아요. 우리가 어른이 될 때쯤엔 태양에너지로만 나는 비행기를 탈 수 있지 않을까요?

바리 세계 일주한 사람도 있으니 불가능하다고 할 수는 없겠지? 아인슈타인한테 다시 감사하면서 비행기를 타야 하겠지만 말이야.

엘리 왜요? 혹시 GPS 때문인가요? (4권 6화 참조)

바리 GPS에 대해서는 이미 우리가 감사한 마음을 가졌었지? 하하- 지금은 태양전지 때문이야. 태양전지는 빛에너지를 전기에너지로 바꿔주는 건데, 그 원리를 밝힌 사람이 아인슈타인이거든. 아인슈타인이 1921년에 받은 노벨물리학상은 '광전효과photo-electric effect'를 이론적으로 설명한 업적 때문이라고 했었지?

울리 아, 오늘은 그 광전효과를 알려주실 거군요?

바리 그래~ 광전효과 역시 19세기 말에 나온 실험 결과인데, 나트륨 금속 표면에 빛을 쪼이니까 전자가 튀어나온 거야. 이렇게 튀어나온 전자를 '광전자photoelectron'라고 부른단다. 근데 아주 강한 빨간빛을 쪼일 때는 전자가 나오지 않더니 약한 보랏빛을 쪼일 때는 전자가 나온 거야.

엘리 어? 강한 세기의 빛에 의해선 전자가 나오지 않고 약한 세기의 빛에 의해선 전자가 나온다고요? 희한하네요.

바리 빛이 전자기파기 때문에 빛의 세기가 충분히 강하면 전자가 튀어나오고, 더 강한 빛을 쪼이면 광전자의 운동에너지도 더 커질 거라고 예상했는데 그렇지 않았던 거지. 핵심은 빨간빛의 진동수보다 보랏빛의 진동수가 크다는 데 있어.

울리 진동수가 큰 빛을 쪼여야 전자가 나오는 거예요? 강한 빛이 아니라요? 왜 그렇죠?

바리 그래. 당시에도 전자가 튀어나오는지 아닌지를 결정하는 것이 빛의 세기가 아니라 진동수라는 것을 이해할 수 없었지. 또 광전자의 최대운동에너지도 쪼여준 빛의 진동수에만 관여해서 진동수가 클수록 컸고, 조건만 맞으면 광전자는 약한 빛이라도 쪼여주자마자 바로 나온 거야. 이 모든 것이 빛이 전자기파라는 것으로는 이해할 수 없는 결과였지.

엘리 빛의 세기는 전혀 관계가 없는 거예요?

바리 일단 광전자가 나올 수 있는 진동수의 빛이면, 빛의 세기가 셀수록 많은 광전자가 나왔어. 약한 보랏빛보다는 강한 보랏빛을 쪼였을 때 더 많은 광전자가 튀어나왔다는 뜻이지.

울리 빛이 전자기파인 것을 밝히는 데 그리 오래 걸렸는데, 이제 빛이 전자기파라는 것으로 설명할 수 없는 실험 결과가 나왔다는 거네요? 아이러니한데요.

바리 현재의 과학적 사실이 절대적인 것은 아니라는 의미지. 빛이 전자기파라는 사실이 당시에는 절대적으로 받아들여졌지만, 흑체복사 실험이나 광전효과 실험의 결과를 이해하기 위해 어쩔 수 없이 다른 시도를 해야 했으니 말이야. 아인슈타인은 흑체복사 실험을 설명하기 위해 1900년에 탄생한 플랑크의 양자론을 1905년 광전효과에 처음 적용했지.

엘리 빛이 입자라고 가정한 거네요.

바리 그래. 빛은 광자들로 이루어져 있고, 광자 하나의 에너지는 전자기파의 진동수(f)에 비례하고, 빛의 세기는 광자수(n)에 비례한다고 본 거야.

울리 비례상수는 플랑크상수 h겠네요?

바리 그렇지. 즉 광자 하나의 에너지는 hf고 그 광자들의 흐름인 빛의 총에너지 $E=nhf$라는 거지. 따라서 빛을 금속판에 쪼여주면 광자 하나하나가 입자로서 전자와 상호작용한다고 본 거야. 광자와 전자가 충돌하여 광자의 에너지를 전자가 흡수해서 운동에너지를 얻는 것으로 말이야.

엘리 그래서 광자 하나의 에너지가 커야 전자가 나올 수 있다는 거군요. 광자 하나의 에너지가 크려면 진동수가 커야 하고요.

울리 에너지가 큰 광자는 하나만 있어도 전자 하나가 나올 수 있으니 빛의 세기가 아무리 약해도 광전자를 볼 수 있는 거고요.

바리 둘이서 이해를 잘했구나.

엘리 빛을 입자로 생각하니 이해가 자연스럽게 되네요.

울리 근데 왜 광자 하나의 에너지가 작을 때는 전자가 나올 수 없는 건지 잘 모르겠어요.

바리 그건 금속 안의 전자가 자유전자라고 해도 금속 안에 갇혀 있어서 금속을 뚫고 밖으로 나오려면 에너지가 필요한데, 이것을 '일함수work function'라고 해. 광자 하나의 에너지가 최소한 이 일함수보다 커야 전자가 금속을 뚫고 나올 수 있는 거지.

울리 그럼 금속에 따라 일함수는 다 다르겠네요?

바리 그렇지. 아인슈타인은 전자기파의 양자화 개념과 동시에, 광자 하나의 에너지가 전자의 운동에너지와 어떻게 연관되는가를 설명하는 '광전방정식photoelectric equation'을 제시했어. 바로 $hf = \frac{1}{2}mv_{max}^2 + W$ 인데, 여기서 W가 바로 일함수야.

엘리 식 왼쪽은 광자 하나의 에너지고, 오른쪽은 광전자의 운동에너지와 일함수의 합이네요?

바리 그래. 광자 하나의 에너지를 흡수하면, 전자가 금속을 뚫고 나오는 데 일부 사용하고 나머지는 광전자의 운동에너지가 된다는 뜻이지. 최대운동에너지는 광자의 이 나머지 에너지가 모두 전자에 전달되었을 때를 의미하고 말이야.

울리 일함수가 광전자를 낼 수 있는 빛의 진동수를 결정하네요?

바리 맞아. 그래서 금속의 일함수 $W = hf_0$로 표현하고 f_0를 '문턱진동수threshold frequency'라고 부르는데, 쪼여진 빛의 진동수 $f > f_0$면 광전자가 나오기 때문이지.

울리 문턱진동수요? 이름이 웃기지만 의미가 확~ 오긴 하네요. 일함수는 보통 얼마나 돼요?

바리 일함수는 에너지 단위로 eV를 사용하는데, 나트륨의 경우는

〈광전효과 photoelectric effect〉

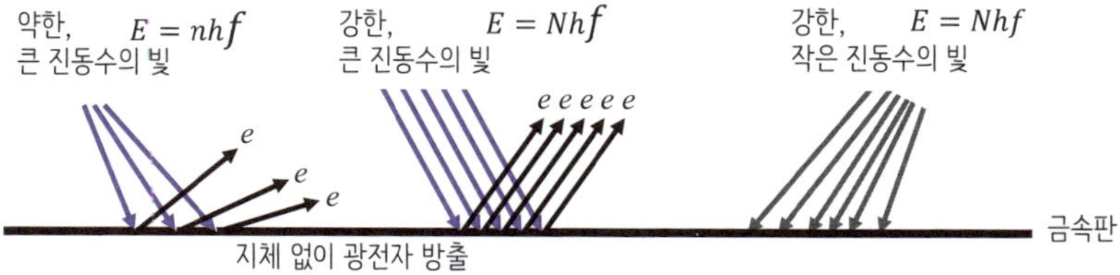

2.46eV야. 이 값을 플랑크상수로 나누면 문턱진동수가 나오는 거지. 빨간빛의 진동수는 나트륨의 문턱진동수보다 작아서 아무리 센 빛을 쪼여도 광전자가 나오지 못하는 거고 말이야.

엘리 금속의 일함수를 제외하고 남은 광자의 에너지가 광전자의 운동에너지가 되는 것이니, 광전자의 운동에너지가 당연히 빛의 세기가 아닌 진동수에 의해 결정되는 거네요.

바리 그렇지. 강한 빛은 광자가 많아서 많은 광전자가 나오지만, 한편 광자들의 에너지가 같아서 광전자들의 운동에너지도 같지.

울리 빛을 쪼이자마자 지체 없이 바로 광전자가 나왔다는 것은 무슨 의미인가요?

바리 빛을 파동이라고 생각하면, 진동수가 크더라도 약한 빛을 쪼여 줄 경우 전자가 충분한 에너지를 흡수해서 금속을 뚫고 나올 때까지 시간 지연이 있어야 하거든. 근데 빛을 광자라고 생각하면 입자 간 충돌에 의해 지체 없이 나올 수 있고 말이야.

엘리 그래서 파동이었던 빛이 다시 입자가 된 거예요?

바리 지난번에도 잠시 얘기했지만, 빛은 파동이면서도 입자인 거지. 상황에 따라 파동성이 중요하기도 하고 입자성이 중요하기도 하고 말이야. 암튼 1905년에 아인슈타인이 광전효과의 원리에 대한 이론적 설명을 발표한 뒤, 1914년 미국의 물리학자 로버트 앤드루스 밀리컨Robert Andrews Millikan은 아인슈타인의 광전방정식을 입증하는 실험에 성공했어.

엘리 아, 광전방정식이 맞는지도 실험적으로 입증되어야 했던 거네요.

바리 그래서 1921년 아인슈타인이 노벨물리학상을 받고, 1923년에 밀리컨도 노벨물리학상을 받았단다. 밀리컨은 전자의 전하량을 측정한 업적과 광전방정식을 실험적으로 입증한 업적으로 받은 거였어.

울리 지난번에 알려주셨듯이, 1905년에 아인슈타인은 어마어마한 일을 한 거네요. 특수상대성이론에 빛의 양자론까지요.

바리 1905년 6월에 광전효과, 7월에 브라운운동, 9월에 특수상대성이론, 11월에 질량-에너지 등가 관련 연구를 발표했으니 아인슈타인의 개인사뿐만 아니라 과학사 전체를 통틀어 정말 어마어마한 해였다고 할 수 있지.

엘리 와~ 정말 굉장한 해였다는 것이 실감 나네요.

바리 현재 광전효과를 이용한 광전지는 자동문, 도난 경보기, 연기 감지기, 감광 조도계 등 다양한 장치에 쓰이고 있단다. 태양광 에너지만 동력으로 사용하는 비행기로 세계 일주를 할 수 있었다는 것은 대단한 발전이고 말이야. 하지만 무엇보다도 의미 있는 것은 아인슈타인의 광전효과 설명이 양자이론 구축에 큰 공헌을 했다는 거란다.

울리 또 한번 아인슈타인 만세~~

바리 교수의 물리노트 10

- 광전효과photoelectric effect: 금속의 '문턱진동수threshold frequency'보다 큰 진동수의 빛을 쪼였을 때만 금속의 전자가 밖으로 튀어나오는 현상으로, 이렇게 나온 전자를 '광전자photoelectron'라고 부른다.
  - 조건이 맞았을 때 광전자는 시간 지연 없이 바로 방출되며, 광전자는 빛의 세기와 무관하게 진동수에 의해 결정되는 운동에너지를 갖는다. 빛의 세기는 광전자의 수에 관여한다.
  - 이러한 실험 결과는 빛의 파동성으로는 설명할 수 없다.
- 아인슈타인의 광양자설: 빛은 광자들로 이루어져 있고, 광자 하나의 에너지는 플랑크상수(h)×진동수(f)며, 빛의 세기는 광자수(n)에 비례하여 총에너지 $E = nhf$다.
- 아인슈타인의 광전방정식photoelectric equation:

  $$hf = \frac{1}{2} m v_{max}^2 + W$$

  (W : 금속의 일함수, v_{max} : 광전자의 최대속력)
- 일함수work function: 금속 내 자유전자가 금속을 뚫고 나오는 데 필요한 최소한의 에너지로, 일함수를 플랑크상수로 나누면 광전효과의 문턱진동수가 된다.

11 골밀도 측정 원리에도 양자역학이 필요하다구요?

콤프턴효과

울리네 엄마는 얼마 전 친구가 골다공증 진단을 받았다는 이야기를 듣고 자신도 골밀도를 측정해보고자 병원을 예약했다. 나이가 들수록 급격히 낮아지는 것이 골밀도고 노인이 넘어졌을 때 위험한 이유도 낮은 골밀도 때문이라니, 평소 관리를 잘하는 편이지만 막상 친구 소식에 걱정이 많이 된다고 하셨다. 요즘은 젊은 사람들 중에도 과도한 다이어트로 골다공증 환자가 많다고 들은 울리와 엘리는 바리 교수를 찾아가는 길에 골다공증과 다이어트의 관계에 대해 얘기했다.

울리 아줌마~ 저희 왔어요.

바리 어서 오렴~

울리 아줌마도 골밀도 검사 해보셨어요? 저희 엄마가 골다공증이 걱정되신다며 골밀도 검사를 예약하시더라고요.

바리 건강검진할 때마다 골밀도 검사를 하는데, 다행히 난 나이에 비해 골밀도가 늘 높은 편이야.

엘리 아줌마는 실내 암벽을 꾸준히 타셔서 그런가 보네요.

바리 그럴 수도 있지. 뼈에 무게가 실리는 운동이 뼈를 튼튼히 한다니까 말이야. 마침 오늘 공부할 내용이 골밀도 측정 원리와 관계있는데 잘되었네.

울리 오~ 요즘 양자역학에 대해 알려주시는데, 그럼 골밀도 측정도 양자역학?

바리 오늘도 빛이 파동이면 설명할 수 없고, 입자여야만 설명할 수 있는 대표적인 실험 이야기를 할 건데, 골밀도 측정과도 상관있거든. '콤프턴효과Compton effect' 또는 '콤프턴산란Compton scattering'이라는 실험이야.

울리 콤프턴도 사람 이름인가요?

바리 그래. 미국의 물리학자 아서 홀리 콤프턴Arthur Holly Compton이야. 콤프턴효과를 발견해서 1927년에 노벨물리학상을 받았지.

엘리 와~ 노벨상을 받은 학자들이 계속 나오네요.

바리 드디어 빛은 파동이라고 굳게 믿게 되었는데, 그럼에도 파동으로는 설명되지 않는 실험 결과들에 대해 과감하게 입자의 특성을 적용한 학자들이 당시 모두 노벨상을 받은 거지. 그만큼 물리학 발전에 혁명적인 사건들이거든.

엘리 이미 아인슈타인이 빛은 입자로 되어 있다고 했는데도 콤프턴의 발견이 중요한 것인가요? 어떤 발견인데요?

바리 아인슈타인은 빛이 광자로 되어 있고 광자의 에너지는 hf, 광자의 운동량 크기는 hf/c라고 했지. 이런 아인슈타인의 광양자설이 맞는다면 광자를 충돌시켜서 운동량의 변화를 확인해야 하는데, 광전효과에서는 광자의 운동량이 너무 작아 측정할 수 없었거든. 근데 1923년에 콤프턴이 전자와의 충돌에 의한 광자의 운동량 변화를 측정한 거야.

울리 빛이 입자라는 것을 계속 점검하는 과정이었네요. 근데 광자의 운동량 크기가 왜 hf/c예요?

바리 상대성이론에 대해 공부할 때 에너지와 운동량의 관계식 $E^2 = p^2c^2 + (m_0c^2)^2$을 얘기한 적 있지? (제4권 5화 참조) 이 관계식에서 질량이 없는 광자의 운동량 $p = E/c$인데, 광자의 에너지 $E = hf$니까 결국 광자의 운동량 $p = hf/c$지. 파장 λ로 표현하면, $p = h/\lambda$고 말이야.

울리 아하, 그렇군요. 그럼 콤프턴이 한 실험은 구체적으로 어떤 실험이었나요?

바리 콤프턴은 파장이 작은, 그래서 운동량이 큰 X-선을 흑연 판에 충돌시켜 산란된 빛의 파장을 측정하는 실험을 했는데, 입사한 X-선의 파장과 같은 파장으로 산란되는 결과뿐만 아니라 입사한 X-선의 파장보다 긴 파장으로 산란되는 결과도 얻었어. 산란각(입사한 방향으로부터 산란된 방향으로의 각도)이 클수록 더 긴 파장의 빛으로 산란되었고 말이야. 산란 후 파장이 길어졌다는 것은 무슨 의미일까?

엘리 파장이 길어졌다는 것은 에너지가 작아졌다는 것이니 처음 에너지의 일부를 잃어버린 거네요.

바리 그렇지. 당시는 전자기파가 원자에 의해 산란될 때 파장이 변하지 않는다고 알고 있었는데, 입사한 X-선보다 파장이 긴 파로 나오니 이상했던 거야.

울리 도플러효과와는 관계없는 건가요?

바리 오~ 훌륭한데? 도플러효과를 떠올리다니?

울리 앗, 저는 그냥 파동이고, 또 파장이 늘어났다고 하셔서 소방차가 멀어질 때 음이 낮아지는 현상이 생각났을 뿐이에요. 음이 낮아진 것은 파장이 늘어난 것이니까요. (2권 33화 참조)

바리 그렇게 연상되었다는 것이 대단한 거야. 사실 당시에도 도플러효과를 고려해 분석해보았는데 여전히 설명할 수 없었어. X-선과 물질 내 전자의 상호작용으로 산란이 일어나는 것이라서 전자의 속력에 따라 도플러효과가 다를 것이고, 따라서 산란된 빛도 다양한 파장을 가져야 하지. 근데 실험 결과에 의하면, 산란각이 정해지면 산란된 파장도 정해져버리거든.

엘리 그래서 콤프턴이 X-선을 입자로 생각한 거군요?

바리 그렇지. 콤프턴은 실험 결과를 설명하기 위해, 정지한 전자에 에너지와 운동량이 있는 광자가 다가와 충돌하는 문제로 가정하고, 산란된 광자의 파장이 입사한 광자의 파장보다 얼마나 길어질 수 있는가를 계산했어. 마치 당구공 2개가 충돌하는 것처럼 말이야.

엘리 광자와 전자의 완전탄성충돌 문제인가요?

울리 그럼 충돌 전후 운동량과 에너지가 보존되어야 하고요?

바리 오~ 좋은데? 운동량 보존법칙과 에너지 보존법칙까지 자연스럽게 얘기하니 말이야. 주의할 점은 빛이 관여하기 때문에 모두 상대론적 운동량과 에너지를 써야 한다는 거야. 즉 충돌 전에 정지해 있는 전자도 정지에너지가 있다는 것을 잊지 말아야 하지.

울리 mc^2을 써야 한다는 거죠?

바리 그렇지. 입사한 빛의 진동수를 $f_{입사}$, 산란한 빛의 진동수를 $f_{산란}$, 전자의 정지 질량을 m_e라고 하고, '광자와 전자의 충돌 전후 에너지가 같다'는 에너지보존법칙을 식으로 써볼래? 충돌 후 전자의 에너지는 '정지에너지×로런츠인자 γ', 즉 $\gamma m_e c^2$이라 쓸 수 있으니까 말이야. (4권 5화 참조)

엘리 그럼 에너지 보존법칙은 $hf_{입사}+m_e c^2=hf_{산란}+\gamma m_e c^2$이네요. 다 알려주셨지만요. 헤헤-

바리 맞았어. 이제 운동량 보존법칙을 써보자.

울리 운동량은 벡터니까 벡터분해를 해서 입사 방향과 같은 방향의 운동량 보존과 입사 방향에 수직한 방향의 운동량 보존을 생각해야 하는 거죠?

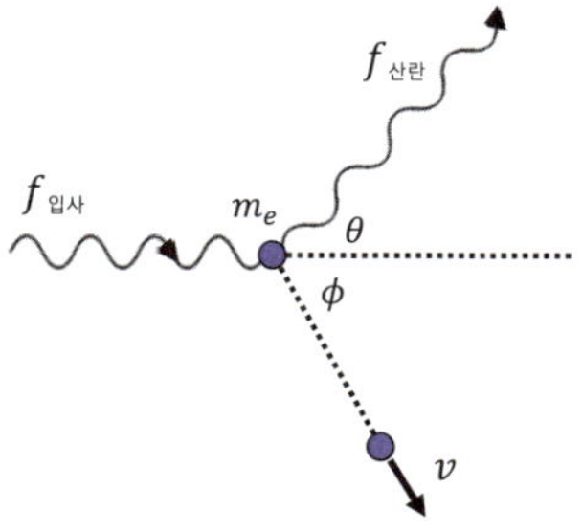

- 에너지 보존법칙:

$$hf_{입사}+m_e c^2=hf_{산란}+\gamma m_e c^2$$

- 운동량 보존법칙(입사 방향):

$$h\frac{f_{입사}}{c}=h\frac{f_{산란}}{c}\cos\theta+\gamma m_e v\cos\phi$$

$$\boxed{\lambda_{산란}-\lambda_{입사}=\frac{h}{m_e c}(1-\cos\theta)}$$

바리 그렇지. 근데 충돌 전에는 입사한 광자의 운동량밖에 없으니 충돌 후 입사한 방향으로의 운동량 성분만 생각해보면, $h\frac{f_{입사}}{c} = h\frac{f_{산란}}{c}\cos\theta + \gamma m_e v\cos\phi$가 되지. 광자의 운동량 크기 hf/c와 충돌 후 전자의 운동량의 크기 $\gamma m_e v$를 사용한 거고 말이야. 여기서 θ는 산란각이야.

울리 복잡해 보여요.

바리 언제나처럼 우리는 수식을 구경만 하고 결과가 보여주는 의미만 이해해볼 거야. 그 전에 광자와 전자가 마치 당구공처럼 탄성충돌을 해서 충돌 전후의 운동량과 에너지가 보존되는 식을 보여준 것뿐이니까 말이야.

울리 저 두 식으로부터 산란된 빛의 파장을 구할 수 있다는 거죠?

바리 그래. 앞에서 본 두 식을 정리하면, 산란한 빛의 파장이 입사한 빛의 파장보다 얼마나 길어지는지를 알 수 있는 식 $\lambda_{산란} - \lambda_{입사} = \frac{h}{m_e c}(1-\cos\theta)$를 얻는단다. 빛의 진동수와 파장 λ의 관계식 $f = c/\lambda$를 이용해서 말이야.

엘리 결과는 생각보다 간결하네요.

바리 그렇지? 파장의 변화 $\lambda_{산란} - \lambda_{입사}$를 '콤프턴이동Compton shift', $\frac{h}{m_e c}$를 전자의 '콤프턴파장Compton wavelength'이라고도 해. $\cos 0 = 1$, $\cos\pi = -1$이기 때문에 파장의 변화는 전자의 콤프턴파장의 2배까지 일어날 수 있다는 것을 의미하기도 하지.

울리 아하, 그럼 $\frac{h}{m_e c}$의 단위가 길이의 단위와 같겠군요.

바리 울리가 바로 단위를 생각하는구나. 단위를 한번 따져볼까? 먼저 플랑크상수 h의 단위는 J·s고 m_ec의 단위는 운동량의 단위와 같지? 근데 플랑크상수의 단위는 각운동량의 단위와도 같거든. 그래서 '각운동량의 단위÷운동량의 단위'를 하면 길이의 단위가 되지.

울리 어? '에너지×시간'이 각운동량의 단위와 같아요?

엘리 단위만 보면, 에너지는 '힘×길이', 힘은 '운동량÷시간', 그래서 '에너지×시간'은 '운동량×길이'와 단위가 같네. '운동량×길이'는 각운동량의 단위와 같고 말이야.

바리 아주 잘했어. 이렇게 가끔 단위로 물리량의 정의를 복습하는 것도 의미 있지. 다시 콤프턴의 산란 실험 결과를 생각해보면, 전자의 콤프턴파장은 0.00243nm인데 이 값은 전자에 의해 산란된 X-선의 파장 변화를 충분히 측정할 수 있는 양이란다.

엘리 근데 아까 실험 결과에서 원래 입사한 파장과 같은 파장의 빛도 산란되었다고 하셨죠? 그건 어떻게 된 거예요? 산란각이 0°일 때는 파장이 변하지 않지만 그건 산란한 것이 아니라 그냥 지나간 것을 의미하잖아요?

바리 훌륭한 지적이야. 앞에서는 전자와의 충돌을 가정하고 파장의 변화를 구한 건데, 실험에서 보인 '입사한 파장과 같은 파장으로 산란된 빛'은 전자에 의한 산란이 아닌 원자에 의한 산란으로 봐야 해. 즉 콤프턴파장에서 전자의 질량 대신 원자의 질량을 넣어야 하지.

엘리 그런 원자의 콤프턴파장이 되나요?

바리 그래. 원자의 질량은 전자의 질량보다 훨씬 커서 콤프턴파장 값이 훨씬 작거든. 관측이 안 될 정도로 말이야. 그래서 파장의 변화가 거의 없는 것으로 측정되는 거지.

울리 그렇군요. 그럼 이런 것들이 골밀도 측정에는 어떻게 이용되는 거예요?

바리 골밀도 측정은 X-선보다 훨씬 파장이 짧은 감마선을 이용하는데 감마선은 뼈 구성 물질에 의해 산란을 잘하기 때문이야. 콤프턴산란은 산란된 빛이 또 다른 전자에 의해 산란을 반복할 수 있기 때문에 산란된 빛의 총 세기는 전자밀도에 비례하지. 전자밀도는 뼈의 밀도에 비례하고 말이야. 그럼 골밀도가 높을수록 산란된 빛의 총 세기가 크겠지?

울리 와~ 그런 원리가 숨어 있는 거군요.

바리 사실 광전효과, 콤프턴효과 모두 의료 장치에 많이 활용되고 있단다. 광전효과는 조직을 이루는 원자들의 원자번호가 클수록 효과가 크고 10~25keV의 에너지를 사용할 때 이용하는 한편, 콤프턴효과는 원자번호와는 거의 무관하고 광자에너지에만 관여를 하면서 25keV~25MeV의 에너지를 사용할 때 유용하다고 해.

엘리 아, 그렇군요. 원리는 몰랐어도 이미 양자론의 혜택을 보고 있는 거였네요. 근데 광전효과나 콤프턴효과에서처럼 빛은 결국 입자인 건가요? 간섭현상이나 회절현상으로 빛은 파동일 수밖에 없다고 배운 게 얼마 되지 않았는데요.

울리 저도 계속 머릿속이 혼란스러워요.

바리 빛의 광양자설을 받아들여야 했을 당시에도 모두 혼란스러워했단다. 그러다가 모두가 입자라고 믿었던 전자의 파동설까지 나오게 되었고 말이야.

엘리 드디어 전자가 파동이라는 얘기가 나오나 보네요.

울리 @#$!%&*#$@&

바리 교수의 물리노트 11

- 콤프턴효과Compton effect(콤프턴산란Compton scattering): 물질에 입사한 빛의 파장이 전자와의 상호작용에 의해 더 긴 파장의 빛으로 산란하는 것으로, 에너지 hf와 운동량 hf/c(또는 h/λ)를 갖는 광자와 정지한 전자의 탄성충돌로 설명할 수 있다.
- 콤프턴이동Compton shift: 콤프턴산란에서 산란한 빛의 파장과 입사한 빛의 파장의 차이를 의미하는 것으로, 산란각 θ와 $\lambda_{산란} - \lambda_{입사} = \frac{h}{m_e c}(1-\cos\theta)$의 관계에 있다.
- 콤프턴파장Compton wavelength: 콤프턴산란에서 광자와 충돌하는 입자의 질량이 m일 때 $\frac{h}{mc}$로 정의한다. 전자의 콤프턴파장은 $0.00243\,\text{nm}$다.

12 전자를 따라가면 입자고, 따라가지 않으면 파동이라구요?

물질파

오늘도 울리와 엘리는 아린이와 놀면서 잠시 쉬기도 하고 간식도 먹으며 오래도록 바리 교수의 집에 머물렀다. 바리 교수가 컴퓨터 모니터 앞으로 엘리와 울리를 부르더니 검색창에 'SEM images'라고 쳤다. 그러자 적혈구, 백혈구, 꽃가루, 대장균 등의 다양한 이미지가 나왔다. 바리 교수는 SEM이 'Scanning Electron Microscope'의 약자로, 우리말로는 '주사전자현미경'이라고 하는데, 전자의 파동성을 이용해서 만든 전자현미경이라고 알려줬다.

울리 예전에 원자를 보려면 전자를 이용해야 한다고 하셨던 것이 기억나요. 회절현상을 알려주시면서요. (3권 38화 참조)

엘리 그때 전자현미경 얘기를 하시면서 입자인 전자가 파동일 수도 있다며 나중에 설명해주신다고 하셨는데 오늘인가 보네요~

바리 그랬지? 요즘 빛의 입자성을 증명하는 실험 결과들을 계속 얘기했잖아? '진동수가 f고 파장이 λ인 빛의 광자는 hf의 에너지와 h/λ의 운동량을 갖는다'면서 말이야.

울리 h는 플랑크상수고, '진동수×파장'은 빛의 속력과 같고요.

바리 그렇지. 입자인 광자의 에너지와 운동량이 파동의 진동수와 파장에 의해서 결정된다는 것이 무슨 의미인지 모두 혼란스러워하고 있을 때, 1924년 프랑스의 물리학자 루이 드 브로이가 박사학위 논문에서 '빛이 파동성과 입자성을 갖고 있으니 모든 물질도 입자성과 파동성을 갖고 있다'고 제안한 거야. 입자라고 이해되었던 물질도 파동성이 있으며, 이를 '물질파matter wave'라고 한 거지.

엘리 박사학위 논문이면 학생 때 그런 생각을 했다는 거네요?

바리 그래. 드 브로이의 가설은 너무 파격적이라 하마터면 논문 심사에서 탈락할 뻔했는데, 아인슈타인이 훌륭한 가설이라는 의견을 보내줘서 통과되었다는 설도 있단다.

울리 와~ 물질파도 어떤 실험을 설명하기 위해 필요했던 건가요?

바리 전자나 당구공처럼 입자라고 생각했던 물질의 파동성은 특정 실험을 설명하려고 제안된 개념이 아니었어. 그래서 더 놀랍지. '빛의 진동수와 파장이 광자의 에너지($E=hf$)와 운동량($p=h/\lambda$)을 결정한다'는 것으로부터 '물질의 에너지(E)와 운동량(p)이 그 물질의 진동수와 파장을 결정한다'는 아이디어를 도출한 거야.

울리 와~ 천재적 발상이네요. 그러니까 물질의 진동수는 물질의 에너지를 플랑크상수로 나눈 E/h, 물질의 파장은 플랑크상수를 물질의 운동량으로 나눈 h/p라는 거예요?

이중성 Duality	파동Wave	입자Particle
빛	진동수 f, 파장 $\lambda=\frac{c}{f}$	광자에너지 $E=hf$ 광자 운동량 $p=\frac{E}{c}=\frac{hf}{c}=\frac{h}{\lambda}$
전자	진동수 $f=\frac{E}{h}$ 파장 $\lambda=\frac{h}{p}=\frac{h}{\gamma m_e v}$	에너지 E 운동량 $p=\gamma m_e v$

$h=6.626\times10^{-34}\,\mathrm{J\cdot s}$: 플랑크상수

$\gamma=\left(1-\frac{v^2}{c^2}\right)^{-1/2}$: 로런츠인자, m_e : 전자의 정지 질량

엘리 물질의 운동량 mv를 넣으면 파장은 $\frac{h}{mv}$가 되는 거고요?

바리 좀 더 정확하게는 상대론적 운동량 γmv를 쓰지. m이 정지 질량일 때 말이야. 암튼 이렇게 물질파가 탄생하게 된 거란다.

울리 그럼 저한테도 파동성이 있나요? 저도 물질이잖아요.

바리 울리의 파장을 계산할 수는 있지. 울리가 아무리 빨리 달려도 광속에는 한참 못 미치니 로런츠인자 γ는 1로 봐도 되고, 가장 빠르다는 달리기 선수 우사인 볼트의 속력인 44km/h, 그리고 울리가 질량 50kg이라고 가정해서 구하면 파장이 약 10^{-28}m가 나올 거야. 플랑크상수 값이 아주 작았던 것 기억나지?

엘리 플랑크상수를 다시 찾아봤어요. $h=6.626\times10^{-34}\,\mathrm{J\cdot s}$.

울리 그렇게 짧은 파장을 측정할 수 있어요? 없는 거나 마찬가지죠?

바리 측정할 수 없지. 하하- 근데 전자의 파장은 측정 가능한 범위라는 것이 중요한 거야. 예를 들어 100V의 전위차로 가속된 전자의 파장은 약 0.12nm나 되거든. 아까 전자의 콤프턴파장 0.00243nm도 측정 가능했는데, 0.12nm는 콤프턴파장보다 50배나 크잖아.

엘리 그럼 물질파는 나중에 실험으로 입증되었겠네요? 광전효과나 콤프턴효과의 실험 결과를 설명하기 위해 빛이 입자라고 가정한 것과는 반대로요.

바리 그렇지. 그것도 실수로 말이야.

울리 네? 실수로 물질파를 입증했다고요?

바리 1927년에 미국의 물리학자 클린턴 조지프 데이비슨Clinton Joseph Davisson과 그의 제자 레스터 할버트 거머Lester Halbert Germer가 니켈에 의한 전자의 산란 실험을 진공 중에서 했는데, 사고로 진공이 깨져서 니켈 시료가 산화된 거야. 그래서 산화된 시료를 가열하고 수소를 흘려보내서 산소를 제거한 뒤 재실험을 했지. 그랬더니 산란된 전자들의 세기가 마치 파동의 회절간섭무늬처럼 분포된 거야. (3권 37화·38화 참조)

울리 간섭무늬는 파동의 특성이잖아요? 아, 그래서 전자가 파동!

바리 데이비슨과 거머는 놀라서 다시 여러 번 실험을 반복했는데 계속 같은 결과를 얻었대. 그래서 그들은 가열에 의해 시료가 일정한 간격의 결정구조를 갖게 되어 회절격자 역할을 한 것이고, 전자는 정말로 간섭을 하는 파동성을 보인 것이라고 결론을 내림으로써 전자의 파동성을 입증했지.

엘리 진짜 밝고 어두운 무늬가 나온 거예요?

바리 그래. 신기하지? 데이비슨과 거머의 실험 결과가 발표된 후, 1929년에 드 브로이는 물질파를 제안한 업적으로 노벨물리학상을 받았단다. '파동-입자 이중성wave-particle duality'이 학계에서 받아들여진 거지.

울리 실험한 사람들은요?

바리 데이비슨도 1937년에 노벨물리학상을 받지. 독립적으로 같은 시기에 전자의 회절현상을 밝힌 영국의 물리학자 조지 패짓 톰슨George Paget Thomson과 함께 말이야. 조지 톰슨은 전자를 발견해서 1906년에 노벨물리학상을 받은 조지프 존 톰슨Joseph John Thomson의 아들이란다.

울리 와~ 아버지와 아들이 모두 노벨물리학상을 받았다고요?

바리 그것도 아버지 톰슨은 입자로서의 전자를 발견했고, 아들 톰슨은 파동으로서의 전자회절을 관측했으니 더 신기하지.

엘리 그럼 전자로 이중슬릿 실험을 하면 간섭무늬가 나와요? 이중슬릿 실험은 빛이 파동임을 보인 실험이었잖아요. (3권 37화 참조)

울리 그건 아닐 것 같아요. 전자는 두 슬릿 중 어느 하나로만 통과할 거잖아요? 전자 하나가 동시에 두 슬릿을 통과할 수는 없을 테니까요.

바리 전자가 파동성을 갖는다고 하니 당연히 이중슬릿 실험을 했단다. 슬릿을 하나씩만 열어놓은 후 스크린에 전자가 남긴 흔적의 분포를 각각 관측하기도 하고, 슬릿을 둘 다 열어놓은 후 관측하

〈 전자 이중슬릿 실험 〉

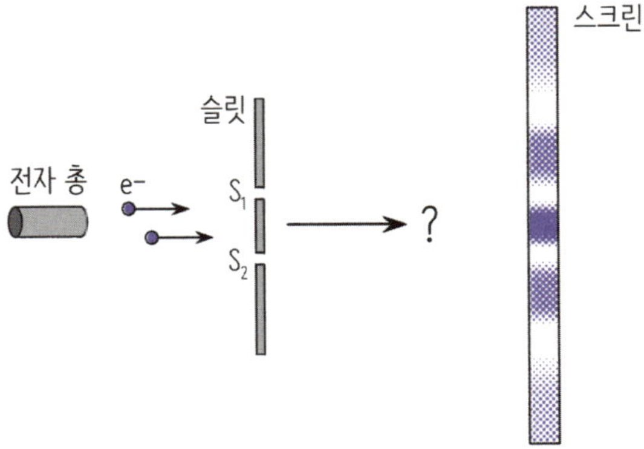

기도 했지. 전자는 한 번에 하나씩만 보내고 말이야.

엘리 전자를 한 번에 하나씩 보냈으니 전자는 둘 중 하나의 슬릿을 통과하겠군요. 아, 또 헷갈려요. 이건 입자의 특성인데….

바리 슬릿이 하나만 열렸을 때는 빛의 경우처럼 아무 문제 없이 슬릿 부분에 해당하는 스크린에 전자가 많이 도달했지. 근데 슬릿이 둘 다 열렸을 때는 전자도 간섭무늬를 만들었단다. 한 번에 하나씩 보내진 전자는 스크린에 작은 흔적을 나타내서 입자와 같았는데, 반복해서 계속 전자를 보내니 간섭무늬가 나타난 거야.

울리 그게 어떻게 가능하죠?

바리 그래서 전자 하나하나를 추적해서 어떤 슬릿을 통과하고 스크린 어디에 흔적을 남기는지 정밀하게 관측을 했어. 그랬더니 이번에는 간섭무늬가 나타나지 않은 거야. 입자처럼 행동한 거지. 각 슬릿 부분에만 전자 흔적이 보였거든. 마치 슬릿을 하나씩만 열었을 때 보이는 전자 분포 2개를 합쳐놓은 것처럼 말이야.

엘리 으악~~ 너무 혼란스러워요. 어떻게 된 거예요?

바리 그렇지? 유일하게 다른 점은 전자의 경로를 추적한 건데 말이야.

울리 그게 실험 결과에 영향을 줄 수 있는 거예요?

바리 영향을 줬으니 실험 결과가 달라졌겠지? 전자의 위치를 관측하면 전자는 입자의 특성을 보이고, 전자의 위치를 관측하지 않으면 파동의 특성을 보이고 말이야.

울리 휴~ 상대성이론보다 더 이해하기 어려워요.

엘리 이게 그냥 받아들여야 하는 양자역학의 세계라는 건가요?

바리 그래. 전자는 가능한 모든 길을 동시에 지나서 스크린에 도달하여 파동성을 보이지만, 전자가 지나가는 길을 관측하면 입자성을 보이는 것이 자연의 근본 법칙이거든.

엘리 모든 길을 동시에 지나간다는 것이 무슨 뜻이에요?

바리 확률을 의미하지. 양자역학에 의하면 전자의 위치는 확률적으로밖에 알 수 없거든. 그래서 전자는 두 슬릿을 모두 통과할 확률을 갖고 있고, 이 확률이 파동을 만들어 간섭무늬를 나타낼 수 있다는 거야. 우리가 전자의 위치를 관측하지 않을 때 말이야.

울리 순수한 입자나 파동은 없는 건가요?

바리 물질이든 빛이든 오로지 입자성이나 파동성만으로 설명되지 않고 입자성과 파동성이 서로 보완적으로 공존하는 거라고 봐야 한단다.

엘리 그냥 받아들이자고 생각하니 혼란스럽지는 않지만 여전히 뜬구름 잡는 느낌이긴 해요.

울리 전 전자의 파동성을 이용해서 현미경을 만든 것이 참 대단하다는 생각이 들어요. 얼마나 배율이 좋아진 건가요?

바리 정말 대단하지? 가시광선의 파장이 400~700nm인데 아까처럼 전자의 파장은 약 0.12nm인 경우 거의 1,000배 가까이 배율이 좋아진 거지. 전자를 가속시킬 전위차를 조정해서 파장을 조정할 수도 있고 말이야. SEM을 이용해서 만든 세상에서 제일 작은 영화도 한번 볼래(https://youtu.be/oSCX78-8-q0)?

울리 네! 지금 연결해주세요~

바리 교수의 물리노트 12

- 드 브로이의 물질파matter wave: 에너지 E와 운동량 p를 갖는 모든 물질은 진동수 $\frac{E}{h}$와 파장 $\frac{h}{p}$인 물질파로 기술할 수 있다. 여기서 h는 플랑크상수다.
- 파동-입자 이중성wave-particle duality: 물질이든 빛이든 오로지 입자성이나 파동성만으로는 모든 특성이 설명되지 않고, 파동성과 입자성이 서로 보완적으로 공존한다.

13 프랑스 공작, 루이 드 브로이

Louis de Broglie, 1892~1987

바리 교수는 전자가 파동성을 보일 수 있다는 것에 혼란스러워하는 울리와 엘리에게 드 브로이의 삶에 대한 이야기를 들으며 머리를 식히라고 했다. 양자역학 구축에 기여한 플랑크, 아인슈타인, 슈뢰딩거, 하이젠베르크, 보어, 파울리, 디랙 등등 여러 물리학자의 삶이 알려져 있지만 상대적으로 드 브로이에 대한 이야기는 많이 알려져 있지 않다고 한다. 하지만 바리 교수는 드 브로이의 물질파 아이디어를 정말 좋아한다며 그의 삶에 대해서도 함께 더 찾아보자고 했다.

바리 제7대 브로이 공작, 루이 빅토르 피에르 레몽 드 브로이Louis Victor Pierre Raymond de Broglie (1892~1987)!

브로이 가문의 문장

울리 와~ 이름이 엄청 기네요.

엘리 귀족 출신인가 봐요?

바리 그래~ 현대의 유명 물리학자 중 가장 높은 귀족 지위를 물려받은 사람이지. 1892년 8월 15일에 프랑스 센마리팀주 디에프라는 지역에서 제5대 브로이 공작의 둘째 아들로 태어났거든.

엘리 둘째 아들이 공작 자리를 물려받았네요?

바리 루이 드 브로이보다 17살이나 나이가 많았던 형 모리스가 제6대 브로이 공작이었는데, 자손이 없어서 동생 루이가 1960년에 제7대 공작이 되었지. 형 모리스도 물리학자였고 말이야.

울리 형제가 모두 물리학자였어요? 동생이 형의 영향을 많이 받았나 보네요.

바리 브로이 집안은 17세기부터 정치가, 외교관, 군인 등이 나온 집안이었다는데 형제 둘이 모두 물리학을 한 것은 집안의 전통을 깨는 일이었어. 근데 귀족 집안이라서 그런지 형 모리스 드 브로이는 집에 장비를 잘 갖춘 실험실을 가지고 있었다고 하니 어린 동생은 얼마나 좋았겠니.

울리 형은 실험물리학자였나 보군요?

바리 원자핵에 관한 실험연구를 했다고 해. 루이 드 브로이도 형과 함께 연구를 하긴 했는데, 형으로부터 플랑크와 아인슈타인의 연구 내용에 대해 들으면서 물리학에서 해결되지 않은 개념적 문제들에 관심을 갖기 시작했다고 하는구나.

엘리 물질파 가설이 1924년 박사학위 논문이었다고 하니 이때 이미 32세였네요. 당시로서는 박사학위를 늦게 받은 거죠?

바리 처음에는 집안의 전통을 이어 외교관이 되려고 소르본 대학교에서 1910년 역사학 학사학위를 받았지만, 결국 이후에 물리학 공부를 시작해서 1913년에는 이학사, 1924년에는 물리학 박사학위를 받게 된 거야.

울리 이학사학위를 받고 박사학위를 받을 때까지 거의 10년이나 걸렸어요? 특별한 이유가 있나요?

바리 1914년에 제1차세계대전이 발발했고, 이때 루이 드 브로이는 징집돼서 에펠탑 무선국에 배치되었다고 해. 1914년부터 전쟁이 끝난 1918년까지 군 복무를 해서 박사학위 공부가 늦어진 거지. 그래도 이 기간에 복무를 하면서 남는 시간은 기술적 문제들을 연구하며 보냈다고 해.

울리 아, 군 복무를 오랫동안 했군요.

바리 그래~ 전쟁이 끝난 후 루이 드 브로이는 물리 공부를 다시 시작했고, 그때부터 본격적으로 양자 개념과 관련된 이론 연구를 한 것이지. 형 모리스는 여전히 실험 연구를 하고 있었지만 말이야.

엘리 음, 그러다가 그런 기발한 아이디어를 낸 거군요.

바리 드 브로이의 박사학위 논문 제목은 "양자이론에 관한 연구"였는데, 앞에서 물질파 개념을 설명하면서도 얘기했지만, 박사학위 심사를 통과하지 못할 뻔했다고 해. 드 브로이의 지도교수는 유명한 물리학자 폴 랑주뱅Paul Langevin이었는데, 랑주뱅도 이 논문에 대해 판단이 서질 않아 아인슈타인에게 보내 문의했더니 아주 긍정적 평가를 해주었던 거야.

엘리 결국 지도교수와 아인슈타인 덕에 학위를 받은 거네요 헤헤-

바리 물리학을 대학에서 공부하게 되면 '랑주뱅방정식'이라는 것도 배우는데 바로 그 랑주뱅이야. 유명한 마리 퀴리의 남편 피에르 퀴리의 지도하에 박사학위를 받았고, 피에르 퀴리 사후 마리 퀴리와 연인 관계가 되었던 것으로도 유명했단다. 또, 노벨화학상을 받은 마리 퀴리의 딸 이렌 졸리오-퀴리Irène Joliot-Curie의 지도교수기도 했지.

폴 랑주뱅

울리 와~ 그럼 랑주뱅의 제자 2명이 노벨상을 받은 거예요? 그럼 랑주뱅도 노벨상을 받았나요?

바리 랑주뱅은 못 받았어.

이렌 졸리오-퀴리

엘리 마리 퀴리의 연애담은 언젠가 과학 선생님이 이야기해주신 적이 있는데, 랑주뱅이라는 이름은 기억하지 못했어요. 결국 이루어지지 못한 사랑이었죠?

바리 대신 랑주뱅의 손자와 마리 퀴리의 손녀가 결혼을 했어. 마리 퀴리의 손녀는 이렌 졸리오-퀴리의 딸 엘렌 랑주뱅-졸리오 Hélène Langevin-Joliot인데, 엘렌은 현재 90세가 넘는 나이에도 현역 핵물리학자로 활동하고 있단다.

엘리 와~ 마리 퀴리, 이렌 졸리오-퀴리, 엘렌 랑주뱅-졸리오…. 모두 여성 과학자네요. 멋져요~

바리 그렇지? 지금도 여성 과학자, 특히 여성 물리학자는 정말 많지 않은데 저렇게 한 집안에서 대대로 여성 과학자가 나오다니 참 부러운 일이지. 근데 루이 드 브로이의 지도교수 얘기를 하다가 다른 곳으로 흘러갔구나. 하하-

울리 재미있는데요. 자꾸 옆으로 새주세요~ 히히-

바리 그럴까? 아무튼 드 브로이의 물질파 개념은 전자가 입자라는 개념이 실험적으로 잘 확립된 상황에서 나온 것이고, 전자가 파동성을 보이는 실험 결과도 없는 상황에서 주장된 것이니 드 브로이의 직관이 얼마나 뛰어났는지를 알 수 있지.

울리 플랑크나 아인슈타인은 이론적으로 이해할 수 없었던 실험 결과들인 흑체복사 세기곡선이나 광전효과를 설명하기 위해서 양자 개념을 도입한 것인 데 반해, 드 브로이는 특정 실험을 설명하려고 한 것도 아닌데 물질파 개념을 생각했다는 것에 저도 감명받았어요.

바리 실험으로 검증되는 데도 오래 걸리지 않았으니 얼마나 행운이야.

엘리 그것도 데이비슨과 거머가 실수로 찾은 거라면서요? (4권 12화

참조)

바리 그러니까 말이야. 드 브로이의 물질파 개념을 아주 좋아했던 슈뢰딩거는 1926년에 파동방정식을 만들어 양자역학을 완성한다. 슈뢰딩거 이야기는 나중에 파동방정식 등을 설명할 때 다시 자세히 해줄게. 물리학을 전공하면서 양자역학을 배우면 예외 없이 슈뢰딩거방정식을 푸는 훈련을 하는데, 이게 바로 슈뢰딩거가 만든 파동방정식이거든. 이렇게 드 브로이는 소위 파동역학의 기초를 제공한 학자가 되었지. 1927년에는 제5회 솔베이회의solvay conference에도 초대되어 당시 제일 유명한 물리학자들과 자리를 함께할 정도였으니까 말이야. 이때 찍은 참가자들의 사진은 아주 유명하지.

엘리 개인적인 삶은 어땠어요? 결혼은 누구랑 했고요?

뒷줄(왼쪽부터): 피카르, 앙리오트, 에렌페스트, 헤르젠, 드 동데르, 슈뢰딩거, 버샤펠트, 파울리, 하이젠베르크, 파울러, 브릴루앵 / 가운뎃줄(왼쪽부터): 디바이, 크누센, 브래그, 크라머르스, 디랙, 콤프턴, 드 브로이, 보른, 보어 / 앞줄(왼쪽부터): 랭뮤어, 플랑크, 마리 퀴리, 로런츠, 아인슈타인, 랑주뱅, 게이, 윌슨, 리처드슨

바리 루이 드 브로이는 결혼을 안 했어. 그래서 먼 조카가 2012년까지 제8대 브로이 공작으로 살다 세상을 떠났고, 지금은 제8대 공작의 동생이 제9대 브로이 공작으로 있다네.

엘리 그럼 독신으로 연구만 하며 일생을 보낸 건가요?

바리 강의도 했지. 박사학위를 받은 후 소르본 대학교에 남아 강의를 했는데, 1928년 프랑스 수학자의 이름을 따서 설립된 앙리푸앵카레연구소Institut Henri Poincaré에서도 이론물리학을 가르쳤지. 그리고 1932년부터는 파리 대학교에서 이론물리학과장을 하며 푸앵카레연구소에서도 해마다 다른 주제의 교과목을 개설해서 강의했다고 해. 1962년 은퇴할 때까지 말이야. 드 브로이는 물론 파동역학과 관련된 연구도 지속했지만, 양자역학을 거부한 학자기도 하단다.

울리 개인사가 없으니 재미가 없네요. 연애도 안 했대요?

바리 조금 그렇지? 개인적인 기록은 많이 밝혀진 바가 없어. 상을 받은 기록들은 많은데 말이지. 박사학위 논문으로 1929년에 노벨상을 받은 드 브로이는 같은 해에 앙리푸앵카레 메달도 받았단다. 첫 번째 수상자였지. 또 1938년에는 독일물리학회가 수여하는 막스플랑크 메달을 받고, 1952년에는 유네스코UNESCO에서 수여하는 칼링가 상Kalinga Prize의 첫 번째 수상자였기도 하고 말이야.

엘리 앙리푸앙카레 메달은 그 연구소에 기여한 바로 받았을 것 같은데, 독일물리학회에서 프랑스 학자에게 상을 준 것은 특이하네요.

바리 막스플랑크 메달을 특별히 독일인한테만 줘야 하는 것은 아니거든. 이 메달의 경우 첫 번째 수상자는 1929년 플랑크와 아인슈타인이었고, 앞으로 나올 보어, 하이젠베르크, 슈뢰딩거, 보른, 디랙, 파울리 등등 물리학 발전에 크게 기여한 학자들은 모두 받았단다. 지금도 해마다 훌륭한 물리학자를 선정하고 있고 말이야.

엘리 아, 그렇군요. 칼링가 상은 뭐예요?

바리 칼링가 상은 과학의 대중화에 공헌한 사람에게 주는 상으로, 1952년 유네스코에 제정한 거야. 드 브로이가 일반 대중을 위한 현대물리학 관련 저술 활동을 많이 해서 첫 수상자로 선정되었다고 하고, 이 상 역시 지금도 계속 시상하고 있단다.

울리 루이 드 브로이는 귀족으로 태어나 군 복무도 열심히 하고, 연구와 교육도 열심히 하다 가신 분이군요. 오래 사시기는 했나요?

바리 아주 장수한 물리학자 중 한 명이지. 1987년 3월 19일 94세의 나이로 세상을 떠났으니 말이야.

14 정지한 물체의 위치를 정확히 알 수 없다구요?

불확정성원리_위치-운동량

울리는 전자의 이중슬릿 실험이 너무 신기해서 자꾸만 생각이 났다. 전자가 어느 슬릿을 지나는지 확인하면 입자처럼 행동하고, 전자의 위치를 측정하지 않으면 파동처럼 행동한다는 것이 자연의 법칙이라니! 측정하는 행위가 전자의 특성에 영향을 준다는 것을 받아들여야 한다니! 이런 생각들로 일주일 동안이나 혼란스러워하는 자신을 깨닫고 놀라기도 했다. 보통 바리 교수에게 배운 지 얼마 되지 않아 배운 내용을 까먹는데 말이다.

울리 아줌마, 전 일주일 내내 전자 때문에 혼란스러웠어요. 제가 전자 생각을 매일같이 하다니요. 이건 재앙 수준이에요. 히히-

엘리 드 브로이 할아버지 때문이겠지. 전자가 무슨 잘못이야.

바리 하하- 혼란스럽지. 양자가설로 시작된 빛의 광양자설이나 물질파에 대해 당시의 물리학자들도 모두 아주 혼란스러워했단다. 상대성이론에 대해서도 혼란스러워했지만, 그래도 상대성이론은 쉽게 받아들여졌지. 1900년부터 약 30년에 걸쳐 당시 물리학자들이 총동원되다시피 하여 완성된 양자역학은 아직도 논란이 계속되고 있거든. 그만큼 양자역학이 혼란스럽다는 의미지. 아주 유명한 미국 물리학자 리처드 필립스 파인만Richard Phillips Feynman이 '양자역학을 이해하는 사람은 하나도 없다'고 했을 정도니까 말이야. 한편 이런 양자역학을 아주 잘 활용해서 우리 주변의 모든 전자제품이 탄생하게 된 거고 말이야.

엘리 그래서 빛이나 전자의 이중성 개념도 그냥 받아들이라고….

바리 상대성이론도 그렇지만, 양자역학도 우리 일상생활에서 직접 쉽게 경험할 수 있는 것이 아니니까 말이야. 오늘 할 얘기는 더 혼란스러울 수도 있는데, 해볼까?

울리 혼란스러운 것을 당연한 것으로 받아들이기로 했어요. 유명한 물리학자도 이해하지 못하는 양자역학이라면서요. 히히-

엘리 이상한 나라에 간 앨리스라고 생각할게요. 헤헤-

바리 좋았어. 지난번에 전자의 이중슬릿 실험에 대해 얘기하면서, 우리가 전자를 따라가며 위치를 확인하느냐, 아니냐에 따라 전자가 입자성을 보이기도 하고 파동성을 보이기도 한다고 했잖아? 즉 관측한다는 행위가 결과에 근본적인 영향을 준 거라고 말이야.

울리 제가 그것 때문에 일주일 동안이나 머릿속이 어지러웠잖아요.

바리 그러게. 데이비슨과 거머가 전자의 회절 실험 결과를 발표한 1927년에 베르너 하이젠베르크라는 독일 물리학자가 어마어마한 원리를 창안했단다.

울리 우리가 이해할 수 있을까요?

엘리 난 또 그냥 받아들일 거야~

바리 하하- 엘리 태도도 나쁘진 않아. 일단 받아들일 마음이 있어야 이해도 되는 거니까 말이야. 그 어마어마한 원리는 바로 하이젠베르크의 '불확정성원리uncertainty principle'라는 거야.

울리 확정할 수 없는 원리라…. 시작부터 모호하네요.

바리 하이젠베르크는 '행렬역학matrix mechanics'이라는 양자역학이론을 독립적으로 완성하고 1926년 코펜하겐에 있는 닐스 보어의 조수가 되지. 보어는 원자모형과 양자론에의 기여로 이미 1922년에 노벨물리학상을 받은 학자거든.

엘리 그때 불확정성원리에 대한 아이디어가 떠올랐나요?

바리 그런 셈이야. 새로운 '양자역학'이라는 이론으로 원자세계를 이해하려고 하는데, 파동-입자 이중성과 드 브로이 가설 등이 명확하게 이해가 되지 않아서 많은 고민을 했다고 해. 그러던 중 생각으로만 하는 사고실험을 했대.

울리 실험을 왜 생각으로만 해요? 직접 해야죠.

엘리 갈릴레오도 사고실험을 많이 했잖아. 당시는 진공을 만들 수 없어서 생각으로 진공을 만들어서 말이야. (1권 3화 참조)

바리 맞아. 하이젠베르크는 콤프턴산란 실험(4권 11화 참조)을 기반으로, 빛을 이용해서 전자를 관측하는 사고실험을 한 거야. 전자의 위치를 잘 관측하려면 회절이 일어나지 않아야 하니, 빛의 파장은 아주 짧아야겠지? (3권 38화 참조) 근데 짧은 파장은 큰 운동량을 의미하니 충돌 후 전자의 운동량도 크게 변할 거야.

울리 전자는 잘 보이는 상황이겠네요?

바리 그렇게 가정했으니까 전자의 위치는 파악할 수 있지만 대신 산란된 빛이 어느 경로로 갔는지는 정확히 알 수 없으니 전자의 운동량도 정확히 알 수 없는 거지. 전자의 운동량이 변하지 않게 하려면 입사한 광자의 운동량이 작아야 하는데, 운동량이 작은 광자가 입사했다는 것은 곧 파장이 긴 빛이 입사했다는 것이니 회절이 잘 일어날 거고 말이야.

울리 아, 그럼 전자의 위치를 알 수 없겠네요.

엘리 흠…. 그 사고실험의 결과는 뭘 의미하는 거죠?

바리 '위치를 정확히 측정하는 것은 운동량을 크게 교란시키고, 운동량을 정확히 측정하는 것은 위치를 크게 교란시킨다. 그래서 전자의 위치와 운동량을 동시에 정확히 재는 것은 불가능하다'는 거야. 도무지 당시로서는 받아들이기 힘든 결론이었지.

엘리 저는 지금도 받아들이기 힘든데요? 늘 위치와 속도, 따라서 운동량을 동시에 아주 정확히 측정할 수 있는 것이 당연했잖아요?

울리 지금 우리는 이상한 나라에 와 있는 거잖아. 양자세계~ 히히-

바리 그래~ 양자세계! 이것이 지금은 자연의 근본 원리로 알려진 '불확정성원리'야. 즉 '위치를 정확하게 잴수록 운동량은 부정확해지고, 운동량을 정확하게 잴수록 위치가 부정확해진다'는 거지.

울리 우리의 일상이 양자세계가 아닌 것이 다행인 거죠?

바리 하하- 그럴 수도. 우리의 일상 경험은 대부분 뉴턴과 맥스웰의 고전물리학 영역이고, 정확하게는 상대성이론이나 양자역학의 특별한 경우에 해당하지. 일상에서는 원자보다 훨씬 큰 물체가 광속보다 훨씬 느린 속도로 운동하는 것을 경험하니까 말이야.

엘리 역시 일상에서는 불확정성원리를 경험할 수 없는 거군요.

바리 그래. 그러나 원자세계에서는 아주 중요하지. 전자가 만일 정확히 정지해 있다면, 불확정성원리는 전자의 위치를 전혀 알 수 없다는 것을 의미하거든.

울리 그럼 혹시 전자의 이중슬릿 실험에서 전자의 위치를 측정하니 입자성을 보이고, 위치를 측정하지 않으니 파동성을 보인 것도 블확정성원리와 관계가 있나요?

바리 관계가 있긴 한데 그 얘기 전에 위치와 운동량에 대한 불확정성원리의 식을 보여줄게.

엘리 아, 식으로도 표현되는군요?

바리 그럼~ 하이젠베르크의 아이디어는 미국 물리학자 얼 헤스 케너드Earle Hesse Kennard가 양자역학이론으로 정밀하게 형식화했는데, 바로 $\Delta x \Delta p_x \geq \frac{h}{4\pi}$란다. 여기서 Δx와 Δp_x는 각각 x 방향에서의 위치와 운동량 측정에 대한 표준편차standard deviation를 의미하지.

울리 으~ 표준편차는 뭐죠? 그리고 플랑크상수도 들어가네요?

바리 x-위치의 표준편차는 $\Delta x = \sqrt{\langle (x - \langle x \rangle)^2 \rangle} = \sqrt{\langle x^2 \rangle - \langle x \rangle^2}$을 의미하는데(⟨···⟩는 평균값을 의미함), 그냥 위치의 측정오차 개념으로만 이해해도 돼. 운동량의 표준편차도 비슷하게 정의되지만 운동량의 측정오차로 이해하고 말이야. 결국 '위치의 측정오차×운동량의 측정오차'의 값은 '플랑크상수÷4π'의 값보다 작아질 수 없다는 것이 불확정성원리라고 이해하면 돼.

엘리 플랑크상수와 양자역학은 필연인가 봐요.

바리 신기하지? 복사 세기곡선을 맞추기 위해서 들어갔던 상수가 양자세계 모든 곳에서 나타나니 말이야. 불확정성원리는 또 위치와 운동량의 측정오차가 동시에 0이 될 수 없고, 두 오차의 곱의 최솟값이 $\frac{h}{4\pi}$라는 것을 의미한단다.

엘리 플랑크상수가 우리 일상에서는 0으로 생각해도 될 만큼 작으니 위치와 운동량을 동시에 정확히 측정한다고 볼 수 있는 거네요.

울리 근데 플랑크상수를 무시할 수 없는 원자세계에서 위치의 측정오차가 0이라면 운동량의 측정오차는 어떻게 되는 거예요?

바리 무한대가 되는 거지. 반대로 운동량을 정확히 측정하면 위치의 측정오차가 무한히 커진다는 뜻이고 말이야. 그럼 운동량의 측정오차가 크면 파장의 측정오차도 크겠지?

엘리 그렇죠. 드 브로이의 물질파 개념에 의하면 물질파의 파장이 운동량에 의해서 $\lambda = \frac{h}{p}$로 결정되니까요. (4권 12화 참조)

바리 자, 그럼 이제 전자의 이중슬릿 실험을 다시 생각해보자. 먼저 전자가 어느 슬릿을 통과하는지 관측하지 않은 경우를 보면, 전자의 위치가 불확실하니 전자의 운동량을 정확히 알 수 있겠지. 근데 정확한 운동량은 정확한 파장을 의미하니 전자의 파동성이 잘 나타나서 스크린에 간섭무늬를 만들 수 있는 거야.

울리 우왕~ 그렇게 해석되네요. 그럼 전자가 어느 슬릿을 통과하는지

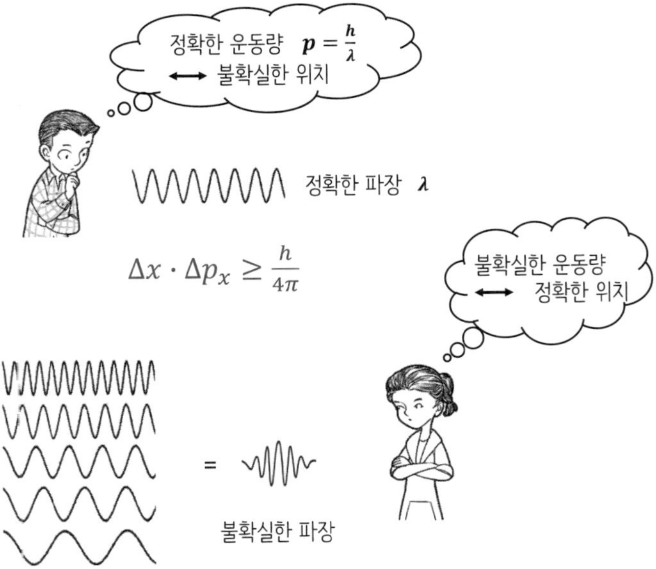

를 관측하면요?

바리 그 경우는 전자의 위치를 정확히 아는 것이니 운동량이 불확실하고 파장도 불확실하지. 파장이 불확실하니 파동성이 나타나지 않는 것이고 말이야. 좀 더 구체적으로 파장이 불확실하다는 것은 다양한 파장을 가질 확률이 있다는 거야. 다양한 파장의 파동들이 합쳐지면 아주 좁은 위치에만 있는 '국소파동localized wave'이 되어 파동성을 잃게 돼.

엘리 전자 하나가 동시에 다양한 파장의 물질파로 될 수 있어요?

바리 양자역학적으로 파동은 확률의 의미를 갖기 때문이야. 파장이 일정한 전자 파동은 전자가 정확한 특정 위치가 아닌 어딘가에 있을 확률이 있다는 것만을 의미하지. 마찬가지로 위치가 정확한 전자는 임의의 모든 운동량을 가질 확률이 있다는 것만을 의미하고 말이야. 이런 양자역학 얘기는 앞으로 계속할 거야. 불확정성원리 얘기를 좀 더 하고 말이야.

울리 전자의 위치를 관측할 때는 파동성을 잃으니까 입자성이 나타나는 거라고 할 수 있군요.

바리 파장이 정확하지 않으니 간섭무늬를 만들지 못하고 입자처럼 행동하지. 불확정성원리는 이제 양자역학의 핵심 원리란다.

울리 제가 방에 정지해 있을 때 엄마가 제가 어디 있는지 모르면 좋겠어요. 히히-

엘리 이그~~ 그럼 전자처럼 작아져!

바리 교수의 물리노트 14

- 하이젠베르크의 불확정성원리uncertainty principle - 위치와 운동량에 대한 불확정성: 입자의 위치와 운동량은 동시에 정확하게 측정할 수 없다는 원리.
- x 방향의 위치와 x 방향의 운동량에 대한 불확정성원리는 $\Delta x \Delta p_x \geq \frac{h}{4\pi}$로 기술된다. 여기서 Δx와 Δp_x는 각각 위치 측정 및 운동량 측정에 대한 표준편차고, $h = 6.626 \times 10^{-34}\,\mathrm{J \cdot s}$는 플랑크상수다.

15 모든 물리량이 변하지 않아야 에너지를 정확히 측정한다구요?

불확정성원리_에너지-시간

바리 교수는 불확정성원리에 관한 이야기를 이어가며 하이젠베르크에 얽힌 일화를 들려주었다. 원래 수학을 전공하려고 수학과 교수를 찾아갔는데 그 교수 옆에 무서운 개가 으르렁거리고 있어서 말도 잘 못 하고 돌아와 결국 물리학을 전공하게 되었다는 일화, 막상 물리학을 전공하면서는 실험을 너무 싫어해 수업을 거의 빼먹었고, 결국 박사학위 논문 심사 도중 실험물리학자의 질문에 제대로 답하지 못해 탈락 위기를 맞았으나 지도교수의 간곡한 부탁으로 간신히 통과했다는 일화였다.

울리 와~ 역시 지도교수를 잘 만났네요.

바리 지도교수가 아르놀트 요하네스 빌헬름 조머펠트Arnold Johannes Wilhelm Sommerfeld라는 유명한 이론물리학자였는데, 하이젠베르크의 천재성을 알아본 거지. 조머펠트는 84번이나 노벨상 후보에 올랐는데 결국 상을 받지는 못했고, 대신 하이젠베르크, 파울리, 베테 등 노벨상을 받은 제자들을 많이 키워냈지.

엘리 와~ 84번이나요? 안타깝네요. 근데 하이젠베르크도 노벨상을 받았군요.

바리 행렬역학이라는 새로운 양자역학이론을 정립한 공으로 1932년 31세에 노벨물리학상을 받았단다. 1923년에 뮌헨에서 박사학위를 받은 후 1924년에는 괴팅겐에서 양자역학의 정통 해석을 완성한 막스 보른의 지도를 받았고, 그 다음해인 1925년에 행렬역학이라는 양자역학이론을 완성한 거니 대단하지.

엘리 요즘은 년도 얘기를 자주 하시는 것 같아요.

바리 1900년에 플랑크의 양자가설을 시작으로 중요한 연구 결과들이 서로서로 영향을 주고 받았기 때문에 언제 어떤 아이디어들이 나왔는지 보는 것이 재미있잖아. 물리학 혁명의 시대거든.

울리 하이젠베르크는 1925년과 1927년 사이에 큰 업적을 모두 이룬 거네요. 1927년 불확정성원리까지요.

바리 그래. 1926년과 1927년 코펜하겐에서 보어와 함께 지내던 시절의 내용이 '코펜하겐'이라는 제목의 연극으로도 나왔다니 얼마나 중요한 시기였는지 짐작하게 하지.

울리 이후 하이젠베르크는 코펜하겐을 떠났나요?

바리 하이젠베르크가 독일 라이프치히 대학교 물리학과장으로 가게 되었거든. 암튼 하이젠베르크의 불확정성원리는 양자역학으로 더욱 정교하게 분석돼서 1929년에는 미국의 수리물리학자 하워드 퍼시 로버트슨Howard Percy Robertson에 의해 위치와 운동량뿐만 아닌 일반적인 두 물리량의 불확정성으로까지 확장된단다.

울리 그럼 어떤 물리량들이 불확정성으로 또 연결되어 있죠? 저희도 아는 물리량들인가요?

바리 물론 너희도 아는 물리량 얘기를 할 거야. 그보다 먼저 위치와 운동량의 불확정성원리를 이야기할 때, x 방향의 위치와 x 방향의 운동량 사이의 불확정성을 표현한 것 기억나지?

엘리 그럼요! $\Delta x \Delta p_x \geq \frac{h}{4\pi}$라고 써놓고, '$x$ 방향 위치의 측정오차'와 'x 방향 운동량의 측정오차'라고도 써놨어요. 헤헤-

울리 역시! x 방향을 강조하셔서 잠시 'x 방향 위치와 수직인 y 방향의 운동량 p_y는 불확정성원리가 적용되지 않나' 하고 생각했는데 여쭙지 못하고 지나갔어요.

바리 오~ 맞았어. 서로 수직한 방향으로의 위치와 운동량 사이에는 불확정성이 없단다. 식으로는 $\Delta x \Delta p_y \geq 0$이 돼서 위치와 운동량 모두 오차 없이 정확하게 동시에 측정할 수 있다는 거야.

엘리 정말요? 두 오차의 곱이 0일 수도 있군요?

울리 그럼 $\Delta x \Delta p_z \geq 0$, $\Delta y \Delta p_x \geq 0$ 같은 식도 있겠네요?

바리 그렇지. 서로 수직인 방향으로의 모든 위치와 운동량의 측정오차의 곱은 0보다 크거나 같다는 것이 성립하지. 그 대신 같은 방향의 위치와 운동량에는 x 방향뿐만 아니라 y 방향, z 방향에 대한 불확정성원리도 적용된다는 뜻이고 말이야.

엘리 뭔가 심오한 것 같아요.

바리 심오하지. 많은 수학적 개념을 알아야 하고 말이야. 어떤 두 관측량에 대한 측정오차의 곱이 0이 될 수 없다는 것은 이 두 관측량의 곱은 순서가 바뀌면 달라진다는 것을 의미하는데, 이런 것들을 이해하려면 수학 공부를 많이 해야 해.

울리 간신히 불확정성원리를 받아들이려는 순간인데, 둘을 곱한 것이 순서에 따라 다르다고요? ab가 ba와 어떻게 다를 수 있죠?

바리 또 혼란스럽지? 그래도 대충은 알려줘야 할 것 같아서 얘기한 거야. ab ≠ ba일 때, a와 b는 서로 호환commute되지 않는다고 하는데, 양자역학적으로 x와 p_x는 서로 호환되지 않는 관측량들이고, x와 p_y는 호환되는 관측량들이라는 뜻이란다.

엘리 흠…. 잘 모르겠지만 역시 심오한 것 같아요. 히히-

바리 그냥 한번 들어본다고 생각하렴. 암튼 로버트슨은 위치와 운동량뿐만 아니라 서로 호환되지 않는 어떤 두 관측량에 대해서도 불확정성원리가 성립한다는 것을 보였는데, 대표적인 것이 에너지와 시간이야.

울리 에너지와 시간 사이에도 불확정성원리가 있어요?

바리 신기하지? 플랑크상수의 단위가 뭐지?

울리 갑자기 플랑크상수의 단위는 왜요? J·s잖아요.

엘리 어? '에너지×시간'이라 에너지와 시간 사이의 불확정성이 있는 건가요?

바리 반드시 그래야 하는 것은 아니지만 최소한 가능성은 생각할 수 있지. '위치×운동량'의 단위는 각운동량의 단위와도 같고 '에너지×시간'의 단위와도 같으니 말이야.

엘리 에너지와 시간에 대한 불확정성원리는 어떤 식인가요?

바리 위치와 운동량의 불확정성과 유사하게, $\Delta E \Delta t \geq \frac{h}{4\pi}$란다.

울리 식으로 보니까 상대성이론이 생각나네요. 상대성이론에 의하면 시간과 공간이 무관하지 않고 4차원 시공간을 이루니까 위치 대신 시간이, 그리고 운동량 대신 에너지가 들어간 것 같아요.

엘리 오~ 정말 그렇네. 광속을 곱하고 나누면 $c\Delta t$는 위치 오차, $\Delta E/c$는 운동량 오차로 볼 수 있으니까. 이럴 때 보면 울리 너는 천재 같아. 어떻게 상대성이론이 생각나냐.

바리 너희 둘 다 참 대단해. 상대성이론의 4차원 시공간을 생각하다니 말이야. 근데 에너지와 시간의 불확정성은 비상대론적non-relativistic 양자역학에서도 성립한단다.

엘리 무슨 의미인지 모르겠어요.

바리 상대성이론에서는 울리가 얘기한 대로 시간과 공간이 연결된

개념이지만, 비상대론적 관점에서 시간은 완전히 독립적인 변수지. 그동안 다루어왔던 뉴턴역학이나 맥스웰의 전자기학에서처럼 말이야. 즉 입자의 위치, 운동량, 에너지 등은 주어진 시간에 어떤 값을 갖는지를 측정할 수 있지만, 입자가 가지는 시간은 의미도 없고 측정도 할 수 없다는 거지.

울리 시간 오차는 위치나 운동량의 오차처럼 여러 번 측정해서 구할 수 있는 것이 아니라는 거네요. 그럼 시간-에너지 불확정성원리에서 시간 오차는 무슨 뜻이에요?

바리 대충 말하면, Δt는 주어진 계의 어떤 물리량이 변하는 데 걸리는 시간이라고 할 수 있어. 좀 더 정확히 말하면, 주어진 계의 특성을 나타내는 물리량의 평균값이 표준편차('1 시그마σ'라고 부르기도 함)만큼 변하는 데 걸리는 시간이야.

울리 표준편차를 한 번 더 말로 설명해주시면 안 될까요?

바리 말로 표현하면, 여러 번 측정한 값들과 평균값의 차이를 제곱해서 평균을 구하고, 이 평균값의 제곱근을 구하면 그게 바로 표준편차야. 평균값으로부터 얼마나 벗어난 값들을 가질 수 있는지 알려주는 거지.

울리 그럼 어떤 물리량이 빨리 변하면 Δt는 작은 건가요? 그래서 에너지의 불확정성이 커지는 거고요?

바리 그렇지. 반대로 어떤 물리량이 아주 천천히 변한다면 표준편차만큼 변하는 데 시간이 오래 걸릴 테니까 에너지의 측정오차는 줄어들 거고 말이야. 한편 에너지와 관계된 어떤 물리량 하나라도 빨리 변한다면 에너지의 불확정성은 매우 커지지.

엘리 에너지를 정확하게 측정했다는 것은 '관계된 모든 물리량이 매우 천천히 변한다'는 의미라는 거죠?

바리 그렇지. 에너지를 정확하게 측정해서 $\Delta E=0$이면 그 계의 모든 물리량은 시간에 무관한 상수가 된다는 뜻이지. 모든 물리량이 표준편차만큼 변하는 데 무한대의 시간이 걸린다는 것이니 변하지 않는다는 것과 같은 의미인 셈이니까 말이야.

엘리 양자역학적으로는 상대성이론을 생각하지 않아도 이해하기 힘든 현상들이 나타나네요.

바리 그래서 불확정성원리를 양자역학의 핵심 원리라고 하는 거야. 원자핵이 발견되었을 당시에는 전자가 핵 속에 있는 거라고 생각했는데, 불확정성원리에 의해 전자가 핵 속에 있을 수 없다고 판명되기도 했거든. 위치와 운동량의 불확정성원리를 이용해서 말이야. 또 에너지와 시간의 불확정성원리를 이용해서 원자 방출 스펙트럼의 진동수 오차도 구할 수 있단다.

울리 에너지-시간 불확정성원리로 어떻게 진동수의 오차를 구해요?

바리 원자의 방출 스펙트럼은 원자 내 전자가 높은 에너지 상태에서 낮은 에너지 상태로 내려오며 내놓는 광자에 의한 것인데(4권 17화 참조), 광자의 에너지는 '진동수×플랑크상수'니 불확정성원리에 의해 에너지의 오차를 알면 진동수의 오차를 알 수 있잖아. 이런 경우 시간에 대한 불확정성은 전자가 높은 상태에서 낮은 상태로 떨어지는 데 걸리는 시간을 이용한단다.

울리 그렇게 진동수의 오차를 구하면 뭐가 달라지는 건데요? 실제 그 효과를 볼 수 있나요?

바리 원자의 방출 스펙트럼이 약간의 폭을 갖게 되지. 그 외에도 하이젠베르크의 불확정성원리는 양자역학의 세계를 이해하는 데 매우 유용한데, 우리는 이 정도만 이해하자.

바리 교수의 물리노트 15

- 불확정성원리의 일반화: 서로 호환되지 않는 임의의 두 관측량에 대해 항상 불확정성원리가 성립한다. 호환되지 않는다는 것은, 예를 들어 $xp_x \neq p_x x$임을 의미한다.
- 위치-운동량 불확정성원리:

$$\Delta x \Delta p_x \geq \frac{h}{4\pi},\ \Delta y \Delta p_y \geq \frac{h}{4\pi},\ \Delta z \Delta p_z \geq \frac{h}{4\pi}$$

- 시간-에너지 불확정성원리: $\Delta t \Delta E \geq \frac{h}{4\pi}$

  Δt는 계의 물리량이 표준편차만큼 변하는 데 걸리는 시간으로, 에너지를 정확하게($\Delta E = 0$) 측정한다는 것은 에너지와 관계된 모든 물리량이 변하지 않음을 의미한다.

16 양자역학을 창시한 청년, 베르너 하이젠베르크

Werner Heisenberg, 1901~1976

하이젠베르크의 불확정성원리를 설명하면서 조금씩 천재 하이젠베르크의 일화를 들려주던 바리 교수는 본격적으로 하이젠베르크의 삶에 대해서 알아보자고 했다. 바리 교수는, 요즘 거론되는 유명 물리학자에 대해 알아보려면 영문으로 되어 있긴 하지만 노벨상 홈페이지(www.nobelprize.org)와 위키피디아(en.wikipedia.org)를 참조하는 것이 좋다고 했다.

바리 베르너 카를 하이젠베르크Werner Karl Heisenberg (1901~1976)는 1901년 12월 5일 독일 바이에른주의 뷔르츠부르크라는 지역에서 태어났단다. 독일 중등교육기관인 김나지움의 고전어 선생이었던 아버지 아우구스트 하이젠베르크가 교수 자격을 얻기 위해 뮌헨에서 뷔르츠부르크로 옮긴 이후, 아내인 아니 벡클라인과의 사이에서 베르너를 낳은 거지. 1910년에 아우구스트는 독일에서 단 하나뿐인 학과인 뮌헨 대학교의 중세 및 근세 그리스 문헌학 정교수로 초빙되어 다시 뮌헨으로 돌아오고, 베르너도 이곳에서 자라게 된단다.

엘리 플랑크도 뮌헨에서 자라지 않았나요?

바리 기억하는구나? 더구나 막스 플랑크가 졸업한 명문 막스밀리안 김나지움에 하이젠베르크도 1911년에 입학했다고 해.

울리 그 학교는 정말 명문인가 보네요. 플랑크와 하이젠베르크 같은

훌륭한 물리학자를 배출하다니요. 하이젠베르크의 학교 성적은 어땠어요?

바리 하이젠베르크는 거의 모든 과목에서 최고 평가를 받았다고 해. 심지어 언어 과목이나 체육에서조차 말이야. 물론 수학과 물리학에 특히 뛰어나서 대학에 장학생으로 추천을 받을 정도였지.

엘리 지난번에 말씀해주신, 개가 무서워서 수학과 교수 앞에서 말도 못 하고 물리학을 택했다는 이야기는 사실인가요?

바리 그런 설도 있고, 실제 1920년에 뮌헨 대학교에 입학해서 수학을 전공하려고 당시 유명한 수학자 린데만 교수를 찾아갔는데, 하이젠베르크가 수리물리학에 관심이 많다고 판단하고 학생으로 받는 것을 주저했다고 해.

엘리 아, 그렇군요.

바리 그러던 중 아까도 잠깐 이야기했던 이론물리학자 조머펠트가 하이젠베르크의 천재성을 알아채고 자신이 운영하는 고등세미나에 참석하도록 했지. 조머펠트가 지도하는 상급생들이 참석하는 세미나인데 하이젠베르크에게도 참석을 허락한 것이었으니 조머펠트는 인재 발굴을 참 잘하는 학자였던 것 같아.

울리 대단해요. 근데 선배들이 싫어했을 것 같아요. 히히-

바리 그건 모르겠고 고등세미나에서 만난, 일 년 먼저 조머펠트의 제자가 되었고 하이젠베르크보다도 한 살 많았던 볼프강 파울리와는 평생 좋은 학문적 친구 사이였다고 해. 유명한 1927년 제5회 솔베이회의의 단체 사진에서도 하이젠베르크와 파울리는 나란히 함께 서 있거든. 하이젠베르크는 이렇게 조머펠트의 세미나에 참석하면서 자연스럽게 물리학을 전공하게 되었지. 그리고 세미나에서도 독창성을 발휘해서 $+\frac{1}{2}$, $-\frac{1}{2}$ 같은 분수 양자수를 도입하는 걸 생각했다고 하고 말이야.

아르놀트 조머펠트

울리 양자수는 양의 정수라고 하지 않으셨어요?

바리 플랑크의 양자가설에 나오는 양자수는 양의 정수였지. 사실 분수 양자수도 가능한데, 하이젠베르크가 분수 양자수를 생각했을 때만 해도 말도 안 되는 생각이라고 했으니, 당시로서는 아주 독창적인 아이디어였지. 나중에 살펴볼 파울리의 '배타원리exclusion principle'에서 이 분수 양자수가 중요한 의미를 갖게 되고 말이야. (제4권 20화 참조)

파울리(왼쪽)와 하이젠베르크(오른쪽)

엘리 저도 좀 창의적이고 싶어요. 어떻게 하면 될까요?

바리 그런 건 배워서 된다기보다는 일단 많이 알아야

하이젠베르크(왼쪽)와 파울리(오른쪽)

하고, 호기심도 있어야 하고, 또 깊이 생각하는 습관도 있어야겠지…. 조머펠트는 1922년 6월에 닐스 보어의 양자역학 강연과 토론이 있었던 괴팅겐 대학교 '보어축제'에 하이젠베르크를 데리고 갔는데, 이것이 하이젠베르크와 보어의 첫 만남이었단다.

엘리 21세의 청년이 당대의 대가인 보어를 만나는 순간이었군요.

바리 하이젠베르크한테는 큰 인연이었지. 보어와 본격적으로 함께 연구하기 전인 1922년 9월, 하이젠베르크는 괴팅겐 대학교의 막스 보른에게 이론물리학에 필요한 수학을 배울 기회를 얻게 되는데, 이것도 아주 좋은 인연이었고 말이야.

울리 지도교수 조머펠트는 지도를 안 하고요?

바리 조머펠트가 미국 위스콘신 대학교를 6개월간 방문하게 되어 보른에게 하이젠베르크의 지도를 부탁한 거였어. 그래도 조머펠트가 그의 학업적 경력에 큰 도움을 준 것은 분명한데, 특히 하이젠베르크가 뮌헨 대학교에서 1923년에 박사학위 시험을 볼 때 도움을 주었던 사례가 대표적이지.

울리 아, 하이젠베르크는 실험을 싫어해서 실험실에는 거의 들어가지 않았을 정도였는데, 그래서 박사학위 논문 심사 때 실험물리학자의 질문에 하나도 답을 하지 못했다고 말씀하셨죠?

바리 그래. 이때 조머펠트가 하이젠베르크는 대단한 천재라며 사정해서 간신히 박사학위를 받을 수 있었대. 그리고 보른이 하이젠베르크를 조교로 받아줘서 1924년에는 교수 자격 취득 과정을 통과했고, 이후 그는 록펠러재단 장학생으로 코펜하겐의 보어와 함께 연구할 기회를 얻었단다. 1925년 5월 다시 독일로 돌아온 하이젠베르크는 6월에 꽃가루 알레르기 때문에 비염이 심해져서 헬골란트라는 작은 섬으로 휴가를 떠났는데, 여기서 새로운 역학 체계인 행렬역학의 기본 개념을 확립하고 괴팅겐에 돌아와 그것을 정리해서 9월에 발표했대.

엘리 역시 천재라도 가끔은 쉬어야 해요. 헤헤-

바리 맞아! 재미있는 것은 하이젠베르크가 처음 이 행렬역학의 개념을 발표했을 때 그 자신은 행렬을 이용하고 있는지 몰랐다는 거야. 하이젠베르크의 논문을 살펴본 보른이 수학에서는 잘 알려진 행렬곱셈이란 것을 알아차렸고, 1926년 초에 하이젠베르크, 보른, 보른의 제자 요르단이 공동으로 행렬역학의 형태를 갖춘 논문을 발표했어.

울리 그쯤 되면 보른도 거의 지도교수인 셈이네요.

바리 하하, 하이젠베르크도 자신이 조머펠트, 보른, 보어한테 많이 배웠다고 회고했어. 1926년 5월에는 다시 보어의 조수로 코펜하겐에 가게 되었고, 거기서 하이젠베르크는 불확정성원리를 만들었지. 불확정성원리에 대해서는 이미 설명했으니 더 이야기하지 않을게. (4권 14화 · 15화 참조) 그리고 1927년에는 라이프치히 대학교 이론물리학 교수가 되었는데, 이때가 불과 26세였다고 해.

엘리 아, 26세에 전 뭘 하고 있을까요?

바리 하하- 글쎄~ 뭐든 하고 싶은 일을 하고 있으면 좋겠구나. 우리나라가 일제강점기였던 1929년에 하이젠베르크는 미국, 일본, 인도 등으로 강연 여행도 했단다. 그러다 1941년에는 베를린 대학교의 물리학 교수가 되었고, 제2차세계대전 후엔 훔볼트재단의 초대 이사장을 맡으면서 박사학위를 받은 젊은 학자들이 활발한 연구 활동을 할 수 있도록 돕는 등 전후 독일의 과학 정책 정립에 많은 영향을 줬다고 해. 1959년 『물리학과 철학*Physik und Philosophie*』, 1969년 『부분과 전체*Der Teil und das Ganze*』라는 책도 저술했고 말이야. 『부분과 전체』는 하이젠베르크 자신의 자전적 책으로서 여러 나라 언어로 번역도 되었단다.

엘리 하이젠베르크도 연구 관련 이야기 말고 다른 사생활은 많이 알려지지 않았나 봐요? 드 브로이처럼 결혼을 안 했나요?

바리 아니. 하이젠베르크는 1937년에 엘리자베스 슈마커와 결혼해서 일곱 명의 자녀를 뒀단다.

엘리 일곱 명이나요? 그 많은 자녀 중에 물리학자도 있나요?

바리 있어. 1939년에 태어난 아들 요헨 하이젠베르크가 1968년에 핵물리학으로 박사학위를 받았고, 1970년부터 1978년까지 MIT 교수로 있다가 뉴햄프셔 대학교에서 은퇴한 후 지금은 명예교수로 아직 생존해 있지. 또 물리학자는 아니지만 1940년에 태어난 아들 마틴 하이젠베르크는 뷔르츠부르크 대학교의 신경생물학자였고, 역시 생존해 있고 말이야.

울리 물리학자 아들은 아버지 명성 때문에 참 힘들었을 것 같아요.

바리 좋기만 하진 않았겠지. 아인슈타인의 큰아들도 아버지 명성으로 힘든 나날을 보냈다고 알려져 있는 것처럼 말이야.

엘리 그렇군요. 하이젠베르크는 장수했나요?

베르너 하이젠베르크와
엘리자베스 슈마커

바리 신장암으로 1976년 2월 1일 만 74세의 나이로 세상을 떠났어. 하이젠베르크가 떠나고 4년 후에 하이젠베르크의 부인 엘리자베스는 그를 기리는 『비정치적인 사람의 정치적 인생: 베르너 하이젠베르크의 추억*Das Politische Leben Eines Unpolitischen: Erinerungen an Werner Heisenberg*』이라는 책을 내기도 했단다. 이 책에서 엘리자베스는 베르너 하이젠베르크가 뛰어난 과학자이면서 재능이 많은 예술가였다고 회고했어. 실제 하이젠베르크의 취미 중 하나가 고전음악이었고, 아주 훌륭한 피아니스트였다는구나.

울리 물리학과 음악은 같은 재능인가 봐요. 플랑크, 아인슈타인, 하이젠베르크까지 모두 음악을 아주 잘했다니요.

엘리 우리도 가끔 악기 연습을 하자. 그럼 물리를 잘할 수 있을지도 모르잖아. 히히-

17 보어의 원자모형에서 전자는 특정한 궤도에만 있을 수 있다구요?

톰슨 → 러더퍼드 → 보어의 원자모형

오랜만에 과학반 모임이 있어서 울리와 엘리는 방과 후 과학실로 갔다. 오늘의 주제는 인간의 몸을 구성하는 단백질에 관한 것이었다. 분자모형을 만들 수 있는 재료들이 실험대 위에 잔뜩 놓여 있었는데, 크기가 가장 작은 하얀 구슬이 제일 많았고, 다음이 빨간 구슬, 까만 구슬 순이었다. 과학반 선생님은 학생들에게 우리 몸을 이루는 총 원자의 수 중 수소는 약 60%, 산소는 약 25%, 탄소는 약 10% 정도를 차지한다고 이야기해주었다. 울리는 원자핵과 전자로 되어 있는 원자를 딱딱한 구슬로 대신하는 것이 못마땅하기도 하고, 원자의 자세한 구조가 궁금하기도 하여 엘리에게 집에 가는 길에 바리 교수한테 가자고 했다.

바리 원자 구조가 궁금해서 찾아왔다니 기쁘네. 대학에서 강의할 때도 공부 잘하는 학생보다는 궁금한 걸 질문하는 학생이 많을수록 신나거든.

울리 정말요? 선생님들은 질문하면 귀찮아하시는 줄 알았어요.

바리 다른 학문도 그렇겠지만, 특히 과학은 의문과 질문으로부터 발전하는 거야. 질문은 학생들의 권리고 답을 하는 건 선생들의 의무지. 하하- 암튼 그렇지 않아도 보어의 업적을 얘기하고 싶었는데 잘 되었네.

엘리 코펜하겐의 보어요?

울리 전 왜 자꾸 가수가 떠오를까요?

바리 하하- 그래? 그럼 이제 이름까지 붙여서 닐스 보어라고 할까? 아니면 풀네임으로 닐스 헨리크 다비드 보어라고 할까?

울리 너무 길어요. 닐스 보어가 좋겠어요. 히히-

바리 원자가 아주 작고, 딱딱하고, 깰 수 없는 공과 같다고 본 것은 뉴턴 시대의 모형이야. 이런 모형으로 기체의 운동이론이 잘 정립되기도 했고 말이야.

엘리 뉴턴역학은 상대성이론이나 양자이론으로 인해 완벽하지 않다는 것을 알게 되었으니, 이런 원자모형도 결국 문제점이 있었을 것 같아요.

바리 그렇겠지? 닐스 보어의 원자모형을 이해하려면 그 이전의 연구에 대해서 먼저 얘기해야 해. 원자에 대해서는 그전에도 연구를 많이 했는데, 특히 1860년부터 1885년 사이에 희박한 기체들이 방전하면서 내놓는 방출 스펙트럼emission spectrum에 관한 실험 연구 결과가 많이 발표되었어.

울리 어? '에너지-시간 불확정성원리를 이용해서 진동수의 오차를 알 수 있다'고 하신 그 방출 스펙트럼이요? (4권 15화 참조)

바리 그래~ 참, 빛의 스펙트럼을 '빛띠'라고 번역하니 우리도 '방출빛띠'라고 부르자. 방출빛띠는 기체의 종류마다 패턴이 다를 뿐 아니라 연속적이지 않은 특별한 진동수의 빛들만 나타내서 당시로서는 전혀 이해할 수 없는 현상이었지. 왜 기체마다 다르고 특정한 빛만 방출되는지 말이야.

엘리 특별한 진동수의 빛만 나온다는 것을 보니 여기도 양자이론을 적용해야 하는 거네요.

울리 그러게. 플랑크의 양자가설이 나오기도 전인 1800년대 말에 한 실험 결과니 당시로서는 정말 미스터리였겠어요.

바리 그렇지. 근데 수소의 방출빛띠 중 4개의 가시광선 파장(λ)을 설명하는 실험식을 1800년대 후반 요한 야코프 발머Johann Jacob Balmer라는 스위스의 한 여학교 수학 선생님이 찾아낸 거야.

엘리 수학 선생님이요?

바리 그래. 발머는 수학 박사학위를 가진 사람이었는데, 어느날 그의 물리학자 친구 에드아르트 하겐바흐Eduard Hagenbach가 4개의 파장 값을 주며 관계를 찾아보라고 했대. 그러자 놀랍게도 발머는 $\lambda = 364.6\text{nm}\left(\dfrac{n^2}{n^2-2^2}\right)$, $n=3, 4, 5, 6$이라는 식을 얻었어. 1885년 그의 나이 60세에 말이야.

엘리 와~ 4개의 파장 값으로 저런 식을 얻었다고요? 신기하네요.

바리 그래서 발머는 수학계보다 물리학계에서 더 유명해. 또 당시 비슷한 연구를 하고 있던 스웨덴의 물리학자 요한네스 로베르트 뤼드베리Johannes Robert Rydberg가 1888년에 발머의 저 식을 모든 수소빛띠에 적용할 수 있는 일반식 $\frac{1}{\lambda}=R_H\left(\frac{1}{m^2}-\frac{1}{n^2}\right)$, $n>m$을 찾아냈어. 여기서 $R_H=1.0973732\times10^{-7}/\mathrm{m}$로 수소의 '뤼드베리 상수Rydberg constant'라고 부른단다.

울리 수학을 잘해도 물리학에 큰 공헌을 할 수 있는 거네요. 저 일반식에서 m도 정수인가요?

바리 그래. $m=2$일 때의 관계식 $\frac{1}{\lambda}=R_H\left(\frac{1}{2^2}-\frac{1}{n^2}\right)$, $n>2$는 조금 정리하면 발머가 찾은 식과 동일해서 지금은 '발머 계열Balmer series'이라고 부르지. $m=1$일 때의 빛띠는 자외선 영역인데, 1906년 처음 발견한 학자의 이름을 따서 '라이만 계열Lyman series'이라고 하고, $m=3$에 해당하는 빛띠 역시 1908년 처음 발견한 학자의 이름을 따서 '파셴 계열Paschen series'이라고 부른단다. 양의 정수 n과 m이 의미하는 것을 알려면 양자이론이 들어와야 하는데 저 당시에는 전혀 모르는 상태에서 실험 결과에

〈수소 방출빛띠〉

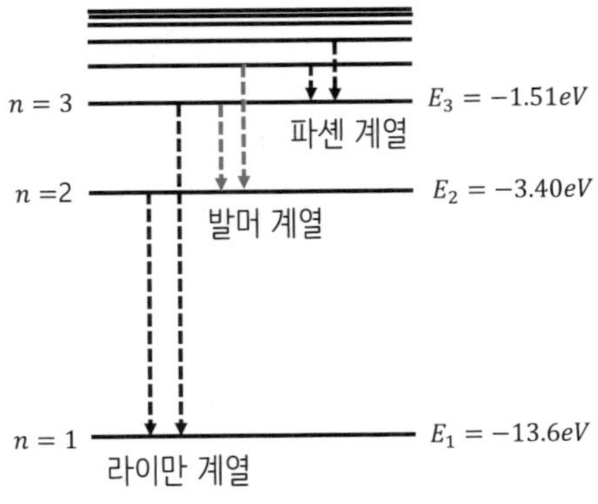

맞는 식을 찾은 거지.

엘리 이론 없이 구한 식으로 수소가 내놓는 모든 빛의 파장을 구할 수 있었다니 정말 대단해요.

바리 그렇지? 더구나 보이지도 않는 가시광선 바깥 영역의 빛도 방출되는 것을 예측할 수 있게 해서 라이만이나 파셴이 찾을 수 있었던 거니까 말이야. 이런 방출빛띠는 원자마다 모두 다르기 때문에 원자의 지문인 셈이지.

울리 정말 말 그대로 원자에 고유 지문이 있는 거네요. 근데 저 식들이 이론적으로 설명이 되긴 한 거죠? 그 증명을 닐스 보어가 한 건가요?

바리 사실 발머가 찾은 실험식에 대한 이론적 증명은 거의 30년간 나오지 않았어. 그러다 1913년에 닐스 보어가 새로운 원자모형을 제안하며 수소의 방출빛띠에 관한 이론식을 구했는데, 그게 정확하게 실험식과 일치했지.

엘리 그 모형이 지금 우리가 사용하는, '원자핵을 중심으로 전자가 돌고 있다'는 모형인가요?

바리 그건 보어가 아니라 어니스트 러더퍼드Ernest Rutherford가 제안한 거야. 1897년 전자를 발견한 조지프 존 톰슨은 양(+)전하가 고르게 퍼져 있는 공간에 전자가 여기저기 박혀 있는 원자모형을 제안했어. 근데 톰슨의 제자였던 러더퍼드가 1911년에 톰슨의 원자모형으로는 설명할 수 없는 실험 결과를 얻었던 거야.

울리 어떤 실험이었는데요?

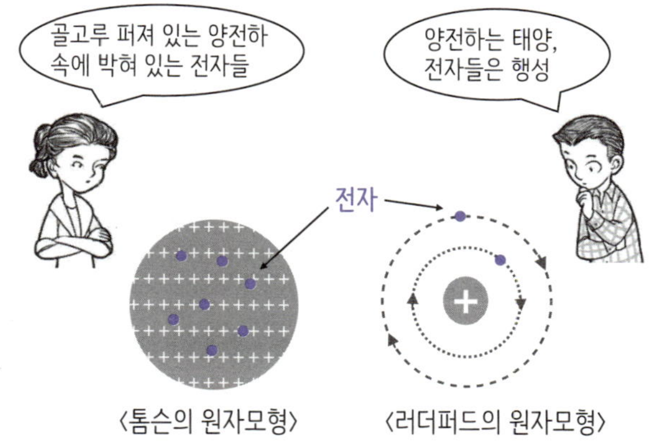

〈톰슨의 원자모형〉 〈러더퍼드의 원자모형〉

바리 아주 얇은 금속박막에 의한 '알파입자α-particle'의 산란 실험이었어. 알파입자란 헬륨의 전자 2개를 모두 뺀 것으로, 질량은 수소원자의 약 4배고, 전하량은 $+2e$인 입자야. 이 실험에서 일부 알파입자는 금속박막을 뚫고 지나갔지만 일부는 아주 큰 각도로 산란을 하고, 심지어 들어간 방향과 반대 방향으로 튕겨 나오기도 한 거야. 러더퍼드는 '휴지를 향해 탄환을 쐈더니 탄환이 튕겨서 나를 맞춘 것'과 같은 놀라운 결과라며 양(+)전하가 넓게 퍼져 있다면 불가능한 일이라고 했지.

엘리 와~ 그런 상황이라면 정말 놀랐겠어요.

바리 그래서 러더퍼드는 원자의 양(+)전하는 모여 있어야 한다고 제안했고 그걸 '원자핵'이라고 불렀어. 전자들은 원자핵으로부터 멀리 떨어져 있는 것이 마치 태양계 같다며 소위 원자의 행성모형을 만든 거지.

울리 그럼 닐스 보어의 원자모형은 뭐예요? 우린 지금도 원자의 행성모형을 사용하고 있잖아요.

바리 이제 보어 얘기를 해야지. 러더퍼드의 원자모형은 특정한 파장의 빛만 내는 원자 방출빛띠를 전혀 설명할 수 없었어. 그리고 더 심각한 건, 맥스웰의 전자기파에 의하면 그런 원자가 존재할 수 없다는 거였지.

엘리 왜요? 지금도 원자를 행성모형으로 배우는데 어떻게 된 거죠?

바리 원자핵 주위를 도는 전자는 가속운동을 하는 것이고, 가속운동하는 전자는 전자기파를 방출하거든. 전자기파를 방출하는 것은 에너지를 잃는 것이라 전자는 점점 줄어든 반경의 원운동을 하게 되어 순식간에 핵과 붙어버려야 한다는 결론이 나와서 안정적인 원자로 존재할 수 없는 거야.

울리 아, 그런 뜻이 되는군요. 태양 주위를 도는 지구와는 완전 다른 결과네요.

바리 전하를 가진 전자기 때문이지.

울리 이 문제를 모두 해결한 사람이 닐스 보어였군요.

바리 그렇지. 1913년에 닐스 보어는 새로운 원자모형을 발표했는데, 뉴턴역학, 러더퍼드의 원자모형, 플랑크의 양자가설, 그리고 아인슈타인의 광자까지 모두 이용한 모형이었어.

엘리 와~ 대단하네요. 역시 양자이론도 들어가고요~

바리 그렇지. 보어의 수소원자모형에 의하면, 전자는 핵에 있는 양성자와의 인력으로 원운동을 하지만, 가속운동임에도 전자기파를 방출하지 않는 특별한 궤도에서만 움직이고, 또 전자는 높은 에

〈보어의 수소원자모형〉

너지 궤도에서 낮은 에너지 궤도로 떨어질 수 있는데 이때 에너지 차이에 해당하는 진동수의 광자를 내놓는다는 거야.

울리 특별한 궤도요? 어떤 궤도인데 가속운동을 하면서도 전자기파를 내놓지 않을 수 있어요?

바리 플랑크상수의 단위가 각운동량의 단위와 같다는 것은 여러 번 나왔었지? 닐스 보어는 이 특별한 전자궤도의 각운동량이 플랑크상수를 2π로 나눈 $\frac{h}{2\pi}$의 정수 배와 같다고 가정했단다. 즉 전자의 각운동량 $m_e v r_n = n\frac{h}{2\pi}$, $n=1, 2, 3, \cdots$이라는 거지. 여기서 m_e, v, r_n은 각각 전자의 질량, 속력, 핵으로부터 전자궤도까지의 거리야. 이렇게 가정하고 전자의 n번째 궤도에너지를 구했더니 $E_n = -\frac{13.6}{n^2}\text{eV}$가 나온 거야.

울리 플랑크상수의 단위가 '에너지×시간' 또는 각운동량의 단위와 같다는 게 많은 걸 의미하는군요. 근데 에너지가 음수예요?

바리 전자가 원자 안에 갇혀 있다는 의미야. 수소원자에서 전자가 가질 수 있는 에너지 궤도가 구해지니 $E_{n_i} - E_{n_f} = hf = h\frac{c}{\lambda}$를 이용하면, 전자가 높은 에너지($E_{n_i}$)에서 낮은 에너지($E_{n_f}$) 궤도로 떨어지면서 내놓는 광자의 파장 λ가 구해지겠지?

엘리 뭔가 퍼즐이 맞춰지는 느낌인데요. 방출빛띠를 설명하는 식이 나올 것 같은 느낌이고요.

바리 맞아. 정확하게 뤼드베리가 구한 식 $\frac{1}{\lambda} = R_H\left(\frac{1}{n_f^2} - \frac{1}{n_i^2}\right)$, $n_i > n_f$가 나온 거야. 기호는 m이 n_f, n이 n_i로 바뀌었지만 말이야.

엘리 이론으로 실험식을 구한 거네요. 러더퍼드 원자모형의 문제점도 해결하고 방출빛띠까지 설명하다니요.

바리 어마어마하지? 덕분에 닐스 보어는 1922년에 노벨물리학상을 수상한단다.

울리 그럼 닐스 보어의 원자모형이 가장 정확한 원자모형인가요?

바리 (띵동띵동~) 앗, 치킨 왔나 보다. 일단 맛있게 먹고, 답은 차차 얘기해줄게~

울리 오~ 예~~

엘리 계속 설명하시면서 언제 치킨을 시키셨어요? 헤헤-

바리 교수의 물리노트 17

- 원자의 방출빛띠emission spectrum: 원자 내 전자가 높은 에너지 상태에서 낮은 에너지 상태로 떨어지며 방출하는 빛의 분포로 원자마다 고유한 방출빛띠 패턴을 지닌다.
- 보어의 원자모형
  - 원자 속 전자는 각운동량이 $\frac{h}{2\pi}$의 정수 배인 궤도에서만 안정된 상태다.
  - 안정된 상태의 높은 에너지 궤도와 낮은 에너지 궤도 사이를 오갈 때는 그 궤도에너지 차이에 해당하는 에너지를 가진 광자를 방출하거나 흡수한다.
  - 수소원자에 적용하면, 전자궤도 에너지 $E_n = -\frac{13.6}{n^2}\mathrm{eV}$와, 전자가 높은 에너지 궤도($n_i$)에서 낮은 에너지 궤도($n_f$)로 떨어질 때 방출하는 광자의 파장이 뤼드베리의 실험식과 일치하는 식 $\frac{1}{\lambda} = R_H\left(\frac{1}{n_f^2} - \frac{1}{n_i^2}\right)$, $n_i > n_f$가 구해진다.

18 보어의 원자모형에서 전자는 정상파라구요?

보어의 원자모형과 물질파/상보성원리/대응원리

엘리와 울리는 배달된 간장치킨과 양념치킨을 함께 먹으며 바리 교수의 이야기를 들었다. 러더퍼드는 원자 구조를 정확히 설명하진 못했지만 핵물리학의 아버지라고 불리며, 1908년에는 노벨화학상을 수상했다고 한다. 또, 보어의 원자모형에서 전자가 있을 수 있는 가장 낮은 에너지 궤도를 '바닥상태ground state'라고 하고, 이 바닥상태의 전자궤도 반지름을 '보어 반지름Bohr radius'이라고 부르는데, 수소원자의 보어 반지름은 약 0.05nm, 다른 궤도(n) 반지름은 '보어 반지름 $\times n^2$'에 비례한다는 이야기도 들었다.

울리 그러고 보니 원자모형을 제안했던 톰슨, 러더퍼드, 보어 모두 노벨상을 받았네요.

바리 하지만 원자모형으로 상을 받은 사람은 보어뿐이지. 전자회절 실험으로 데이비슨과 함께 1933년 노벨물리학상을 수상한 조지 패짓 톰슨이, 전자의 발견으로 1906년 노벨물리학상을 받은 조지프 존 톰슨의 아들이란 얘기는 전에 했지? 놀랍게도 1922

년 노벨물리학상을 받은 닐스 보어의 아들 오게 닐스 보어Aage Niels Bohr 역시 1975년에 노벨물리학상을 받았단다.

엘리 아, 너무해요. 노벨과학상을 하나도 못 받은 나라도 많은데 한 나라에서, 그것도 부자가 모두 노벨물리학상을 받다니요.

바리 너희가 희망이라니까~

울리 그렇죠. 저희가 희망이죠. 헤헤- 근데 보어의 원자모형도 진짜 원자의 모습은 아닌가 본데 뭐가 잘못된 거예요?

바리 양자역학이 완성되면서 전자가 실제 궤도운동을 하는 것은 아니라는 걸 알게 되었는데, 양자역학적 해석은 나중으로 미룰게. 그보다 먼저 보어의 원자모형을 드 브로이의 물질파와 연결시켜 보려고 해.

울리 물질파도 관계가 있어요?

엘리 물질파는 보어의 원자모형보다 훨씬 뒤에 제안된 거잖아요?

바리 맞아. 보어의 원자모형은 1913년에, 드 브로이의 물질파 개념은 1924년에 제안되었지.

울리 아~ 물질파를 나중에 보어의 원자모형에 적용한 거군요.

바리 그래. 보어는 전자가 높은 에너지 궤도에서 낮은 에너지 궤도로 떨어지면서 특정 파장의 빛을 낼 수 있을 뿐만 아니라(방출빛띠), 반대로 특정 파장의 빛만을 흡수해서 낮은 에너지 궤도에서 높은 에너지 궤도로 올라갈 수도 있다(흡수빛띠absorption spectrum)고 해서 수소원자의 방출빛띠와 흡수빛띠를 모두 설명했지만, 전자가 특정한 에너지 궤도에서 왜 안정적인가에 대한 설명은 하지 않았어.

엘리 오~ 전자를 파동이라고 생각하면 왜 특정한 궤도가 안정적인지 설명할 수 있나 보네요?

바리 그렇지. 드 브로이의 물질파 개념으로 보어의 원자모형에서 안정적인 전자궤도를 해석해보면, 다름 아닌 전자파동electron wave의 '정상파standing wave 조건'을 만족하는 궤도라는 거야.

엘리 정상파 조건이 뭔데요?

바리 정상파 조건은 '특정한 전자궤도의 둘레 $2\pi r_n$이 전자의 물질파 파장 λ의 정수 배인 경우'를 의미하는데, 궤도 둘레가 파장의 정수 배면 전자가 에너지를 잃지 않고 정상파처럼 안정적으로 궤도운동을 할 수 있다는 거지. 그럴듯하지?

엘리 그럼 전자의 각운동량이 플랑크상수에 비례한다는 식도 나오나요?

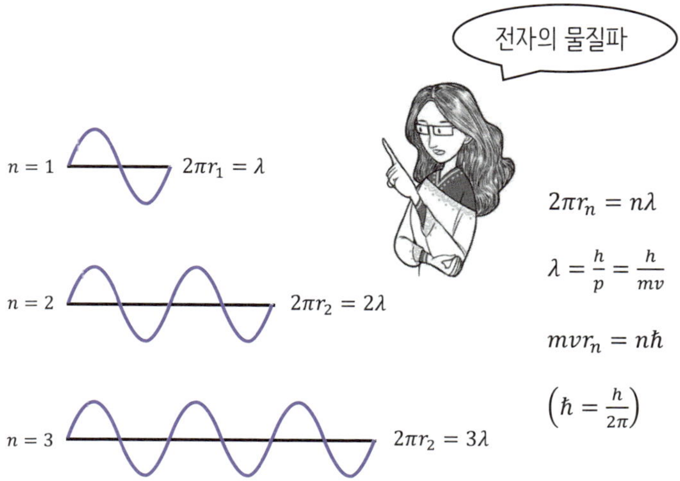

바리 구해볼까? 궤도 둘레 $2\pi r_n = n\lambda$인데, 드 브로이의 물질파 파장 $\lambda = \frac{h}{mv}$를 넣으면 $mvr_n = n\frac{h}{2\pi}$가 되니 보어의 특정 궤도 조건과 일치하는 놀라운 결과를 얻게 된단다.

울리 와~ 보어의 각운동량 조건이 나오네요.

바리 이 시점에서 새로운 기호를 하나 정의하고 넘어가자. 양자역학에서는 아주 빈번히 나오는 기호인데, '에이치 바'라고 읽는 $\hbar = \frac{h}{2\pi}$란다. 그러면 보어의 원자모형에서 전자의 각운동량은 $\hbar$의 정수 배란 뜻이고, 하이젠베르크의 불확정성원리는 $\Delta x \Delta p_x \geq \frac{\hbar}{2}$가 되지.

엘리 2π를 없애니 간결해 보이네요.

울리 어? 그럼 광자의 에너지 hf를 $2\pi\hbar f$로 써요? 에너지는 더 복잡해 보이는데요.

바리 울리가 바로 광자의 에너지를 떠올렸네. 그래서 각진동수 $\omega = 2\pi f$를 정의해서 광자의 에너지 hf를 $\hbar\omega$로 쓴단다.

울리 아, 다시 간결해졌네요. 헤헤-

바리 다시 보어의 원자모형으로 돌아오면, 전자의 각운동량 양자화 가정, 즉 $mvr_n = n\hbar$는 획기적인 동시에, 비로소 드 브로이의 물질파 가설로 이해가 가능했던 거야.

엘리 드 브로이의 물질파 가설이 엄청 큰 공헌을 한 거네요.

바리 보어의 원자모형을 확실히 뒷받침해준 거지. 파동이라고 알고 있었던 빛이 입자의 특성을 보인다는 연구들로 줄줄이 노벨물리학상(1918년 플랑크, 1921년 아인슈타인, 1922년 보어)을 받을 때까지 입자의 파동성에 대한 연구는 발표되지 않았으니 말이야.

엘리 보어가 제일 좋아했겠어요.

바리 1927년 보어는 당시로서는 매우 혼란스러웠던 파동과 입자의 이중성을 '상보성원리complementarity principle'로 설명했단다.

울리 1927년도 특별한 해인가 봐요. 벌써 여러 번 나온 것 같아요.

엘리 그러게요. 하이젠베르크의 불확정성원리, 데이비슨-거머의 전자 회절 실험, 그리고 보어의 상보성원리….

울리 헐~ 그걸 다 기억해?

엘리 배운 지 얼마 안 되었잖아. 근데 상보성원리는 뭐예요? 상호보완, 뭐 이런 것 같긴 하지만요.

바리 맞아. 상보성원리는 '상반되는 두 가지 특성이 동일한 실체에 상호보완적으로 혼재해 있다'는 원리야. 입자성과 파동성은 상반되는 특성이라 동시에 나타나진 못하지만, 파동에 대한 실험을 한다면 파동성만 보이고, 입자에 대한 실험을 하면 입자성만 보이는 것이 본질이라는 거지. 보어의 상보성원리는 양자역학의 철학적 기반이 되었고 말이야.

보어 가문의 문장

울리 양자역학에 철학까지요?

바리 하하- 보어는 상보성원리를 동양의 음양설과 동등시하기도 해서 자신의 가문을 상징하는 문장coat of arms에 음양 그림을 넣고, "Contraria sunt complementa"라고 써넣었다고 해. '상반되는 것이 상보적이다'라는 뜻이라는구나.

엘리 와~ 문장을 직접 디자인했다고요?

울리 우리가 노벨상은 못 받더라도 문장은 디자인할 수 있지 않을까요? 오늘부터 고민 좀 해봐야겠어요. 문장 안에 어떤 문구를 새겨넣을지요. 헤헤-

엘리 근데 양자이론에서는 에너지가 어떤 특정한 값들만 가지잖아요? 그럼 우리가 평소에 경험하는, 어떤 값이든 가질 수 있는 에너지는 어떻게 얻어요? 양자이론이 더 정확한 이론이면 우리가 경험하는 에너지도 설명할 수 있어야 하잖아요.

울리 저도 그게 궁금했어요. 상대성이론에서는 물체의 속도가 광속보다 훨씬 느리면 우리가 경험하는 것과 같은 결과를 준다고 하셨잖아요? 양자이론에서 불연속적인 에너지가 언제 연속적인 에너지가 되죠?

바리 아주 훌륭한 질문이야. 보어의 원자모형이 발표된 당시에도 그런 의문들이 나왔어. 더구나 그때는 물질파는 물론이고, 양자역학이론이 완성되기 전이니까 말이야. 보어는 1920년에 양자이론과 고전물리학을 연결하는 '대응원리correspondence principle'라는 것을 내놓는단다.

울리 원리가 많이 나오네요.

바리 보어의 대응원리는 '에너지 궤도들 간의 간격이 아주 작아지면 양자물리는 고전물리와 일치한다'는 거야. 에너지 궤도들이 충분히 가까이 붙어 있으면 에너지가 연속적으로 보일 테니까 말이야.

엘리 에너지 궤도들 간의 간격이 언제 작아지는데요?

바리 양자수 n이 아주 클 때지. 다시 보어의 수소원자모형의 결과를 보면, 전자궤도의 에너지 $E_n = -\frac{13.6}{n^2}$eV잖아? 핸드폰 계산기를 이용해서 E_1과 E_2를 비교하고, E_{100}과 E_{101}을 비교해볼래?

엘리 $E_1 = -13.6\text{eV}$, $E_2 = -3.4\text{eV}$

울리 $E_{100} = -0.00136\text{eV}$, $E_{101} = -0.0013332026\text{eV}$인데요?

바리 E_1과 E_2는 차이가 많이 나지만, E_{100}과 E_{101}의 차이는 아주 작지? 이렇게 n이 커질수록 에너지 궤도가 가까이 붙게 되어 결국 연속적인 에너지로 보인다는 것이 대응원리야.

울리 와~ 그렇군요.

바리 $n = 100$일 때만 하더라도 에너지 간의 차이가 아주 작은데 $n > 10,000$이라면 어떻겠어? 전자궤도 에너지들이 정말 거의 연속적이어서 고전물리학으로 이해할 수 있는 결과와 일치하겠지?

울리 지금까지는 보어의 원자모형이 완벽한 것 같은데 뭐가 문제인 걸까요?

바리 그렇지? 근데 분광 기술이 좋아지면서, 단일파장들로 되어 있는 줄 알았던 수소원자의 빛띠가 사실은 여러 파장의 빛이 조밀하게 있었던 거라는 걸 알게 되었어. 보어의 원자모형으로는 설명되지 않는 거였고 말이야. 힘들지? 조금 쉬자~

바리 교수의 물리노트 18

- 보어 원자모형에서 전자의 각운동량 $mvr_n = n\hbar$의 조건은 드 브로이의 물질파가 정상파를 형성하는 조건 $2\pi r_n = n\lambda$, $\lambda = \frac{h}{mv}$와 일치한다. 여기서 $\hbar = \frac{h}{2\pi}$다.
- 보어의 상보성원리complementarity principle: 상반되는 두 가지 특성이 동일한 실체에 상호보완적으로 혼재해 있다는 원리로 양자역학의 철학적 기반이다.
- 보어의 대응원리correspondence principle: 양자에너지 궤도들 간의 간격이 아주 작아지면(양자수 n이 아주 커지면) 양자물리는 고전물리와 일치한다.

19 고전물리와 양자물리의 가교자, 닐스 보어

Niels Bohr, 1885~1962

바리 교수는 울리와 엘리를 데리고 마당으로 나갔다. 아린이가 신나서 달려와 꼬리를 흔들었다. 울리와 엘리는 이제 아린이 간식이 어디에 있는지도 알기에 알아서 간식을 꺼내 들었다. 아린이는 얌전히 앉아 여전히 꼬리를 치며 빨리 달라는 눈빛으로 울리와 엘리를 번갈아 쳐다보고 있었다. 엘리는 간식을 주며 바리 교수에게 닐스 보어의 삶에 대한 이야기도 해달라고 청했다.

바리 닐스 헨리크 다비드 보어Niels Henrik David Bohr(1885~1962)가 수소원자의 방출빛띠에 관한 설명을 성공적으로 했다고 했잖아?

엘리 발머가 실험식을 찾은 뒤 거의 30년 만이었다고 하셨죠.

바리 근데 재미있게도 닐스 보어가 태어난 해가 바로 발머가 방출빛띠에 대한 식을 찾은 해인 1885년이란다.

울리 와~ 운명적인 건가요? 헤헤- 실험식을 찾은 해에 태어난 아이가 자라서 이론식을 찾다!!

바리 하하- 닐스 보어는 1885년 10월 7일에 덴마크의 수도 코펜하겐에서 태어났어.

엘리 참, 코펜하겐에 인어 동상이 있죠?

바리 맞아. 1913년 칼스버그재단의 회장이 의뢰해서 제작된 동상인데, 지금은 코펜하겐의 상징적인 명소가 되었지. 그건 그렇고, 닐스 보어의 아버지 크리스티안 보어는 코펜하겐 대학교의 생리학 교수였고 어머니 엘렌 아들러 보어는 금융 및 정계에서 잘 알려진 유대계 집안 출신이었대. 특히 아버지 크리스티안 보어는 생리학 분야에서 지금은 '보어효과'라고 부르는 현상을 처음 발견한 사람이고, 노벨상 후보에도 두 번이나 올랐었지.

엘리 외국 학자들은 주로 성을 부르니까, 이렇게 부모와 자식이 업적을 내면 누가 누구인지 정말 헷갈리겠어요. 근데 참 대단한 집안이네요. 닐스 보어는 아들도 노벨상을 수상했다면서요.

바리 그렇지? 그래서 그런 경우는 이름까지 붙여서 부르지. 닐스 보어에게는 누나와 남동생이 있었는데, 누나는 교사를 했고 남동생은 국가대표 축구선수를 했던 수학자였단다.

울리 국가대표 축구선수가 언제 공부를 해서 수학자가 되었대요?

바리 대단하지? 동생 하랄 보어는 1908년 런던에서 열린 하계올림픽에도 참가했는데, 바로 다음해인 1909년에 수학 석사학위를, 또 다음해인 1910년에 수학 박사학위를 받았고, 1930년에는 코펜하겐 대학교 수학과 교수가 되었다고 하니 말이야. 이런 동생처럼 닐스 보어도 축구를 아주 잘했다고 해.

엘리 이번에는 음악이 아니라 축구네요. 수학자, 물리학자가 축구도 잘했다니 신기하고 부러워요.

바리 그러게. 닐스 보어는 어릴 때부터 작문을 빼고는 모든 과목에서 우수해 항상 1등을 했다고 해. 18세였던 1903년에는 코펜하겐 대학교에 입학해서 물리학을 공부했는데, 당시 코펜하겐 대학교에는 물리학 교수가 한 명뿐이었대.

울리 지도교수가 자동으로 정해지는 거군요.

바리 그래. 크리스티안 크리스티안센Christian Christiansen이라는 물리학자였지. 우수했던 닐스 보어는 1905년 덴마크 왕립 과학 및 인문 아카데미가 주관하는 표면장력 과제에서 금메달을 받았는데, 예전에 같은 대회에서 은메달을 받았던 아버지 보어를 능

가한 것이었지. 그리고 1911년 5월에 금속 내의 전자이론에 대한 연구로 박사학위를 받았어.

울리 아버지와 아들이 모두 메달리스트네요. 근데 국가대표였던 축구선수 동생보다 박사학위를 늦게 받았네요.

바리 그러게…. 전자를 발견해서 1906년에 노벨상을 수상한 톰슨을 매우 존경했던 닐스 보어는 박사학위를 받은 후 칼스버그재단의 후원으로 1911년 9월에 영국 케임브리지 대학교 캐번디시연구소의 톰슨을 방문했어.

엘리 와, 엄청 영광이었겠네요. 거기서 톰슨과 함께 원자모형을 발전시켰나 보네요?

바리 그랬으면 좋았겠지만, 사실 보어가 영어를 잘 못해서 톰슨과 소통이 어려웠다고 해. 톰슨이 세심히 지도하는 스타일도 아니었고 말이야. 그러다 11월에 아버지 친구를 만나러 영국 맨체스터에 방문한 보어는, 그곳에서 맨체스터 대학교의 러더퍼드를 소개받은 것이 인연이 되어 1912년 4월부터 맨체스터로 이주해 러더퍼드와 함께 연구를 하게 되었지. 러더퍼드 원자모형을 이끈 실험 결과가 1911년에 나왔으니 보어에게는 원자핵과 전자의 관계에 큰 관심을 갖는 기회가 된 거였어.

울리 아버지 친구를 만나러 갔다가 뜻하지 않은 인연이 생긴 거네요.

바리 당시 러더퍼드연구소에는 진화론으로 유명한 찰스 다윈의 손자 찰스 골턴 다윈이 부교수로 있었는데, 보어의 연구에 많은 영감을 준 이론물리학자였다고 알려져 있으니 보어한테는 이 시기가 매우 특별하긴 했을 거야.

엘리 역시 유전자가 중요한가 봐요. 제가 유명한 학자가 못 되면 조상을 탓해야겠어요. 헤헤-

바리 하하하- 맨체스터에는 그리 오래 있지 않았는데, 1910년부터 사귄 마르그레테 뇌르룬트와 1912년 8월에 결혼식을 올렸거든. 신혼여행을 노르웨이로 떠났는데, 맨체스터에서부터 연구하던 논문을 그곳에서 마무리 지었다고 하네.

닐스 보어와 마르그레테 뇌르룬트

엘리 신혼여행지에서요? 신부가 싫어했을 것 같은데요.

바리 보어가 작문 실력이 썩 좋진 않았다고 했잖아? 그래서 보어가 논문 내용을 말하면, 마르그레테가 받아 적었대. 심지어 보어의 영어도 고쳐줬다고 하니 환상의 콤비였지. 결혼 후 꽤 오랫동안 마르그레테가 보어의 논문을 받아썼다고 하거든.

울리 고마운 부인이었네요~ 히히-

바리 1912년 9월부터 코펜하겐 대학교에서 강의를 시작한 닐스 보어는 원자모형에 관한 연구를 계속했는데, 이미 얘기한 것처럼 전자의 각운동량을 양자화해서 안정된 원자모형을 거의 만들었을 즈음인 1913년 2월에 괴팅겐에서 분광학을 연구하고 돌아온 친구로부터 수소원자의 빛띠와 발머 공식에 대한 설명을 듣게 되었지.

울리 와~ 그럼 그전까지는 발머 공식을 모르고 있었어요?

바리 그렇대. 닐스 보어는 발머 공식을 보자마자 자신의 원자모형을 더욱 명확히 확신하게 되어 1913년 7월에 발표했고, 보어의 발표 내용에 대해 원로 학자들은 회의적이었지만 아인슈타인은 극찬을 했다고 해.

엘리 역사적 연구 결과가 나오는 과정을 들으니 극적인 요소들도 있는 것 같아 흥미진진하네요. 닐스 보어는 아버지 보어와 같은 대학에서 동시대에 교수를 했나요?

바리 아버지 보어는 1911년에 세상을 떠났고, 닐스 보어는 1916년에 코펜하겐 대학교의 정교수가 되었으니 아버지와 함께 교수 생활을 하진 못했지. 동생 보어와는 같은 대학에서 함께 교수 생활을 했지만 말이야.

엘리 아, 그렇군요. 그래도 삼부자가 모두 코펜하겐 대학교의 교수였다니 대단하네요.

바리 닐스 보어의 아들 오게 닐스 보어도 1956년에 코펜하겐 대학교의 물리학과 교수가 되었으니 삼대에 걸친 성과였다고도 볼 수 있지. 아무튼 교수가 된 닐스 보어는 1921년 코펜하겐 대학교 내에 정부와 맥주 회사인 칼스버그재단의 지원으로 이론물리학연구소를 설립했는데, 당시 유명한 물리학자들은 모두 이 연구소를 방문했고, 양자역학의 정통 해석이라 불리는 '코펜하겐 해석'의 산실이 되었단다. 지금은 '닐스보어연구소'로 알려져 있고 말이야.

울리 맥주 회사가 좋은 일을 했네요.

바리 그렇지? 그래서 당시 칼스버그 맥주는 물리학자들의 공식 맥주였단다.

오게 닐스 보어(왼쪽)와 닐스 보어(오른쪽)

울리 저도 얼른 커서 칼스버그 맥주를 좀 마셔줘야겠어요. 히히-

칼스버그 맥주를 마시는
베르너 하이젠베르크 (왼쪽)와 닐스 보어(오른쪽)

엘리 같이 마시자~ 헤헤- 근데 닐스 보어가 학생일 때는 교수가 한 명뿐이었던 물리학과가 닐스 보어 덕분에 엄청 발전한 거네요.

바리 그런 셈이지. 닐스 보어의 원자모형은 나중에 조머펠트와의 공동 연구로 수소원자를 더욱 잘 설명할 수 있었지만, 두 번째로 간단한 원자인 헬륨은 성공적으로 설명할 수 없었어. 그래서 하이젠베르크와 슈뢰딩거의 양자역학이 탄생한 후 '고전양자론'이라는 이름으로 물러나게 되었단다. 닐스 보어는 늘 고전물리학을 염두에 두면서 양자이론을 적용했기 때문에 고전물리학과 양자물리학의 다리 역할을 한 물리학자라는 평을 받고 있지. 닐스 보어의 대응원리가 대표적인 예라고 할 수 있고 말이야.

엘리 닐스 보어는 자녀가 몇 명이었어요?

바리 아들만 여섯이었는데, 두 아들은 사고와 병으로 일찍 죽었지만 아까 말한 대로 오게 닐스 보어는 1975년에 노벨물리학상을 받은 핵물리학자였고, 다른 아들들도 내과의사, 화공학자, 변호사로 잘 자랐다고 해. 특히 변호사였던 에르네스트 보어는 1948년 하계올림픽에 국가대표 하키선수로 출전도 했다네.

울리 그 집안은 역시 운동 유전자도 탁월한가 봐요. 한 집안에서 국가대표를 대를 이어 하다니요.

바리 부정하기 힘들지? 거기에 부자가 노벨물리학상을 수상했으니 대단한 유전자라고 할밖에. 노벨상 집안으로 치자면 노벨상을 4번 수상한 퀴리 집안이 단연코 최고지만 말이야.

엘리 나중에 마리 퀴리 이야기도 해주세요. 근데 닐스 보어는 장수했나요?

바리 1951년에 세상을 떠난 동생 하랄 보어보다는 오래 살았지만, 1962년 11월 18일 77세의 나이에 심장마비로 칼스버그 자택에서 세상을 떠났어. 이후로 코펜하겐 대학교의 이론물리학연구소의 소장은 아들 오게 닐스 보어가 맡게 되었고, 1965년 보어 탄생 80주년을 기념해서 연구소 이름을 닐스보어연구소로 바꾸게 된 거라고 하는구나. 자, 보어에 대한 이야기는 이쯤 하고 이제 들어가서 먹을 것을 좀 만들어볼까?

울리 네~ 좋아요~~

엘리 오늘은 어떤 요리인가요?

20 신도 주사위 놀이를 한다구요?

파동함수 해석

울리와 엘리는 오랜만에 바리 교수와 함께 요리를 했다. 바리 교수는 오늘 명란마요 감자구이를 할 거라며, 울리에게는 감자를 씻어 껍질을 벗기는 일을, 엘리에게는 명란젓의 껍질을 벗기고 팬에 살짝 볶은 뒤 마요네즈와 섞는 일을 분배해주었다. 그리고 바리 교수는 쪽파를 송송 썰어놓고, 울리가 씻어놓은 감자를 얇게 썰어 팬에 기름을 두른 뒤 튀기듯 앞뒤를 노릇하게 익혔다. 접시에 감자를 한 켜씩 깔고 명란마요 소스를 올리기를 여러 번 반복한 후 마지막으로 맨 위에 쪽파를 올리니 멋진 요리가 완성되었다.

울리 원자모형 이야기 덕분에 오늘은 두 번이나 쉬고 먹네요. 역시 먹을 것이 있어야 공부도 덜 지겨워요. 히히-

바리 그건 그래~ 양자역학은 물리학을 전공하는 대학생들도 3학년이나 되어야 배우기 시작하는 내용이라 너희한테는 개념만 대충 설명하려 하는데도 쉽지 않네.

울리 보어의 원자모형도 완벽하지는 않고 양자역학에 의해 수정된다

는 결론이죠? 대충요~ 헤헤-

바리 하하하- 그렇지.

엘리 전 양자역학이론이 완성될 때까지의 중요한 과학적 발견을 다시 정리해주셨으면 좋겠어요. 설명해주실 때 언제 일어난 일들인지 알려주셨는데, 모두 정리해서 모아보면 좋을 것 같아서요.

바리 좋은 생각이야. 1900년부터 1930년 초반까지 나열해볼게. 참고로 괄호 안에 연구 업적을 발표한 나이와 노벨상 수상 년도를 넣어서 말이야.

1900년	플랑크, 양자론_흑체복사 설명 (42세, 1918년)
1905년	아인슈타인, 광양자설_광전효과 설명 (26세, 1921년) 특수상대성이론
1911년	러더퍼드, 원자의 행성모형_원자핵 발견 (40세, 1908년)
1913년	보어, 원자모형 (28세, 1922년)
1915년	아인슈타인, 일반상대성이론 (36세)
1920년	러더퍼드, 중성자 예측 (49세)
1923년	콤프턴, 콤프턴효과 (31세, 1927년)
1924년	드 브로이, 물질파 (32세, 1929년)
1925년	파울리, 배타원리 (25세, 1945년)
1925년	하이젠베르크, 행렬역학 (24세, 1932년)
1926년	슈뢰딩거, 파동방정식 (39세, 1933년)
1926년	보른, 파동함수의 확률론적 해석 (44세, 1954년)
1927년	데이비슨-거머, 전자회절 실험 (46세, 1937년)
1927년	하이젠베르크, 불확정성원리 (26세)
1928년	디랙, 상대론적 양자역학_양전자 예측 (26세, 1933년)
1932년	앤더슨, 양전자 발견 (27세, 1936년)
1932년	채드윅, 중성자 발견 (41세, 1935년)

* 러더퍼드(노벨화학상)를 제외하고 모두 노벨물리학상 수상.

울리 와~ 이렇게 정리해주시니 완전 좋아요. 근데 저렇게 어마어마한 일들을 20대에 한 사람들은 뭐래요?

엘리 아인슈타인, 보어, 하이젠베르크, 파울리, 디랙, 앤더슨이 모두 20대에 한 연구로 노벨물리학상을 받았네요.

바리 정말 천재 물리학자들이지. 이렇게 보니까 우리가 1927년까지의 중요한 과학적 발견은 거의 다 얘기했는데, 파울리의 배타원리, 하이젠베르크의 행렬역학, 슈뢰딩거의 파동역학, 그리고 보른의 확률해석은 아직 이야기하지 않은 걸 알 수 있지?

엘리 그렇네요. 하나씩 알려주세요.

바리 아까 분광기술의 발전으로 이전에는 단일파장이라고 생각했던 원자의 방출빛띠가 알고 보니 여러 개가 붙어 있는 것임을 알게 되었다고 했지? 근데 실제 단일파장으로 방출되었던 빛띠가 자기장 안에서는 여러 개로 갈라지는 실험 결과도 관측이 된 거야.

울리 실험 결과가 무슨 의미인지 전혀 이해되지 않지만, 보어의 원자모형으로 설명되지 않았다는 거죠?

바리 그렇지. 단일파장이라고 생각했던 것이 사실은 여러 파장이 가까이 붙어 있는 것이었다는 건 조머펠트에 의해서 해결이 된단다. 조머펠트는 전자궤도를 3차원 타원궤도로 가정하여 보어의 양자수 n 이외에 2개의 새로운 양자수(l, m_l)를 추가했고(이를 '보어-조머펠트 원자모형'이라 함) 특수상대성이론도 적용했지.

엘리 노벨상 후보에 여러 번 올랐으나 결국 못 받은 조머펠트요?

바리 그래. 또 보어-조머펠트 원자모형으로 자기장 안에서 빛띠가 갈라지는 현상도 일부는 설명되었는데, 하나가 둘로 갈라지는 현상은 설명될 수 없었어. 나중에 이를 해결한 사람이 파울리야. 파울리는 전자의 양자상태를 설명하기 위해 2개의 값만 갖는 새로운 양자수가 필요하다고 제안했단다. 이것이 지금 알려진 전자의 스핀 양자수고 말이야. 스핀각운동량 기억나니? 자석 얘기하며 조금 설명했는데…. (3권 17화 참조)

엘리 아~ 얼핏 생각나요. 입자들이 갖고 있는 고유한 각운동량~

울리 암튼 엘리 대단해. 근데 결국 4개의 양자수가 필요했던 거예요?

바리 그래. 보어의 수소원자모형에서는 전자가 있을 수 있는 궤도나 상태를 하나의 양자수 $n=1, 2, 3, \cdots$ 으로 나타냈는데, 이제 하나의 양자상태가 4개의 양자수로 된 한 세트 $\{n, l, m_l, m_s\}$에 의해 결정된다는 의미야. l, m_l은 전자의 궤도각운동량과 연관된 양자수고, m_s는 전자의 스핀각운동량과 연관된 양자수란다. 양자수의 의미는 나중에 좀 더 다룰 거야. (4권 26화~29화 참조)

양자수	이름	가능한 값
n	주양자수principle quantum number	$1, 2, 3, \cdots$
l	궤도양자수orbital quantum number	$0, 1, 2, \cdots, n-1$
m_l	궤도자기양자수orbital magnetic quantum number	$-l, -l+1, \cdots, 0, \cdots, l-1, l$
m_s	스핀자기양자수spin magnetic quantum number	$-\frac{1}{2}, \frac{1}{2}$

울리 와, 복잡하네요.

바리 원자가 사실 전혀 간단한 것이 아니거든. 원자의 전자 구조를 이해하는 데 큰 공헌을 한 원리가 파울리의 '배타원리exclusion principle'인데 이것도 나중에 다시 나올 테지만(4권 30화 참조) 간단히 알려주면, '원자 내 두 전자는 같은 양자수 세트를 가질 수 없다, 또는 같은 양자상태에 똑같은 전자 2개가 들어갈 수 없다'는 거야. 그 덕분에 주기율표를 제대로 이해하게 되었고 말이야. (4권 31화 참조)

울리 그런 일을 25세에 했다고요?

바리 파울리는 21세에 수리과학 백과사전의 상대성이론 분야를 저술해서 이미 유명했어. 한편 파울리가 배타원리를 발표한 해에 24세의 하이젠베르크는 행렬을 이용한 양자역학이론을 발표했으니 하이젠베르크도 얼마나 천재적이었는지 알 수 있지.

엘리 그럼 슈뢰딩거의 양자역학이론은 어떤 건데요?

바리 1926년에 슈뢰딩거는 드 브로이의 물질파 개념을 식으로 표현한, 지금은 '슈뢰딩거방정식Schrödinger equation'으로 알려진 파동방정식을 발표했단다. 슈뢰딩거는 이 파동방정식으로 수소원자를 이론적으로 완벽하게 이해할 수 있게 했고, 하이젠베르크의 행렬역학이 자신의 파동역학과 수학적으로 동일하다는 것을 증명했어.

엘리 슈뢰딩거방정식이 어떤 건데요? 구경이라도…. 헤헤-

바리 그래, 구경만 시켜줄게~ $-\frac{\hbar^2}{2m}\nabla^2\psi + U\psi = i\hbar\frac{\partial\psi}{\partial t}$인데 어때?

울리 헐~ 이게 뭐예요? 본 기호는 m과 $\hbar$뿐이네요. m은 질량이고 $\hbar$는 플랑크상수를 2π로 나눈 거 맞죠?

바리 맞아. 그냥 구경만 해. 저 식은 파동함수wave function라고 불리는 ψ(프사이psi)를 구하는 것이 목적인데, 사실 가장 간단한 수소원자에 대해서만 완벽하게 풀 수 있는 식이란다.

엘리 수학적으로 풀기 어려워서요?

바리 그래. 오늘은 파동함수 ψ의 의미만 알려주려고 해. 슈뢰딩거방정식이 나왔을 때 가장 논란이 되었던 것은 파동함수의 의미였거든.

엘리 파동함수는 물질파를 의미하는 것이 아니었어요?

바리 슈뢰딩거 자신은 파동함수를 물질파라고 막연히 생각했지만 의미가 명확하게 이해된 것은 아니었어. 근데 같은 해인 1926년에

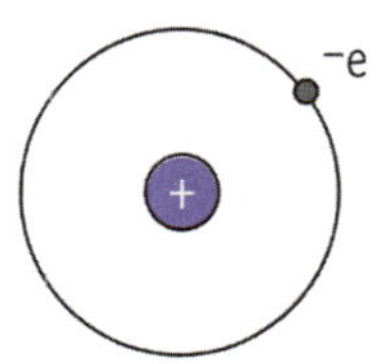

〈 보어의 원자모형 〉

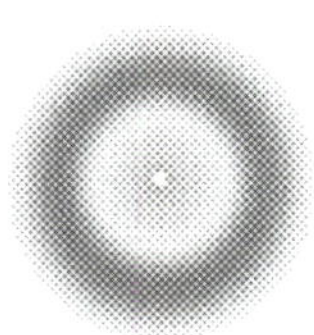

〈 슈뢰딩거방정식 〉

$$-\frac{\hbar^2}{2m}\nabla^2\psi+U\psi=i\hbar\frac{\partial\psi}{\partial t}$$

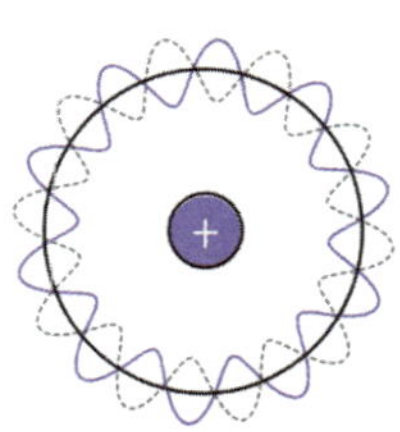

〈 보어의 원자모형 + 물질파 〉

ψ 확률 진폭

$|\psi|^2$ 확률 밀도

막스 보른이 파동함수는 '확률 진폭probability amplitude'이고, 파동함수 크기의 제곱은 전자가 그 시간과 그 위치에 있을 '확률 밀도probability density'라는 해석을 내놓은 거야.

울리 여전히 무슨 말인지 하나도 모르겠지만, 전자의 이중슬릿 실험 얘기하실 때도 확률 얘기를 하셨는데 관계가 있는 건가요?

바리 그래~ 양자역학으로 계산된 것은 전자가 언제 어디에 존재할 확률뿐이라는 거지.

울리 확률이라면 전자가 원자핵을 중심으로 어떤 특정 궤도에 있다고 말할 수는 없는 것 아닌가요?

바리 그렇지. 전자는 원자 내 어디에든 있을 확률은 있지만 정확하게 어디에 있는지는 모른다는 거야. 이런 확률론적 해석, 불확정성 원리 등을 아인슈타인은 결코 받아들이지 않아서 "신은 주사위 놀이를 하지 않는다God does not roll dice"라는 유명한 말을 한 것으로 전해지지. 우리가 자연을 제대로 이해하지 못한 것이고 양자역학은 완벽하지 않다고 주장하면서 말이야.

엘리 오~ 근데 정말 그럴 수도 있는 것 아닌가요? 과학이 계속 발전해서 지금까지의 뉴턴역학이 완벽하지 않다고 밝힌 것처럼 양자역학이론의 잘못된 점을 찾을 수도 있잖아요.

바리 아인슈타인을 주축으로 여러 학자가 양자역학이 틀렸다는 주장을 강력하게 했기 때문에 이와 관련된 정밀하고도 다양한 실험을 해왔는데, 현재까지의 결론은 양자역학이 옳다는 거야.

엘리 결국 신도 주사위 놀이를 한다는 거네요. 헤헤-

울리 물리 내용은 이해하지 못해도 양자역학의 발전 스토리 자체는 흥미진진하네요. 아인슈타인 같은 학자가 틀렸다고 하는 데도 계속 발전한 거잖아요?

바리 지난번에도 얘기했듯이, 슈뢰딩거 자신도 양자역학의 확률적 해석을 거부했어. 지금도 물리학도들은 여전히 슈뢰딩거방정식을 열심히 공부하고 풀고, 공학도들은 열심히 결과를 응용하고 있지만 말이야. 오늘은 이쯤에서 끝내자~

바리 교수의 물리노트 20

- 슈뢰딩거방정식Schrödinger equation: 양자역학적 (그러나 비상대론적) 계를 기술하는 파동방정식.

$$-\frac{\hbar^2}{2m}\nabla^2\psi+U\psi=i\hbar\frac{\partial\psi}{\partial t}$$

(ψ: 파동함수, $i=\sqrt{-1}$, $-\frac{\hbar^2}{2m}\nabla^2$: 운동에너지 연산자, U: 위치에너지 연산자, $i\hbar\frac{\partial}{\partial t}$: 총에너지 연산자)

- 보른의 확률적 해석: 슈뢰딩거방정식에서 '파동함수wave function'는 '확률 진폭probability amplitude'이고, 파동함수의 크기의 제곱은 입자가 주어진 시간과 주어진 위치에 있을 '확률 밀도probability density'라는 해석.

21 양자역학을 창시한 또 다른 한 명, 에르빈 슈뢰딩거

Erwin Schrödinger, 1887~1961

울리와 엘리는 바리 교수의 집으로 가면서 오늘은 물리 이야기 말고 슈뢰딩거의 삶에 대한 이야기를 해달라고 하자며 입을 모았다. 바리 교수 집에 도착하니 막 상 바리 교수는 '슈뢰딩거의 고양이' 이야기를 해주겠다고 하여, 울리는 그 알 수도 없는 이상한 수학기호를 써서 유명한 방정식을 만든 슈뢰딩거의 삶에 대해 먼저 알아보고 공부하는 것이 더 효과적일 것 같다며 너스레를 떨었다. 수학기호 얘기가 나오자 갑자기 바리 교수가 뭔가 생각난 듯 쿠션 하나를 들고 나왔다.

울리 헉! 슈뢰딩거방정식 쿠션!

엘리 와~ 문신으로 식을 새긴 것은 가끔 봤지만 뜨개질로 식을 표현한 것은 처음 봐요. 이 삼지창처럼 생긴 것(ψ)이 파동함수인가요?

바리 그래~ 언젠가 집에 자투리 실이 있어서 떠본 거야. 재밌지?

울리 근데 이 식은 지난번에 보여주신 슈뢰딩거방정식보다는 뭔가 간단해 보여요.

바리 훨씬 간단하지? 시간에 대한 미분이 없거든. 지난번에는 U로 표시했고, 이 쿠션에서는 V라고 표시했는데 모두 위치에너지를 의미하지. 위치에너지가 시간에 따라 변하지 않으면 시간에 대한 미분이 없는 이 슈뢰딩거방정식만 풀어도 충분하거든. 그럼 에르빈 루돌프 요제프 알렉산더 슈뢰딩거Erwin Rudolf Josef Alexander Schrödinger(1887~1961)의 생애부터 살펴볼까?

엘리 슈뢰딩거는 저 방정식을 꽤 나이가 들어 발표했잖아요? 39세였던 것 같은데….

울리 헐~ 넌 진짜 별걸 다 기억한다.

바리 지난번에 20대에 어마어마한 업적들을 낸 물리학자들 목록에서 같이 봤지? 슈뢰딩거는 1887년 8월 12일에 오스트리아 빈에서 아버지 루돌프 슈뢰딩거와 어머니 조르지나 에밀리아 브렌다 슈뢰딩거의 외아들로 태어났어. 아버지는 방수천 제조공장을 운영하는 식물학자였고, 외할아버지는 화학 교수였다고 해.

엘리 닐스 보어보다 두 살 어리니 보어 세대군요~

바리 그렇지. 하이젠베르크보다는 14살이나 많으니까 말이야. 슈뢰딩거는 1898년에 볼츠만도 다녔던 김나지움에 입학했는데, 늘 1등을 하는 수재였대.

엘리 슈테판-볼츠만 법칙의 볼츠만이요? (4권 8화 참조)

바리 그래. 1906년 슈뢰딩거는 빈 대학교에 입학해서 물리학을 공부했는데, 볼츠만이 자살한 직후였어. 빈 대학교는 도플러효과의 도플러가 1850년에 물리학과 학과장을 했던 곳으로 물리학 전통이 깊은 대학이지. 슈테판은 1863년부터 학과장이었고, 1894년 슈테판이 죽자 그라츠 대학교에 있던 볼츠만이 그 자리에 초청된 거였고 말이야.

울리 안타깝네요. 그런 위대한 물리학자가 자살을 하다니요. 슈뢰딩거는 빈 대학교를 갔어도 볼츠만한테 배우지도 못했네요.

바리 그러게 말이야. 대신 슈뢰딩거는 빈 대학교에서 실험물리학자 프란츠 세라핀 엑스너Franz Serafin Exner와 이론물리학자 프리드리히 하젠뇌를Friedrich Hasenöhrl의 영향을 많이 받았다고 해. 박사학위는 이론이 아닌 실험논문 "습한 공기 중에서의 절연체 표면의 전기전도도에 관하여"로 1910년에 받았고, 1911년 가을부터 엑스너의 조수가 되었고 말이야.

울리 슈뢰딩거는 이론물리학자가 아니었어요?

바리 실험연구와 이론연구를 모두 했는데, 1919년 이후로는 주로 이론연구에 집중했다고 해. 슈뢰딩거도 1914년에 발발한 제1차세계대전으로 군에 입대를 하게 되었는데, 이때 그는 공부도 하고 심지어 논문도 썼단다.

엘리 전쟁 중에 논문을 썼다고요? 신기하네요.

바리 그때는 병사들도 전선에서 학술지를 우편으로 받아볼 수 있었대. 대단하지? 슈뢰딩거는 전쟁 중에 일반상대성이론을 처음 접했고, 1917년 빈 근처의 방공학교에 배치되면서 본격적으로 일반상대성이론을 연구했단다. 전쟁이 끝난 후에는 아버지와 할아버지가 세상을 떠나는 등 어려운 시기를 보냈는데, 경제적으로도 어려워져서 1920년에 빈 대학교의 조교수 대신 조금 높은 봉급을 제시한 예나 대학교에 조수로 갔다가, 슈투트가르트 대학교 교수를 거쳐 드디어 1921년 10월에 취리히 대학교의 이론물리학 정교수가 되었단다. 34세의 나이로 말이야.

엘리 슈뢰딩거는 결혼은 안 했나요?

바리 1920년 4월에 안네마리 베르텔과 결혼식을 올리고 예나로 떠났는데, 이 결혼 생활을 위해 봉급이 적은 빈 대학교의 조교수 직을 거절한 거였지.

에르빈 슈뢰딩거와 안네마리 베르텔

울리 그때나 지금이나 결혼하려면 돈이 있어야 하네요. 조교수 자리 대신 돈을 더 주는 조교 자리를 택하다니요.

바리 최소한의 경제적 안정은 중요하지. 취리히 대학교는 뢴트겐이 졸업한 대학으로, 1927년 10월 플랑크의 후임으로 베를린 대학교로 옮길 때까지 슈뢰딩거가 학자로서의 전성기를 보낸 곳이란다. 그런데 초기에는 주당 11시간이나 강의를 해야 하는 힘든 생활로 폐결핵까지 걸려서 요양을 해야 했어.

울리 헥- 그 와중에 연구는 언제 해서 양자역학을 만들었대요?

바리 1923년은 슈뢰딩거의 학문적 성과가 최저를 기록한 해이니 연구를 거의 할 수 없었다고 봐야지. 더구나 결핵 증세가 완전히 없어질 때까지 부인 안네마리와 8개월 동안 알프스 산중의 아로사에서 요양 생활까지 했다고 하니 말이야.

엘리 완치가 되어 돌아온 후 한 연구 결과인가 보군요.

바리 실제로 1924년부터는 활발한 연구를 시작했지. 학회에도 참석하고, 아인슈타인이나 조머펠트와 편지도 주고받으며 말이야. 1924년은 드 브로이가 물질파 이론을 제안한 해잖아? 1925년 11월 3일 아인슈타인에게 보낸 편지에서 슈뢰딩거는 드 브로이의 물질파 이론의 의미를 완전히 이해했다고 썼다고 하니 깊은 통찰력을 지녔던 거겠지.

울리 역시 드 브로이의 물질파는 굉장히 독창적인 아이디어였어요. 보어의 원자 정상상태도 설명해주고, 슈뢰딩거의 파동역학에도 큰 영향을 주고요.

바리 그렇지. 건강을 회복하고 활발히 연구를 시작한 슈뢰딩거한테 물질파 이론은 매우 매력적이었고, 파동방정식까지 만들게 했으니 말이야.

엘리 슈뢰딩거도 사생활은 알려진 것이 별로 없나요?

바리 슈뢰딩거도 아인슈타인만큼이나 여자 관계가 복잡했대. 25세 때 좋아했던 여성과는 신분의 차이로 이루어지지 못했고, 평범한 여성 안네마리와의 결혼생활은 1925년에 이미 심각한 상태였다고 해. 슈뢰딩거는 1925년 크리스마스 휴가를 아로사로 갔는데, 부인을 동반하지 않았고 옛 애인을 불러서 함께 있었다고 하거든.

엘리 결혼한 지 5년 만에요?

바리 슈뢰딩거는 매우 복잡한 캐릭터를 가진 학자로 알려져 있고 사생활도 일반적인 상식에서 많이 벗어났단다. 아무튼 아로사에서는 1926년 1월 9일까지 머물렀는데, 상대론적 파동방정식을 만들어보려던 시도를 포기하고, 우리가 슈뢰딩거방정식이라고 부르는 비상대론적 파동방정식을 만들어서 온 거야. 취리히에 돌아와서는 친구인 수학자 바일의 도움을 받아 논문을 완성해서 발표했고 말이야.

울리 상대론적 파동방정식은 왜 못 만들었어요? 일반상대성이론 공부까지 열심히 했는데요.

바리 수소원자의 빛띠를 잘 설명해야 하는데, 슈뢰딩거가 찾은 상대성이론에 맞는 방정식은 설명을 못한 거였어. 스핀에 대해서 몰랐기 때문인데, 우린 앞에서 전자스핀이라는 얘기를 했지만 이때 당시는 스핀에 대해서 누구도 알지 못했거든. 나중에 파울리

와 스핀 이야기를 해줄게. 아무튼 미분방정식으로 표현한 슈뢰딩거방정식은 하이젠베르크의 생소한 행렬역학보다는 열광적인 지지를 받아서 뉴턴의 운동방정식 이후 가장 많이 사용하는 방정식이 되었단다.

울리 아, 그렇군요.

엘리 보어는 신혼여행 중 논문을 썼고, 슈뢰딩거는 연인과의 휴가 중에 일생일대의 중요한 연구를 했고…. 정말 신기한 사람들이네요. 그 연인은 누구였어요?

바리 과학사를 연구하는 사람들이 아로사에 함께 갔던 연인이 누구였는지 찾으려 했는데, 결국 알 순 없었다고 해.

엘리 와~ 자녀는요?

바리 딸이 셋 있었는데, 모두 부인 안네마리가 아닌 서로 다른 세 연인이 낳은 딸들이었단다. 특히 첫 딸의 어머니는 슈뢰딩거의 동료학자 마치의 부인이었는데, 1933년 영국 옥스퍼드 대학교로 떠나면서 자신의 부인인 안네마리와 임신 중인 마치 부인을 모두 데리고 가 같은 집에서 함께 살며 딸을 키웠다고 해. 옥스퍼드 대학교에 도착한 직후 노벨물리학상 수상을 통보받았고 말이야.

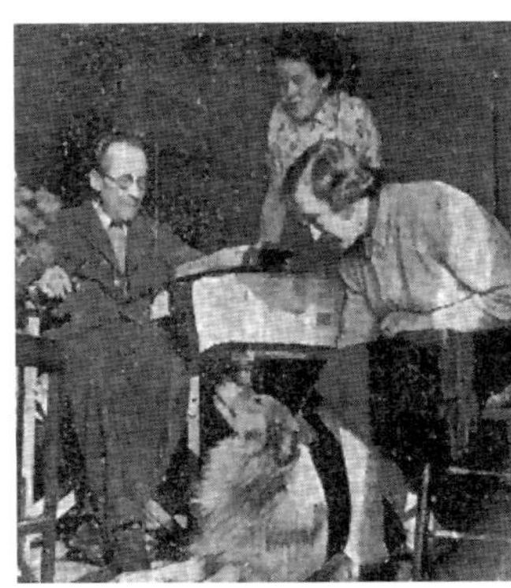
에르빈 슈뢰딩거(왼쪽), 마치 부인(가운데), 안네마리 베르텔(오른쪽)

울리 으~~ 이혼도 안 하고 셋이

함께 살았다고요?

바리 그랬다네. 슈뢰딩거의 부인인 안네마리도 슈뢰딩거의 친구인 수학자 바일과 연인 관계였다는데, 이 모든 관계를 서로 알고 있었지만 이혼을 하진 않았다고 해.

엘리 정말 기이하네요. 아인슈타인도 그렇고 슈뢰딩거도 그렇고….

바리 정말 복잡한 성격의 소유자였던 것 같아. 슈뢰딩거는 물질파를 바탕으로 파동방정식을 만들었지만 이미 말했듯이 양자역학의 코펜하겐 해석에 대해 비판적이었고, 말년인 1944년에는 『생명이란 무엇인가*What is Life?*』라는 제목의 책도 펴냈는데 미래의 생물학자들에게 큰 영향을 끼친 책으로 알려져 있단다.

울리 물리학자가 생명에 관한 책도 썼다고요?

바리 놀랍지? 슈뢰딩거는 1961년 1월 4일 73세의 나이로 빈에서 폐결핵으로 세상을 떠났고, 부인 안네마리는 1965년 10월 3일에 세상을 떠났어. 딸들에 대한 기록은 많이 알려져 있지 않고, 손자인 테리 루돌프Terry Rudolph는 현재 런던 임페리얼 대학교에서 물리학과 교수로 있단다.

울리 슈뢰딩거의 고양이도 슈뢰딩거만큼이나 기이한 개념인가요?

바리 하하- 글쎄? 그럼 이제 슈뢰딩거의 고양이 얘기를 해볼까?

22 고양이가 동시에 살았을 수도 있고, 또 죽었을 수도 있다구요?

슈뢰딩거의 고양이

바리 교수는 울리와 엘리에게 잠시 기다리라며 방으로 들어가더니 후드티를 하나 들고 나와 펼쳐 보였다. 후드티에는 산 고양이와 죽은 고양이가 함께 그려져 있었다. 바리 교수가 있는 대학의 물리학과 학생들이 디자인해서 학과 단합 모임을 할 때 모두 입었던 옷이라고 했다. 엘리가 순간적으로 물리학과에 가고 싶다는 생각이 든다고 말했더니, 울리는 슈뢰딩거의 고양이 후드티 하나 때문에 물리학과에 가서 평생 고생을 할 거냐며 놀려댔다.

바리 하하하- 과학 관련 이미지로 만든 티셔츠로는 미드 <빅뱅이론>에 나오는 천재 물리학자 셸던이 입은 티셔츠들이 다양하고 멋있는 게 많지.

엘리 온라인에서 판매도 한다는데 우리 같이 사 입을까? 헤헤- 근데 슈뢰딩거의 고양이는 진짜 실험을 한 건가요?

바리 물론 아니고, 생각으로 하는 사고실험이었어. 양자역학의 정통 해석으로 알려진 코펜하겐 해석은 '양자역학이 지배하는 미시세계는 허용된 양자상태들이 중첩된 상태로 있다가 관측과 동시에 어느 한 상태로 결정된다'는 것이야. 즉 미시세계의 확률적 상태가 관측에 의해 우리가 살고 있는 현실세계 또는 거시세계에서는 하나로 확정된다는 거지.

엘리 양자상태가 중첩되었다는 것이 무슨 뜻이에요?

바리 예를 들어 슈뢰딩거방정식의 해가 2개라면, 즉 파동함수 ψ_1, ψ_2가 모두 슈뢰딩거방정식을 만족한다면 $a\psi_1 + b\psi_2$도 슈뢰딩거방정식의 해가 되는데, 이걸 '두 파동함수가 중첩되었다'고 해. 마치 고전물리학에서 두 파동이 중첩되는 것처럼 말이야. 여기서 a, b는 임의의 상수지. 파동함수 크기의 제곱이 그 양자상태에 있을 확률이니까(4권 20화 참조) 주어진 조건에서 가능한 상태가 2개라면 두 상태에 모두 있을 수 있는 거야. 각각의 확률을 갖고 말이야.

울리 이 양자상태에 있을 확률도 있고, 저 양자상태에 있을 확률도 있고, 또 다른 양자상태에 있을 확률도 있고 그렇다는 거예요?

바리 그렇지. 그러다가 관측을 하면 어떤 한 상태로 결정된다는 것이 코펜하겐 해석이고 말이야. 이렇게 관측에 의해 양자 중첩이 깨지는 것을 '파동함수 붕괴wave function collapse'라고 한단다. 관측 전은 양자세계(또는 미시세계)고 관측 후는 현실세계(또는 거시세계)지. 즉 코펜하겐 해석은 양자세계와 현실세계가 관측에 의해 분리된다고 보는 거야.

엘리 근데 아인슈타인이나 슈뢰딩거는 왜 이런 해석을 받아들이지 못한 거예요?

바리 이런 해석의 문제점을 사고실험을 통해 제기했는데, 대표적인 것이 'EPR 역설'과 '슈뢰딩거의 고양이'야. 먼저 'EPR 역설'은 1935년 아인슈타인, 포돌스키, 로젠이 함께 발표해서 그들의 이름 첫 자를 딴 거지. 이들의 발표 직후에 슈뢰딩거는 고양이가 등장하는 사고실험을 제시하며 양자역학의 코펜하겐 해석에 반론을 제기한 거고 말이야.

울리 구체적으로 고양이를 데리고 어떤 사고실험을 한 거예요?

바리 상자 안에 독극물 청산이 들어 있는 유리병, 망치, 방사성 물질, 방사능을 측정하는 가이거 계수기Geiger counter, 그리고 고양이 한 마리가 들어 있다고 상상해봐. 밖에서 상자 안을 볼 수는 없고 말이야. 그리고 이 상자 안에는 특별한 장치가 있는데, 가이거 계수기가 방사능을 감지하면 망치가 독극물이 든 유리병을 깨는 장치야.

울리 유리병이 깨지면 고양이는 죽겠네요?

바리 그렇지. 진짜 핵심은 장치를 설치하고 한 시간 내에 상자 속 방사능 물질의 원자 하나가 붕괴할 확률이 50%라고 가정해보자는 거야.

엘리 방사능이 나올 확률과 나오지 않을 확률이 같다는 거네요?

바리 그렇지. 그럼 한 시간 후 상자를 열었을 때 고양이는 살아 있을까, 아니면 죽어 있을까?

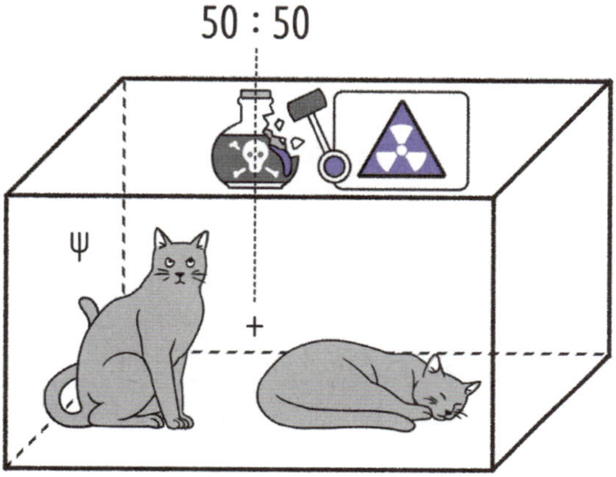

울리 반쯤 살고 반쯤은 죽고…. 위독한 상태인데요. 히히-

바리 하하- 양자역학적으로 원자는 붕괴한 상태와 붕괴하지 않은 상태에 같은 확률로 있을 수 있으니 독극물 유리병도 깨진 상태와 깨지지 않은 상태에 같은 확률로 있을 수 있고, 따라서 고양이는 죽은 상태와 죽지 않은 상태에 같은 확률로 중첩되어 있겠지. 코펜하겐 해석에 의하면, 그러다가 상자를 열어 관측하는 순간 둘 중 한 상태로 확정되고 말이야.

울리 상자를 열기 전까지 고양이는 살아 있으면서 동시에 죽어 있어야 한다는 이상한 상황이라는 거죠?

바리 바로 그렇게 반박하기 위한 사고실험이지. 상식적으로 생각하면 고양이는 상자를 열어보지 않아도 살아 있는 상태나 죽어 있는 상태 중 어느 하나여야 하는데, 어떻게 관측 전에는 고양이의 운명이 정해져 있지 않다가 관측 순간에 결정되느냐 하는 질문을 던진 거야. 고양이처럼 큰 거시세계에서는 고전역학이 성립해서 죽은 상태와 죽지 않은 상태의 중첩은 있을 수 없으니 양자역학의 확률 해석은 문제가 있다는 거고 말이야.

엘리 슈뢰딩거의 주장이 맞는 것 같은데요? 고양이는 고전역학을 따를 거잖아요? 고양이가 전자처럼 두 슬릿을 동시에 지나갈 수는 없는 것 아닌가요? (4권 12화 참조)

바리 현실세계에서 고양이는 물론 살아 있는 상태와 죽어 있는 상태의 중첩으로 있지 않지. 그래서 '관측'이 뭔가 하는 고민을 하게 되었는데, 어떠한 형태로도 관측이 일어나지 않으면 고양이도 양자 중첩 상태에 있을 수 있다는 거였어. 여기서의 관측이란 상호작용을 의미해서, 고양이가 주변과 아무 상호작용이 없을 때는 살았거나 죽은 상태의 중첩이 가능하다는 거야.

울리 헉! 그건 불가능하잖아요? 고양이 옆에 공기도 있고 독극물도 있는데 어떻게 아무 상호작용이 없을 수 있어요?

바리 그래서 고양이가 양자 중첩 상태가 아닌, 살아 있는 상태나 죽은 상태 중 어느 한 상태에 있는 것이 모순이 아니고 따라서 양자역학이 잘못된 것도 아니라는 것이 코펜하겐 해석을 지지하는 과학자들의 답변이지.

울리 아, 전자처럼 이중슬릿 실험을 할 수는 없나요? 고양이는 숨을 쉬어야 하니 공기가 있어야 해서 안 될 테고, 대신 큰 공 같은 걸로 실험하면 되지 않아요?

바리 실제 1999년에 탄소원자 60개가 축구공 모양을 이루는 풀러렌

fullerene의 이중슬릿 실험을 시도해서 간섭무늬를 보는 데 성공하기도 했단다. 풀러렌은 전자에 비하면 고양이 수준으로 큰 것인데 말이야.

울리 와~ 잘 모르지만 신기한 일인 것 같아요. 그럼 양자역학에 대한 아인슈타인의 반박은 뭐였어요?

바리 EPR 역설은 양자역학 체계 전반에 관해 문제를 제기했는데, 한 가지만 간단하게 살펴보자. 어떤 공 2개가 있는데, 각 공의 색깔이 빨간색과 파란색의 중첩 상태인 거야. 하지만 두 공이 모두 빨간색이거나 모두 파란색일 수는 없고 말이야.

엘리 두 공 모두 색이 정해져 있지 않지만 같은 색일 수는 없다는 건 안다는 거네요? 빨간색이나 파란색은 양자상태를 의미하는 거겠죠?

바리 그래. 이상한 양자상태지? 공이나 색깔은 비유일 뿐이고 실제 기본 입자의 스핀 상태에서 가능한 양자상태란다. (4권 28화 참조) 아무튼 이런 양자상태에 있는 두 공이 상자 2개에 각각 하나씩 들어 있다고 상상해봐. 색깔이 정해지지 않은 채로 말이야. 이제 울리가 상자 하나를 들고 멀리 다른 동네로 갔어. 나머지 상자는 엘리가 갖고 있고 말이야. 누구 하나가 상자를 열기 전에는 상자 속의 공 색깔이 정해지지 않겠지? 슈뢰딩거의 고양이처럼 말이야.

울리 흠…. 전체적으로는 빨간색 1개 파란색 1개지만 각 공의 색깔은 정해져 있지 않고, 상자를 열어보기 전에는 두 공 모두 빨간색과 파란색의 중첩 상태라는 거죠?

바리 그렇지. 둘 다 빨간색이거나 둘 다 파란색일 수는 없다는 조건이 추가로 더 있는 중첩 상태인 거지. 그럼 이제 멀리 다른 동네에 도착한 울리가 상자를 열어서 공의 색깔을 확인했다고 생각해봐. 물론 엘리는 울리보다 먼저 상자를 열지 않는다고 가정하고 말이야.

울리 양자역학적으로도 울리가 상자를 연 순간 공이 어느 한 색깔로 정해지는 것이니 엘리의 상자 속에 있는 공의 색깔도 저절로 정해지는 것 아닌가요? 엘리가 상자를 열지 않아도요.

바리 그렇겠지? 울리가 상자를 열어본 순간부터 엘리의 상자도 하나의 상태로 고정돼버리니까 말이야. 즉 이런 특별한 양자상태는 두 공의 색깔을 따로 떼어 생각할 수 없고 서로 얽혀 있어. 이것을 '양자 얽힘quantum entanglement'이라고 해. 상자를 열기 전에는 공의 색깔이 정해져 있지 않지만 서로 얽혀 있었다는 게 중요해. 그러니 울리가 상자를 열자마자 지체 없이 바로 엘리의 상자 상태가 결정되어버리는 거지.

엘리 저와 울리가 서로 아무리 멀리 떨어져 있어도 결국은 얽혀 있다는 거죠?

바리 그래. EPR은 이게 말이 안 된다고 주장한 거야. 멀리 떨어져 있는데도 곧바로 다른 쪽의 상태가 결정되는 건 빛보다 빨리 정보가 전달되는 거라면서 말이야. 상대성이론에 어긋난다는 거지. 그래서 '상자를 연다'는 '관측' 전에 공의 색깔이 이미 정해져 있어야 이런 모순이 안 생기고, 따라서 양자역학은 잘못되었다는 게 이들의 주장이었지.

울리 아이고 어지러워요~ 이렇게 들으면 또 아인슈타인과 동료들의 주장이 맞는 것 같은데요.

바리 EPR 역설은 오랫동안 많은 물리학자를 고민에 빠뜨렸단다. 그러다 1964년에 아인슈타인과 동료들의 주장이 맞는다면 성립해야 하는 부등식을 영국의 물리학자 존 스튜어트 벨John Stewart Bell이 찾은 거야. '벨의 부등식Bell's inequality'이라고 하는데, 오랜 실험 끝에 결국 벨의 부등식은 성립하지 않고 오히려 양자역학의 예측이 잘 맞는다고 밝혀졌단다.

엘리 아인슈타인이 틀렸네요?

바리 EPR 역설로 양자역학이 잘못되었다는 것을 보이려는 시도가 실패한 거지. 코펜하겐 해석의 설명은 파란 공과 빨간 공이 아무리 멀리 떨어져 있어도 서로 얽혀 있는 하나의 계라는 거야. 그래서 멀리 다른 동네에 있는 울리가 상자를 여는 것(관측)은 엘리가 상자를 여는 것과 동일하다는 의미고.

울리 그럼 이제 모두 코펜하겐 해석을 완전히 인정하겠네요?

바리 실제 양자역학을 공부할 때는 코펜하겐 해석을 그냥 받아들이고, 슈뢰딩거방정식을 어떻게 풀고 해석할 것인가에 집중하지. 그렇다고 코펜하겐 해석에 논란이 없는 것은 아니고 말이야. 관측하는 순간 양자 중첩이 끝나고 하나의 상태로 확정되는 파동함수의 붕괴 이유가 뭔지 여전히 모르거든. 파동함수의 붕괴를 피하는 해석도 있는데, 가장 많이 알려져 있는 것이 '다세계 해석many-worlds interpretation'이라는 거야.

엘리 다세계요? 혹시 평행우주와 관계된 것인가요? 영화 <스타트렉>이나 판타지 드라마에 평행우주라는 설정이 나와서 본 적 있는데요.

바리 그래. 다세계 해석으로 슈뢰딩거의 고양이를 살펴보면, 상자를 열어 고양이를 관측하는 순간 우리 우주가 2개의 평행우주로 분화하는 거야. 그중 한 우주에서는 고양이가 살아 있고 다른 우주에서는 고양이가 죽어 있다는 거지.

엘리 고양이가 살아 있는 우주와 죽어 있는 우주가 다 있다고요? 그럼 우리는 어떤 우주에 있는 거예요?

바리 양쪽 우주에 다 있지. 고양이의 운명만 다른 거야. 각각의 우주에는 은하나 태양, 지구, 사람, 울리, 엘리가 모두 다 그대로 있어. 즉 우리 모두도 둘로 분화하여 그 순간부터 각각의 우주에서 다른 삶을 살게 되는 거지.

엘리 그럼 다른 우주에 있는 나와 서로 소통도 할 수 있나요?

바리 다른 우주와는 소통이 불가능해. 존재 자체를 실험으로 알아낼 수도 없고 말이야. 만약 이게 가능하다면 정말 영화 속의 평행우주에서 일어나는 일들이 현실이 되겠지.

울리 그럼 관측 전에 두 상태가 중첩된 것이 아니고 10개의 상태가 중첩된 것이라면 평행우주가 10개 생기나요?

바리 그렇지. 만약 다른 관측 결과가 나올 가능성이 10가지라면 우주가 10개로 분화하고, 100만 가지 가능성이 있다면 100만 개로 분화한다는 거야. 즉 일어날 확률이 0이 아닌 어떤 사건이 있다면, 그 사건이 실현되는 평행우주가 반드시 생겨난다는 의미인 거지. 또한 어떤 관측 결과가 나올 확률이 크면, 그 관측 결과가 실현되는 평행우주가 더 높은 비율로 많이 만들어진다는 거고 말이야.

엘리 지금도 여기저기서 무수히 많은 관측을 하고 있을 텐데, 그럼 매 순간 계속해서 우주가 무한히 많이 분화하는 거예요?

바리 맞아. 그에 따라 '나'도 무한히 많이 분화하는 거고 말이야.

엘리 우와…. 어렵기도 하고 신기하기도 해요. 무한한 '나'라니, 과학보다는 철학 같아요.

바리 그렇지? 그래서 다세계 해석도 받아들이기가 쉽지 않아.

울리 근데 다른 우주와 소통도 불가능하고, 또 다른 우주의 존재도 실험적으로 알아낼 수 없으면 결국 코펜하겐 해석과 같은 것 아닌가요? 뭐가 다른지 모르겠어요.

바리 오~ 예리한 지적인데? 어떤 특정한 우주에 속해 있는 '나'의 관점에서 보면 결과적으로는 코펜하겐 해석과 별로 다를 바가 없거든. 코펜하겐 해석에서는 파동함수의 붕괴로 여러 가능성 중 한 가지 가능성만 실현된다고 보고, 다세계 해석에서는 모든 가능성이 각각의 우주에서 하나씩만 실현된다고 보니까 '어떤 한 우주에 살고 있는 나'의 관점에서 보면 역시 한 가지 가능성만 실현되는 것이니 코펜하겐 해석과 구별이 안 되지.

엘리 슈뢰딩거의 고양이 문제가 쉬운 문제가 아니군요. 사람들이 많이 얘기해서 내용은 모르지만 친숙하게 느꼈는데 말이죠.

울리 미스터리해서 일반인들한테 더 많이 알려진 건가요? 뭔가 오묘해 보이기도 하고요. 히히-

바리 그 유명한 스티븐 윌리엄 호킹Stephen William Hawking도 "슈뢰딩거의 고양이에 대해 들으면 총을 겨누겠다"고 했을 정도야. 우리도 코펜하겐 해석이니 슈뢰딩거의 고양이니 하는 얘기는 앞으로 하지 않을 거야. 그러니 오늘은 이 정도에서 마치자~

바리 교수의 물리노트 22

- 코펜하겐 해석Copenhagen interpretation: 양자역학적 미시세계는 양자상태가 중첩된 상태이나 관측에 의해 양자 중첩 상태가 끝나고collapse of wave function 어느 한 상태로 결정됨으로써 양자적인 미시세계와 현실의 거시세계를 구분하는 해석으로 아직까지 정통 해석으로 받아들여지고 있다.
- 슈뢰딩거의 고양이Schrödinger's cat: 코펜하겐 해석을 반박하기 위해 슈뢰딩거가 제안한 사고실험으로, 미시세계의 양자 중첩이 거시세계에도 적용되는 문제를 지적했다.
- 양자 얽힘quantum entanglement: 어떤 양자역학적 상태는 개별 입자나 부분의 특성이 그 자체로 모두 정해져 있지 않고 다른 입자나 부분과 얽혀 있음을 의미한다. 이런 경우에는 관측에 의해 한 입자나 부분의 상태가 결정되면 즉시 그와 얽혀 있는 다른 부분의 상태가 결정된다.
- 'EPR 역설'이나 '다세계 해석'은 본문 참조.

23 양자세계에서는 벽을 통과할 수 있다구요?

터널링 현상

엘리는 TV 편성표를 보다가 우연히 한 영화 채널에서 <해리포터> 시리즈를 1편부터 연속 방영해준다는 것을 알게 됐다. 어릴 때 재밌게 본 추억도 떠오르고, 엄마가 원서를 사주며 읽어보기를 은근 기대하셨던 기억도 떠올랐다. 이미 모두 본 영화지만 옛 추억에 잠시 채널을 돌려 보기 시작했다. 해리포터가 호그와트행 기차표를 들고 $9\frac{3}{4}$ 승강장을 찾는 장면과 벽을 뚫고 들어가는 장면들이 나왔다. 문득 요즘 바리 교수가 알려주는 양자역학의 세계도 마법의 세계라는 생각이 들었다. 영화를 한창 보는데 울리에게서 바리 교수를 찾아가는 날이니 아파트 정문으로 나오라는 문자가 왔다.

바리 해리포터가 책이든 영화든 정말 선풍적인 인기를 얻었지. 특히 호그와트행 기차를 타려면 벽을 뚫고 지나가 $9\frac{3}{4}$ 승강장에 도착해야 한다는 설정이 인상적이었는데, 실제 영국 런던의 킹스크로스역에는 벽을 뚫고 들어가는 카트 조형물을 설치해놓아서 많은 관광객이 다녀간다지.

엘리 저도 그 장면을 다시 보니 새롭더라고요. 혹시 양자세계에서는 가능하지 않을까 하는 생각도 들면서요.

울리 이그~ 못 말려~ 양자세계라고 벽을 뚫고 지나가고 빗자루를 타고 날아다니고 할 수 있을까?

바리 벽을 뚫고 지나가는 것은 가능하지~

울리 어? 정말요? 벽을 뚫고 지나갈 수 있다고요?

엘리 와~ 정말 가능한 거군요? 역시 양자세계는 마법의 세계인가 봐요. 근데 마법이 아니고 물리학이라니….

바리 하하- 지난번에 슈뢰딩거방정식을 풀면 파동함수를 구할 수 있고, 파동함수를 알면 입자가 특정 시간과 특정 위치에 있을 확률을 구할 수 있다고 한 것 기억나지?

울리 기억나죠. 확률을 여러 번 강조하셨는데요.

바리 좋아. 그럼 오늘은 몇 가지 특별한 경우에 대한 슈뢰딩거방정식의 결과를 얘기해볼게. 그중에 벽을 뚫고 지나갈 수 있는 확률이 있는 결과도 있거든.

엘리 설마 저희가 슈뢰딩거방정식을 푸는 건 아니겠죠?

바리 그건 수학적으로 아직 무리라서 파동함수 결과를 보고 의미를 생각해보려고 해. 슈뢰딩거방정식을 푸는 연습문제로 제일 먼저 다루는 것이 1차원 '상자-속-입자particle-in-a-box'라는 문제인데, 이 얘기부터 하자.

울리 상자 속 고양이가 아니고 입자네요? 히히-

바리 상자 속에서 일정한 속력으로 1차원 운동을 하는 입자가 하나 있는 거야. 상자 벽과는 완전탄성충돌을 하고 말이야. 그 외에는 어떤 힘도 입자에 작용하지 않는 상황이지.

울리 그럼 입자는 상자 속에서 왔다 갔다 하겠네요?

바리 그렇지. 고전물리학적으로 입자의 운동량과 에너지는 어떤 양이든 가질 수 있는 거고 말이야. 이 문제를 양자역학적으로 다루려면, 슈뢰딩거방정식을 풀어서 입자의 파동함수와 에너지를 구해야 하는 거지.

엘리 슈뢰딩거방정식은 구경만 해서 의미는 전혀 모르겠어요.

바리 지난번에는 파동함수의 의미만 얘기했지? 슈뢰딩거방정식은 '(운동에너지+위치에너지)×파동함수=총 에너지×파동함수'의 의미를 갖는데, 모든 에너지가 양자역학적 '연산자operator'로 표현된 거야. (4권 15화 <바리 교수의 물리노트 15> 참조)

엘리 연산자가 뭐예요?

바리 간단히 설명하면, 연산자는 '어떤 함수에 작용해서 그 함수를 다른 함수로 만드는 것'이야. 미분, 적분도 모두 연산자의 일종이고. 슈뢰딩거방정식에는 미분연산자가 포함되어 미분방정식이고 말이야. 이렇게 슈뢰딩거방정식의 해인 파동함수를 구할 때 가장 중요한 것은 위치에너지야. 위치에너지는 두 물체 간에 작용하는 힘에 의한 것이니까 말이야. 그리고 위치에너지가 시간에 따라 변하지 않으면 파동함수를 구하는 것이 조금 쉬워지기도 한단다.

엘리 그럼 상자 속 입자의 위치에너지는 뭐예요? 다른 입자가 없잖아요. 아까 입자에 작용하는 힘이 없다고도 하셨는데….

바리 상자 속에서 입자에 작용하는 힘이 없으니 상자 속의 위치에너지는 0인 셈이지.

울리 상자 벽에 충돌하니 벽에서는 힘이 작용하는 거잖아요?

바리 그래서 벽에서는 위치에너지가 0이 아니야. 만일 양자역학적으로도 상자의 벽이 아주 딱딱해서 전혀 뚫고 나갈 수 없다면 위치에너지는 ∞로 표현해.

울리 그럼 입자는 상자 속에서는 위치에너지가 0인데, 경계에서는 위치에너지가 ∞인 상황이군요?

바리 그렇지. 상자 속에서는 자유롭지만 상자에 갇혀 있는 상황이야. 아주 간단한 상황이라 슈뢰딩거방정식의 해를 구하기가 쉽거든. 편의상 상자의 앞뒤 벽의 위치가 각각 $x=0$, $x=L$이라고 가정하면, 상자 벽에서 위치에너지가 ∞인 것은 상자 벽에서 파동함수가 0이라는 것과 같아지지. 이 조건을 만족하는 슈뢰딩거방정식의 해를 구하면, 파동함수와 에너지에 '양자화'가 나타난단다. 고전물리학에서는 볼 수 없는 현상이지.

엘리 양자화가 나타난다는 것이 무슨 뜻이에요?

바리 어떤 특정한 값만 가질 수 있는 파동함수 ψ_n과 에너지 E_n이란 뜻이야. 양자수 n이 등장하는 거지. 파동함수는 사인파형을 갖고, 에너지는 n^2에 비례하고 말이야. 그림으로 에너지, 파동함수, 파동함수 크기의 제곱인 확률밀도를 몇 개만 볼까?

엘리 아, 특별한 에너지 상태에만 있을 수 있다는 거군요.

〈상자-속-입자 particle-in-a-box〉

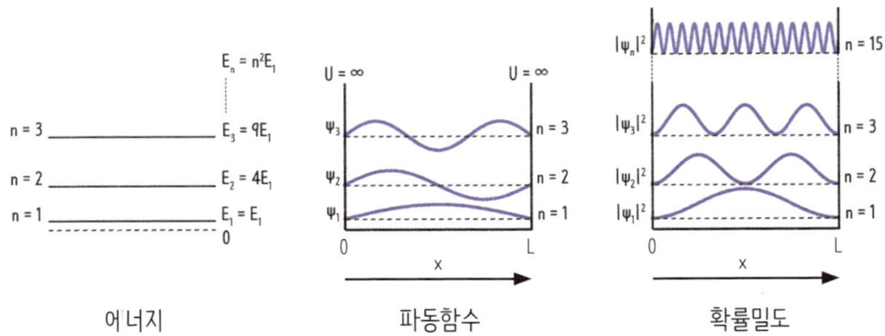

울리　파동함수는 진짜 파동이네요? 신기해요. 참, 저는 지난번에도 궁금했는데, 확률이면 확률이지 확률밀도는 뭐예요?

바리　확률밀도에 부피를 곱하면 확률이 되는데, 지금 우리는 1차원 문제를 보고 있으니 길이를 곱하면 확률이 나오는 거지. 즉 입자가 상자 속 어느 구간에 있을 확률은 파동함수 크기의 제곱으로 구한 '확률밀도'에 '그 구간의 길이'를 곱해서 구할 수 있다는 거야. 파동함수의 의미 때문이지. 확률밀도 그림에서 곡선이 만드는 아래 면적이 확률이라는 뜻이야.

울리　그럼 대충 확률밀도를 확률로 이해하고 봐도 되는 거네요. 근데 확률밀도를 보면, $n=1$일 때는 상자 가운데에 있을 확률이 제일 높은데, $n=2$일 때는 가운데에 있을 확률이 0이에요?

엘리　$n=3$일 때는 다시 가운데에 있을 확률이 0이 아닌데요? 그리고 입자가 있을 확률이 0인 위치가 4개나 돼요. 마치 양자수가 커질수록 그 위치의 수가 많아지는 것처럼 보이고요.

바리　모두 잘 관찰했어. 양자수가 커질수록 확률밀도가 0이 되는 위치들도 많아지는데, 이는 확률밀도의 파형이 점점 조밀하게 붙어서 양자수가 아주 커지면 어디에서든 입자가 같은 확률로 있을 수 있게 된다는 것을 의미하지. 마치 고전물리학적 관점에서 입자가 일정한 속력으로 상자 안에서 움직이는 것처럼 말이야.

울리 대응원리? (4권 18화 참조)

바리 그렇지! 또 중요한 양자역학적 결과는 바닥상태의 에너지가 0이 아니라는 거야. '에너지가 가장 낮은 상태'를 바닥상태라고 한다고 했는데 기억나지?

엘리 네~ 근데 바닥상태의 에너지가 0이 아니라는 것이 큰 의미가 있는 건가요?

바리 상자 속에 있는 입자는 위치에너지가 없으니 운동에너지만 있는 것인데, 양자역학적으로 에너지가 0일 수 없다는 것은 상자 속 입자가 결코 정지 상태에 있을 수 없다는 것과 같지. 고전물리학에서는 입자의 에너지가 0이 될 수 있는데 말이야.

엘리 양자세계에서는 가만히 있을 수가 없다는 거네요?

바리 가만히 있기는커녕 엄청 빨리 움직인단다. 만일 상자의 길이가 nm 정도고, 입자가 전자라면 바닥상태에서 전자의 속력은 1,000km/s는 되거든.

울리 와~ 그렇게 빨라요?

바리 놀랍지? 다시 확률밀도 그림을 보고 상자 속 입자의 평균위치를 예측해볼래?

엘리 가운데일 것 같아요. 확률밀도 모양을 보면 $x = \frac{L}{2}$을 중심으로 양쪽에 있을 확률이 같잖아요.

바리 잘했어. 상자 속에 갇힌 입자의 평균위치는 모든 에너지 상태에 대해 정 가운데란다.

울리 근데 양자세계에서는 어떻게 벽을 뚫고 나갈 수 있어요?

바리 지금 살펴본 문제는 상자 벽의 위치에너지가 무한대여서 입자가 벽을 뚫고 나갈 수 없는 상황의 파동함수와 에너지를 본 거야. 양자역학의 가장 기초적인 문제라서 먼저 얘기한 거지. 이제 벽의 위치에너지가 ∞가 아니고 일정한 값 U를 갖는 경우를 생각해볼 거야. 슈뢰딩거방정식을 풀어 얻은 파동함수와 확률밀도를 역시 그림으로 보며 의미를 살펴보자.

울리 우물에 빠진 입자 같은데요? 히히-

바리 그렇지 않아도 '퍼텐셜 우물potential well' 문제라고 불러. 위치에너지가 영어로 퍼텐셜에너지라서 우리도 퍼텐셜을 사용하고 말이야. 그림처럼 벽 안에서 위치에너지는 0이고, 벽 바깥에서는 일정한 위치에너지 U를 갖기 때문에 진짜 우물처럼 보이지 않

〈퍼텐셜 우물 potential well〉 〈퍼텐셜 장벽 potential barrier〉

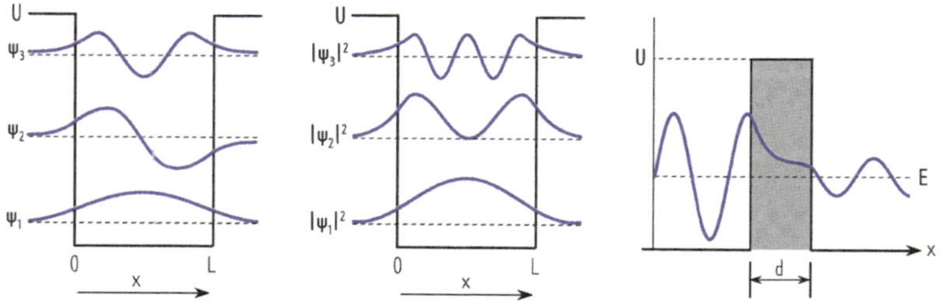

파동함수 확률밀도 파동함수

니? 입자의 총 에너지 E가 우물 밖 위치에너지 U보다 작으면 우물에 갇힌 상태가 되지.

엘리 어? 총 에너지가 위치에너지보다 작으면 어떡해요? 운동에너지가 음수(–)가 되잖아요?

바리 그래서 고전물리학적으로는 우물 바깥쪽에는 입자가 있을 수가 없지. 운동에너지가 음수(–)일 수는 없으니까 말이야. 근데 슈뢰딩거방정식의 해인 파동함수를 보면 우물 밖에도 있을 수 있어서 입자가 벽을 뚫고 나갈 확률이 있지. 그림에서처럼 말이야.

엘리 그림을 보면 정말 우물 밖에도 입자가 있을 수 있는 확률이 있는데, 슈뢰딩거방정식의 해라니까 믿어야겠죠?

울리 양자세계는 마법의 세계라고 할 땐 언제고? 난 무조건 믿을래~

바리 그럼, 믿어야지. 하하- 일단 우물 속 입자가 우물 밖으로 나올 확률이 있다는 것을 봤으니 이번에는 위치에너지가 그림처럼 장벽을 만드는 경우를 생각해봐. 위치에너지 U가 두께 d만큼만 있고 다른 곳에서는 모두 0인 '퍼텐셜 장벽potential barrier'을 말이야.

울리 입자가 저 장벽을 뚫고 지나갈 확률이 있다는 거군요?

바리 그래~ 우물 속 입자가 우물 밖에 있을 확률이 있는 것처럼 입자가 장벽을 뚫고 지나갈 확률이 있다는 것이 슈뢰딩거방정식의 해란다. 이렇게 입자가 위치에너지 장벽을 뚫고 지나가는 것을 '터널링 현상tunneling phenomenon'이라고 불러. 입자가 장벽을 통과할 확률은 '투과계수transmission coefficient'라는 물리량으로 정의하는데 장벽이 높고 두꺼워도 투과계수는 0이 아닌 유한한 값을 가질 수 있단다. 물론 낮고 얇은 벽이면 더 잘 뚫고 지나갈 수 있고 말이야.

울리 정말로 벽을 뚫고 나오는지 실험으로도 확인되었겠죠?

바리 물론이지. 확인되었을 뿐만 아니라 이 결과가 전자공학 분야의 엄청난 발전을 가져왔지. 또 양자역학이 핵물리학에 처음 응용된 것이 이 터널링 현상인데, 러시아 출신의 미국 천문학자 조지 가모프George Gamow가 1928년에 양자역학적 터널링 현상을 적용해서 '알파붕괴α-decay'를 이론적으로 설명한 거야. (4권 36화·38화 참조)

엘리 알파붕괴가 뭔데요?

바리 알파입자는 헬륨원자의 핵, 즉 양성자 2개와 중성자 2개로 된 양(+)전하를 띤 입자라고 했지? 알파붕괴는 '특정한 방사능 원자핵에서 알파입자가 자발적으로 방출되는 현상'이야. 방사능 원자핵에 갇혀 있는 알파입자가 핵 밖에서 발견될 확률을 터널링 현상의 투과계수를 구해서 성공적으로 설명한 거지. 그 외에도 양성자들 간의 쿨롱 위치에너지 장벽을 뚫고 핵융합을 일으킬 수도 있고, '주사터널링현미경STM(Scanning Tunneling Microscope)'을 이용해서 원자 수준의 해상도를 갖는 표면 이미지도 얻을 수 있단다. 모두 양자역학 덕분이지.

울리 저도 벽을 뚫고 지나갈 수 있으면 얼마나 좋을까요~

엘리 전자처럼 작아지라니까~ 히히-

바리 교수의 물리노트 23

- 터널링 현상tunneling phenomenon: 양자역학적으로 입자의 총 에너지보다도 큰 위치에너지의 장벽을 입자(파동)가 뚫고 나가는 현상으로 위치에너지 장벽이 높고 두께가 두꺼워도 투과 확률이 있다.
- 알파붕괴α-decay: 특정한 방사능 원자핵에서 알파입자(헬륨 원자핵)가 자발적으로 방출되는 것으로 터널링 현상을 적용하여 이론적으로 설명할 수 있다.
- 주사터널링현미경STM(Scanning Tunneling Microscope): 탐침probe과 물질 표면 사이의 터널링 현상을 이용하여 표면 구조를 원자 수준의 해상도로 얻게 해주는 장치.

24 치밀한 수리물리학자, 막스 보른

Max Born, 1882~1970

바리 교수는 하이젠베르크의 양자역학이 행렬역학이라는 것을 처음 알아봤던, 그리고 슈뢰딩거의 파동함수의 의미를 확률로 해석한 막스 보른의 이야기를 못 해서 아쉽다며 오늘 공부는 터널링 현상으로 마치고 보른의 삶을 살펴보자고 제안했다. 울리와 엘리는 신나서 검색을 시작했다. 바리 교수는 보른이 조머펠트 못지않게 훌륭한 제자들을 많이 키워냈으며, 그 자신도 1954년에 파동함수의 확률 해석으로 노벨물리학상을 받은 학자라고 설명한 후 보른에 대한 이야기를 시작했다.

울리 조머펠트가 미국에 가 있었던 기간에 하이젠베르크를 지도했던 학자라는 것은 기억나요.

바리 나중에 파울리 이야기를 할 기회도 있겠지만, 조머펠트가 지도하던 두 천재 파울리와 하이젠베르크가 모두 막스 보른Max Born(1882~1970)의 조수였단다.

엘리 파울리와 하이젠베르크가 절친이라고 하셨던 것도 기억나요~

바리 하하- 그래~ 막스 보른은 1882년 12월 11일 브레슬라우(폴란드어로는 브로츠와프)라는 곳에서 태어났단다. 지금은 폴란드 남서부에 위치한 지역이지만 당시에는 독일 영토였던 곳이지. 그의 아버지 구스타프 보른은 브레슬라우 대학교의 발생학 교수였고 어머니 마거리트 보른은 사업가 집안의 딸이었는데, 그의 어머니는 막스 보른의 여동생을 1884년에 낳고, 1886년 8월에 일찍 세상을 떠났어.

엘리 막스 보른이 겨우 네 살 때 어머니를 잃었네요.

바리 그래도 학문적 분위기의 부유한 가정에서 자라 원하는 곳에서 원하는 공부를 편히 할 수는 있었다고 해. 1900년 브레슬라우에서 대학 공부를 시작해 하이델베르크, 취리히 등을 거치며 공부하다가 1904년 괴팅겐 대학교에서 수학 공부를 하게 되었지.

울리 물리학이 아니라 수학 공부를 했네요?

바리 당시 괴팅겐 대학교에는 클라인, 힐베르트, 민코프스키 등 쟁쟁한 수학자들이 교수로 있었고, 이들은 수학을 인접학문에 응용하는 데도 관심이 많았거든. 보른은 바로 힐베르트의 눈에 들어

수업 조교를 했고, 보른의 새어머니와 민코프스키의 친분으로 민코프스키와도 가깝게 지내게 되었다고 해.

울리 그럼 보른은 박사학위도 수학으로 받았어요?

바리 응. 수학 박사학위를 받은 뒤부터 본격적으로 이론물리학 연구를 시작했어. 학위를 받고 1907년에는 영국 케임브리지에 있는 캐빈디시연구소의 톰슨을 찾아가 물리 공부를 했고, 고향 브레슬라우로 돌아가 실험연구도 했는데 그리 성공적이진 못했다고 해.

엘리 수학을 좋아했으면 실험보다는 이론을 좋아했을 것 같아요.

바리 그래서 상대론적 전자론에 관한 연구를 했는데, 민코프스키가 이 연구에 관심을 갖고 보른을 다시 괴팅겐으로 불러 함께 연구를 이어가게 되었어. 근데 연구를 시작하고 얼마 되지 않은 1909년 1월에 민코프스키가 맹장 수술 후 갑자기 죽은 거야.

울리 당시는 맹장 수술로도 죽었네요.

바리 안타깝지. 민코프스키는 겨우 44세였거든. 보른은 민코프스키와의 연구를 정리하고, 대학 강사 자격도 취득하며 괴팅겐에 계속 있었어. 1913년까지 27편의 논문을 발표했다니 아주 활발하게 연구를 했던 거지. 그러다 1914년에 막스 플랑크의 초청을 받게 되었고 말이야.

울리 와~ 양자 개념을 처음 발견한 양자의 아버지 막스 플랑크요?

볼프강 파울리(왼쪽)와 막스 보른(오른쪽)

바리 그래. 보른은 플랑크의 초청을 받아들여 1914년 베를린 대학교의 물리학과 부교수로 갔는데, 같은 해에 아인슈타인도 초빙되어 왔기 때문에 보른과 아인슈타인은 평생에 걸쳐 편지를 주고받는 사이가 되었단다.

엘리 아, 아인슈타인의 아내였던 밀레바가 가기 싫어한 베를린 대학교가 보른하고도 연결되네요.

바리 엘리는 계속 밀레바가 마음에 걸리나 보구나…. 보른은 1919년 프랑크푸르트 대학교 정교수로 갔다가 1921년 괴팅겐 대학교의 이론물리학 정교수가 되어 다시 괴팅겐에 자리를 잡게 되었단다. 더구나 보른의 친구였던 실험물리학자 제임스 프랑크James Franck도 함께 교수가 되어 괴팅겐 대학교 물리학과의 황금시대를 만들었지.

울리 친구와 함께 같은 대학 같은 학과의 교수가 되어 정말 좋았겠어요. 근데 보른은 그때까지 결혼을 안 했나요?

바리 베를린 대학교로 가기 전 괴팅겐에 있었던 시기인 1912년에 헤드비히 마르타 에렌베르크를 만나 1913년 8월에 결혼했어. 에렌베르크의 집안은 대대로 유명한 법학자 집안이었는데, 헤드비히의 아버지도 라이프치히 대학교의 법학과 교수였지. 보른과 에렌베르크 사이에는

막스 보른과 마르타 에렌베르크

1914년에 태어난 큰딸 이렌, 1915년에 태어난 작은딸 마가레테, 그리고 1921년에 태어난 아들 구스타프가 있었고 말이야. 너희 영국 가수 올리비아 뉴튼존이라고 아니?

올리비아 뉴튼존

엘리 잘 모르겠는데요. 갑자기 가수는 왜요?

바리 지금은 70세가 넘었으니 잘 모를 수도 있겠다. 1970년대에서 1980년대 사이에 아주 유명했던 가수로 그래미상을 네 번이나 수상하고, 1981년에 발표한 '피지컬'이란 노래로 빌보드 10주 연속 1위를 달성하기도 했던 가수인데, 이 가수가 보른의 큰딸인 이렌의 딸이거든.

엘리 와~ 막스 보른의 외손녀군요. 다시 물리학과 음악이 통한다는 증거네요.

바리 올리비아 뉴튼존은 아버지가 성악 교수였으니 보른의 유전자 때문이라고 보긴 어려울 것 같은데? 하하- 아무튼 막스 보른은 괴팅겐 대학교에 이론물리학연구소를 세우고 우수한 인재를 데려오려고 노력했는데, 그 첫 번째 주자가 조머펠트의 수제자 파울리였어. 파울리는 박사학위도 받기 전인 1921년 7월에 보른한테 가게 되었고 말이야.

울리 파울리가 얼마나 똑똑했기에 그렇게 주목을 받았는지 궁금하네요.

바리 막스 보른은 당시 아인슈타인에게 보낸 편지에 이렇게 훌륭한 조수는 다시 얻지 못할 거라고 썼지만, 파울리는 보른의 연구소에 들어간 지 7개월만인 1922년 4월에 함부르크 대학교의 물리학자 렌츠의 조수로 가버렸단다.

엘리 둘이 서로 잘 맞지 않았나요?

바리 수학 공부를 많이 한 보른은 수학적 형식을 중시하는 스타일이었고, 파울리는 물리학에 대한 완벽주의자였기 때문에 안 맞은 점도 있었다고는 해. 근데 렌츠 역시 조머펠트의 제자였기 때문에 파울리가 그의 조수로 가는 것도 자연스러웠어.

울리 보른은 많이 아쉬워했겠군요.

바리 무척. 지난번에도 얘기했지만 1922년 6월 12일부터 22일까지 보어가 괴팅겐 대학교를 방문했을 때 하이젠베르크, 파울리, 렌츠, 조머펠트도 모두 참석했는데, 이 보어축제 이후 막스 보른은 본격적으로 양자론 연구에 몰두하게 되지.

엘리 그러다 조머펠트가 미국에 가 있는 동안 하이젠베르크를 보른에게 보냈고요~ 헤헤

바리 그래. 파울리는 떠났고 또 다른 천재 하이젠베르크가 1923년 보른의 조수로 괴팅겐에 오게 되었지. 막스 보른의 탄탄한 수학적 배경 덕분에 하이젠베르크의 양자역학이 행렬역학으로 자리를 잡게 되었고 말이야.

엘리 그래도 행렬역학으로는 하이젠베르크 혼자 노벨상을 받은 거죠? 보른과 보른의 또 다른 제자가 함께 참여해 다시 하이젠베르크의

논문을 행렬을 이용해서 썼지만요.

바리 사실 1928년에 아인슈타인은 하이젠베르크, 보른, 그리고 보른의 제자 파스쿠알 요르단Pascual Jordan을 노벨상 후보로 추천했어. 근데 1932년에 하이젠베르크 혼자 수상하게 된 거였지.

파스쿠알 요르단

이 일로 하이젠베르크는 매우 스트레스를 받았고 말이야.

울리 아, 미안했겠네요. 그래도 기본 양자역학은 하이젠베르크가 만든 거잖아요.

바리 노벨위원회는 그렇게 판단한 거겠지. 하이젠베르크는 노벨상을 받은 후 기회가 될 때마다 보른과 요르단의 기여가 컸다고 얘기하곤 했대.

엘리 보른도 결국 노벨상을 받았으니 다행이네요.

바리 그래. 슈뢰딩거가 파동방정식을 발표한 직후인 1926년 7월에 보른은 파동함수 크기의 제곱이 확률밀도라는 개념을 발표했는데, 1926년 12월 4일 아인슈타인은 보른에게 보낸 편지에서 "신은 주사위 놀이를 하지 않는다"고 하며 파동함수의 통계적 해석을 받아들이지 못했지. 보른은 이 업적으로 노벨물리학상을 받았지만 말이야.

엘리 "신은 주사위 놀이를 하지 않는다"는 그 유명한 말이 보른에게 보낸 편지에 있었던 거군요. 보른의 말년은 어땠어요?

바리 막스 보른이 훌륭한 제자를 많이 키웠다고 했잖아? 그중에는 두 번째 여성 노벨물리학상 수상자도 있단다.

마리아 괴페르트-메이어

엘리 와~ 누군데요? 첫 번째는 마리 퀴리잖아요.

바리 마리아 괴페르트-메이어Maria Goeppert-Mayer인데, 보른의 지도로 1930년에 괴팅겐 대학교에서 박사학위를 받았고, 같은 해에 실험물리학자 프랑크의 미국인 조수 조셉 에드워드 메이어와 결혼해 미국에서 연구를 했단다. 이때 미국에서 연구원을 하며 고안한 '원자핵의 껍질모형nuclear shell model'(4권 35화 참조)으로 1963년에 노벨물리학상을 수상했고 말이야.

울리 멋지네요.

바리 막스 보른은 나치를 피해 1933년 영국 케임브리지로 갔다가 1936년에 에딘버러 대학교로 가서 은퇴하는 1952년(70세)까지 교수로 있었어. 은퇴 후 1954년에는 독일로 돌아왔고 노벨상도 수상했지. 연구는 은퇴 후에도 계속하다가 1970년 1월 5일에 괴팅겐에서 87세의 나이로 세상을 떠났단다.

엘리 보른은 하이젠베르크의 양자역학과 슈뢰딩거의 양자역학 모두에 깊이 관여한 학자였네요. 저도 수학을 전공하고 다른 과학 분야로 진출하는 꿈을 가져볼까요? 헤헤-

바리 그것도 좋지~

25 양자세계에서 용수철 진자는 가만히 있을 수 없다구요?

단조화진동자

울리의 책상 서랍에는 볼펜에 들어 있던 작은 것부터 장난감처럼 큰 것까지 여러 가지 다양한 용수철이 들어 있다. 울리는 용수철 하나를 꺼내 들어 눌렀다, 늘렸다, 튕겼다 하며 갖고 놀다가, 문득 용수철의 복원력과 탄성에너지를 배웠던 생각이 나서 노트를 뒤져보았다. 번지점프 이야기를 할 때였다. (1권 21화 참조) 생각은 다시 요즘 배우는 양자세계로 연결되어 '용수철의 탄성에너지도 양자세계에서는 불연속인가' 하는 의문이 들었다.

바리 용수철을 갖고 놀다가 양자세계로 생각이 미쳤다고? 멋진데?

엘리 저도 깜짝 놀랐어요. 용수철을 보고 양자역학을 생각하다니요.

울리 어? 그냥 용수철의 복원력과 탄성에너지가 생각나서 옛날 노트를 들춰보다가, 양자역학에서는 어떤 특정한 에너지만 가질 수 있다니 자연스럽게 궁금해진 거예요. 현실에서는 못 느껴도 우리는 양자역학의 지배를 받고 있는 거잖아요. 헤헤-

바리 아무튼 반가워~ 그래서 우리가 용수철 문제를 양자세계에서 다

뤄볼 수 있게 되었잖아.

울리 양자세계로 간 용수철의 모험인가요? 히히-

엘리 슈뢰딩거방정식을 풀어야 하는 거죠? 헤헤-

바리 그렇지. 잠시 복습을 위해, 용수철 한쪽은 고정되었고 다른 한쪽 끝에는 질량 m이 연결되었다고 생각해보자. 저항은 없다고 가정하고, 이 질량을 정지 상태에서 길이 A만큼 잡아당겼다가 가만히 놓으면 용수철이 줄어들었다, 늘어났다를 반복하겠지? 이때 질량의 위치를 시간에 대해서 그려보면 진폭이 A인 사인파형(또는 코사인파형)을 나타낼 테고 말이야. 이런 운동을 '단조화운동simple harmonic motion'이라고 하고, 질량을 '단조화진동자simple harmonic oscillator'라고 부르지.

울리 늘어난 용수철의 복원력은 $-kx$고, 위치에너지는 $\frac{1}{2}kx^2$이고요. x는 용수철이 가만히 있었을 때의 위치로부터의 거리구요.

바리 오~ 복습했다더니 다 기억하네. 그럼 용수철에 매달린 질량을 길이 A만큼 잡아당겼다가 놓았을 때 총 에너지는 얼마일까? 고전역학적으로 말이야.

엘리 그건 제가 답해볼게요~ A만큼 잡아당긴 순간에는 운동에너지가 없고 위치에너지 $\frac{1}{2}kA^2$만 있으니까, 총 에너지도 $\frac{1}{2}kA^2$이네요. 손을 놓는 순간 역학적 에너지보존법칙에 따라 위치에너지가 운동에너지로 바뀌는 거고요.

바리 잘했어. 용수철이 왔다 갔다 진동하니까 각진동수($\omega = 2\pi f$)를 정의할 수 있는데, $\omega = \sqrt{k/m}$야. 오랜만에 단위 분석 좀 해볼래? 먼저 용수철상수 k의 단위는 뭘까?

울리 용수철상수의 단위는 '힘÷길이'의 단위와 같은데, 힘은 '질량×가속도'니까 결국 '질량×가속도÷길이'의 단위와 같네요.

엘리 그럼 k/m의 단위는 '가속도÷길이'의 단위랑 같고, 가속도의 단위는 '길이÷시간^2'이니까, k/m의 단위는 시간^{2}의 역수네요.

바리 아주 잘했어. 시간의 역수는 Hz로 진동수의 단위지? 그래서 $\omega=\sqrt{k/m}$는 진동수의 단위를 갖는 걸 알 수 있지. 용수철상수 $k=m\omega^2$을 이용하면 용수철에 달린 질량의 위치에너지는 $\frac{1}{2}m\omega^2x^2$으로, $x=-A$와 $x=A$ 사이를 총 에너지 $\frac{1}{2}m\omega^2A^2$을 유지하며 진동한다고 할 수 있고 말이야.

엘리 진동수로 표현하니 진동하는 질량의 에너지라는 것이 자연스럽네요. 이 위치에너지를 이용해서 슈뢰딩거방정식을 푸나요?

바리 그렇지. 슈뢰딩거는 1926년 초에 수소원자에 대한 파동방정식과 해를 발표하고, 4주 만에 이 단조화진동에 대한 논문을 발표했어. 슈뢰딩거의 파동방정식은 결국 양자역학적 연산자의 형태이긴 하지만 운동에너지와 위치에너지가 필요한 것이고, 또 단조화운동을 하는 경우 위치에너지 $U(x)=\frac{1}{2}m\omega^2x^2$이라는 것을 아니까 슈뢰딩거방정식을 쉽게 쓸 수는 있지.

엘리 식 구경이라도 다시 시켜주세요. 또 구경만 할게요~ 헤헤-

바리 $-\frac{\hbar^2}{2m}\frac{d^2\psi}{dx^2}+\frac{1}{2}m\omega^2x^2\psi=E\psi$가 1차원 단조화진동에 대한 슈뢰딩거방정식이야. 위치에너지가 시간의 함수가 아니기 때문에 오른쪽에 시간에 대한 미분 형태가 아닌 그냥 총 에너지 E로 표현된 것인데, 이런 것을 '시간에 무관한 슈뢰딩거방정식time-independent Schrödinger's equation'이라고 부르지.

울리 이런 식이 풀린다는 거죠? 수학적으로요.

바리 좀 복잡한 계산 과정을 거쳐야 하지만 파동함수와 에너지를 구할 수 있단다. 단조화운동의 파동함수는 보여주기도 복잡한 함수니 확률밀도 그림과 양자화된 에너지 결과만 알려줄게.

울리 아, 역시 아무 에너지나 가질 수 있는 것이 아니었군요.

바리 그래. 위치에너지를 그려보면 둥근 우물 모양이잖아? 지난번에 살펴본 1차원 퍼텐셜 우물 문제와 비슷해서 둥근 우물에 갇힌 입자 문제라고 생각하면 돼. 이렇게 갇혀 있는 입자의 에너지가 양자화되는 것이 양자세계의 특성이거든.

엘리 가질 수 있는 에너지들 사이의 간격이 일정하네요?

바리 그게 양자역학적 단조화운동의 특성인데, 양자수 n에 대한 에너지가 $E_n = \left(n + \frac{1}{2}\right)\hbar\omega$거든. $n = 0, 1, 2, \cdots$고 말이야. 즉 $E_0 = \frac{1}{2}\hbar\omega$, $E_1 = \frac{3}{2}\hbar\omega$, $E_2 = \frac{5}{2}\hbar\omega$ 등등 에너지 간격이 $\hbar\omega$로 일정하지. 플랑크 흑체복사 실험을 설명할 때 제안한 양자화 에너지 기억나니? $E_n = nhf = n\hbar\omega$였는데…. (4권 8화·18화 참조)

울리 흑체복사도 단조화운동하고 관계된 건가요? $\frac{1}{2}$이 없는데도요?

바리 바닥상태($n = 0$)의 에너지는 다르지만 인접한 에너지 상태들의 에너지 차이는 $\hbar\omega$로 똑같아서, 높은 에너지 상태에서 낮은 에너지 상태로 떨어지며 내놓는 에너지는 $\hbar\omega$의 정수 배잖아. 열적 평형 상태에서 흑체 내부의 전자기파는 흑체 구조에 맞는 정

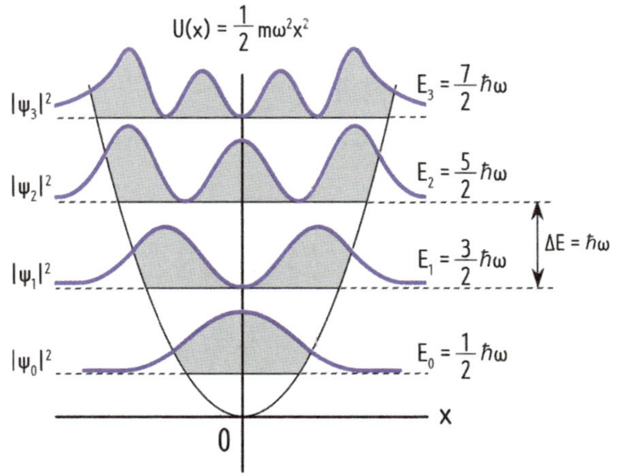

상파를 형성하는데, 이 정상파가 복사에너지를 결정하거든. 정상파는 단조화운동과 같은 파형이고 말이야.

엘리 결국 우연이 아니고 이렇게 연결되는 거네요?

바리 양자역학이 태동하기도 전에 플랑크가 이 정상파의 진동수에 비례하는 에너지 개념을 내놓아 흑체복사를 성공적으로 설명했다는 것이 놀라운 일이지. 26년 뒤 슈뢰딩거가 단조화진동에 대한 파동방정식에서 얻은 양자에너지와는 바닥상태만 다르고 사실상 같은 거였으니까 말이야.

울리 근데 여기서는 양자수가 왜 $n=0$부터 시작해요? 상자-속-입자에서는 $n=1$부터 시작한 것 같은데요?

바리 예리한데? 그걸 기억하고 있었네. 상자-속-입자 문제에서는 $n=0$이면 파동함수가 0이 돼서 의미가 없거든. 단조화운동에서는 $n=0$일 때도 의미 있는 해가 존재하고 말이야.

울리 아, 결국 슈뢰딩거방정식을 잘 풀어야 한다는 거군요. 근데 이번에도 바닥상태 에너지 $E_0 = \frac{1}{2}\hbar\omega$가 0이 아니네요?

바리 그렇지? 바닥상태 에너지가 0일 수 없다는 것은 하이젠베르크의 불확정성원리로 이해할 수도 있어.

울리 불확정성원리로요? 무슨 관계인지….

바리 위치에너지와 운동에너지의 합이 0이라는 것은 입자가 원점에 정지 상태로 있다는 건데, 이상한 점 없어? 불확정성원리 측면에서 말이야.

엘리 아하, 원점에 있다는 것은 위치가 정확하다는 뜻이고, 정지 상태라는 것은 운동량이 정확하다는 뜻이니까 불확정성원리에 어긋나는군요. (4권 14화 참조)

바리 그렇지. 단조화운동의 바닥상태 에너지는 불확정성원리의 최소조건을 만족한단다. 즉 바닥상태에 있는 입자의 위치 측정오차 Δx와 운동량 측정오차 Δp가 $\Delta x \Delta p = \frac{\hbar}{2}$를 만족하지.

울리 아, 불확정성원리의 의미를 조금 더 알 것 같기도 해요.

바리 고체나 다원자 분자들의 경우 간단하게 원자들이 용수철로 연결되어 있는 모형처럼 생각하고 특성을 분석하는데, 단조화진동자의 바닥상태 에너지가 0이 아니라는 것은 고체나 다원자 분자들이 절대온도가 0도일 때도 에너지가 0일 수 없다는 의미기도 하단다.

엘리 계속 떨고 있다는 거죠?

울리 절대영도니 얼마나 춥겠어요. 추우니 떨 수밖에 히히-

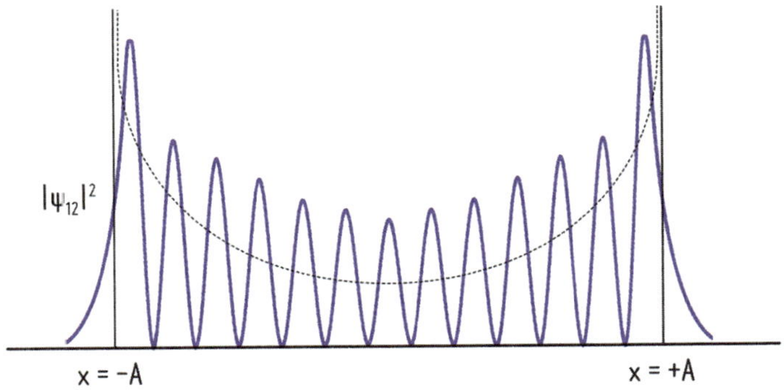

바리 하하하- 사실 그렇게 추우면 얼어서 꼼짝 못 해야지. 근데 불확정성원리가 허용하지 않는 거야. 이제 단조화진동자의 확률밀도를 보면, 터널링 현상에서 본 것처럼 고전역학적으로는 있을 수 없는 곳에 입자가 있을 확률이 역시 존재하고, 양자수가 홀수일 때는 입자가 $x=0$에 있을 확률이 없다는 것을 알 수 있지.

울리 양자수가 커질수록 우물 경계 쪽에 있을 확률이 커지는 것 같은데. 여기에는 무슨 의미가 있는 건가요?

바리 또 예리하게 봤네~ 다시 용수철에 달린 질량을 고전역학적으로 생각해보자. 질량이 원점으로부터 $+A$만큼 당겨져 있는 순간 운동에너지가 0이었다가 점점 커지고, 원점에서는 최대가 되고, 다시 줄어들어 $-A$ 위치로 가면 운동에너지는 0이 되겠지? 근데 운동에너지가 작다는 것은 천천히 움직인다는 것이니까 오래 머문다는 뜻일 테고 말이야.

울리 아하! 오래 머무는 곳에 있을 확률이 커지는 것이군요?

엘리 그래서 우물의 경계 쪽에 있을 확률이 우물 가운데 부분에 있을 확률보다 큰 거고요.

울리 양자수가 아주 커지면 고전역학의 결과와 같아진다는 대응원리!

바리 그렇지. 실제 양자수 $n=100$에 대한 확률밀도를 그려보면 고전역학의 결과와 꽤 비슷한 확률을 얻을 수 있단다. 그림에서는 $n=12$의 확률밀도만 그렸지만 말이야.

바리 교수의 물리노트 25

- [복습] 1차원 단조화진동자simple harmonic oscillator는 힘 $F=-kx$를 받아 진동자의 위치 x가 시간에 대해 사인파형이나 코사인파형을 이루며 일정하게 진동한다. 단조화진동자(질량 m, 속력 v, 각진동수 ω, 진폭 A)의 고전역학적 에너지는 $E=\frac{1}{2}mv^2+\frac{1}{2}m\omega^2x^2=\frac{1}{2}m\omega^2A^2$으로 0을 포함한 임의의 어떤 값도 가질 수 있고, $x=\pm A$에 있을 확률이 $x=0$에 있을 확률보다 크다.
- 양자역학적 단조화진동자의 에너지는 $E_n=\left(n+\frac{1}{2}\right)\hbar\omega$, $n=0, 1, 2, \cdots$로 바닥상태 에너지 $E_0=\frac{1}{2}\hbar\omega$고, 양자수가 커지면 고전역학적 단조화진동자의 결과와 일치한다. 또 바닥상태는 최소 불확정성원리 $\Delta x\Delta p=\frac{\hbar}{2}$를 만족한다.

26 원자 속 전자가 구형으로만 분포하는 것이 아니라구요?

수소원자 전자확률분포

바리 교수는 이번에 1차원 '상자-속-입자'나 '우물-속-입자'처럼 간단한 경우에 대한 슈뢰딩거 파동방정식의 해를 봤으니, 다음에 오면 수소원자에 대한 슈뢰딩거방정식의 해를 살펴보자고 했다. 그러면서 수소원자에 대한 슈뢰딩거방정식에서 중요한 역할을 하는 위치에너지는 핵 속에 있는 양성자와 핵 주위에 있는 전자 사이의 쿨롱 힘에 의한 것이라며 전기위치에너지(3권 7화 참조)를 복습해오라고 했다. 특별히 복습을 하고 오라고 해서 엘리와 울리는 예전에 필기해둔 노트를 찾아보며 함께 공부한 뒤 바리 교수를 찾아왔다.

바리 어서 와~ 전기위치에너지에 대해선 복습하고 왔니?

울리 그럼요~ 특별히 당부하셨는데 지켜야죠. 헤헤- 저희 함께 복습했어요~ 전하 Q로부터 r만큼 떨어진 지점에 있는 다른 전하 q가 갖는 전기위치에너지는 거리에 반비례해서 $k\dfrac{qQ}{r}$예요. k는 쿨롱상수고요.

엘리 진공에서 쿨롱상수 $k=\dfrac{1}{4\pi\varepsilon_0}$로 유전율 ε_0에 반비례하고요~

바리 오~ 열심히 했구나~ 그럼 수소원자의 원자핵으로부터 r만큼 떨어진 곳에 있는 전자의 위치에너지는 어떻게 될까?

엘리 원자핵의 양성자는 전하량이 $+e$, 전자는 전하량이 $-e$, 그래서 위치에너지는 $-k\frac{e^2}{r}$이요.

바리 그렇지. 이 위치에너지를 갖고 슈뢰딩거방정식을 풀어야 하는데, 지금까지 예로 든 경우보다 훨씬 더 복잡하단다.

울리 지금까지 다룬 문제들도 수학적으로 어려워서 결과만 알려주셨는데, 수소원자 문제는 더 복잡하다고요?

바리 지금까지는 입자가 1차원에서만 움직일 수 있는 경우에 한해 다뤘는데, 수소원자는 공간적으로 3차원 문제가 되기 때문에 슈뢰딩거방정식을 정확히 푸는 것이 수학적으로 훨씬 복잡하거든.

울리 어차피 저희가 직접 해를 구하지는 않을 거잖아요. 헤헤-

바리 하하- 그렇긴 하지. 그래도 의미는 대충 이야기해주려고 해. 예전에 수소원자의 빛띠에 대해 보어의 원자모형으로 설명할 수 없었던 것을 조머펠트가 양자수 2개를 더 추가해서 설명했다고 한 것 기억나니? (4권 20화 참조)

엘리 양자수가 모두 4개 아니었어요?

바리 스핀 양자수까지 합쳤을 때 모두 4개지. 스핀 양자수는 근원이 다르니 나중에 얘기하고, 지금은 스핀 양자수를 뺀 세 가지 양자수에 대해서 이야기하려고 해.

울리 1차원에서는 양자수가 한 가지, 3차원에서는 양자수가 세 가지, 뭐 그런 건 아니죠? 히히-

바리 어? 맞는데!

엘리 울리의 눈치가 또 통했네요~

울리 정말요? 전 그냥 장난친 건데요.

바리 아무래도 좋아. 일단 좌표계에 대해서 조금 얘기할게. 3차원 공간의 임의의 한 점을 나타내기 위해서는 3개의 값이 필요한데, 만일 서로 수직인 세 축 x, y, z를 이용한다면 그 점의 좌표는 (x, y, z)로 표시하지. 이런 좌표계를 '데카르트 좌표계cartesian coordinate system'라고 부른단다.

엘리 x, y 두 값만 필요한 2차원 좌표는 익숙하지만 3차원 좌표는 그려본 적이 없는 것 같아요.

바리 그렇지? 근데 좌표계도 여러 가지가 있어서 오늘은 3차원 공간의 한 점을 '구면좌표계spherical coordinate system'로 표현하는 얘기부터 할 거야.

울리 (x, y, z)를 사용하지 않는다는 건가요?

바리 그래. (x, y, z) 대신 (r, θ, ϕ)로 표현하는 건데, 그림에서 알 수 있듯이, 반경이 r인 구 표면 위의 점들은 각각 θ, ϕ에 의해 모두 결정되잖아? 어느 좌표계를 사용하든 상관없지만 문제에 따라 더 유용한 좌표계가 있거든.

엘리 수소원자에 대한 슈뢰딩거방정식을 풀 때는 구면좌표계가 더 유용하다는 건가요?

바리 그렇지. 전자의 위치에너지가 핵으로부터의 거리 r만의 함수니까 구면좌표계를 이용하면 슈뢰딩거방정식을 조금 더 쉽게 풀

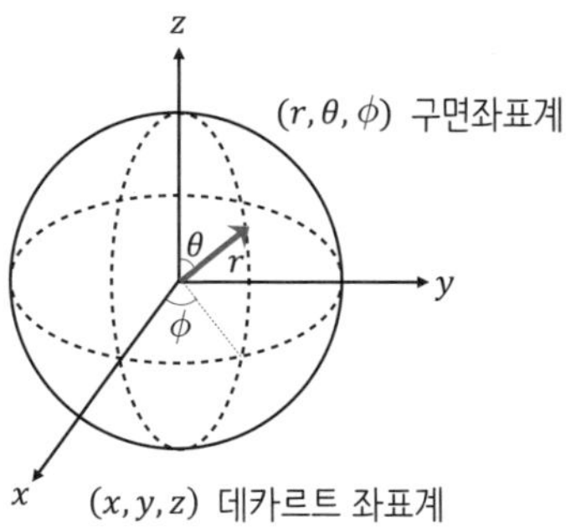

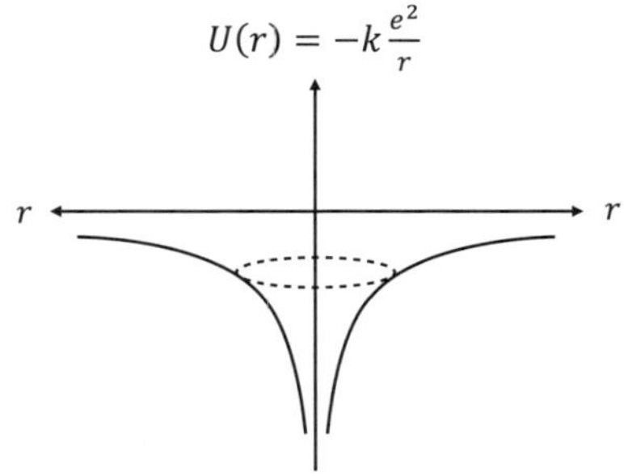

수 있단다. 파동함수도 x, y, z 대신 r, θ, ϕ의 함수인 $\psi(r, \theta, \phi)$로 표현되고 말이야.

울리 기호만 봐도 복잡해 보여요.

바리 기호는 그저 기호일 뿐이라고 생각하렴. 수소원자에 대한 슈뢰딩거방정식에서 위치에너지가 r만의 함수기 때문에 파동함수 $\psi(r, \theta, \phi) = R(r)F(\theta)G(\phi)$처럼 쓸 수 있는데, $R(r)$은 r만의 함수, $F(\theta)$는 θ만의 함수, $G(\phi)$는 ϕ만의 함수라는 뜻이야.

엘리 뭔지 모르겠지만 파동함수가 간단해진 것 같기도 해요.

바리 무슨 뜻이냐 하면, 3차원 슈뢰딩거방정식 1개가 1차원 방정식 3개가 된다는 뜻이야. 3차원 방정식보다는 1차원 방정식을 푸는 것이 쉽고 말이지.

엘리 어려운 것 1개를 푸는 대신 쉬운 것 3개를 푸는 거네요.

바리 그런 셈이지. 그런데 전자가 쿨롱위치에너지에 의해 갇혀 있으니 에너지가 양자화되는데, 1차원 방정식 하나를 풀 때마다 양자수가 하나씩 생기고, 그 양자수들이 서로 완전히 무관하지는 않아. 그래서 $R(r)$에서 생긴 양자수 $n=1, 2, 3, \cdots$은 $F(\theta)$에서 생긴 양자수 $l=0, 1, 2, \cdots, n-1$에 제한을 주고, 양자수 l은 $G(\phi)$에서 생긴 양자수 $m_l=-l, -l+1, \cdots, 0, \cdots, l-1$에 제한을 주게 되는 거야.

울리 각 양자수의 이름을 알려주셨는데…. 뭐였죠?

바리 n은 주양자수, l은 궤도양자수, m_l은 궤도자기양자수라고 부른다고 했지. (4권 20화 참조) 주양자수는 양의 정수는 모두 가능하지만, 궤도양자수는 n개만, 궤도자기양자수는 $2l+1$개만 가능해.

엘리 그럼 $n=1$이면 $l=0$, $m_l=0$만 가능한 거네요?

바리 그렇지. 또 $n=2$이면 $l=0, 1$만, $m_0=0$, $m_1=-1, 0, 1$만 가능하고 말이야. 주양자수 n은 원자 '껍질shell', 궤도양자수 l은 '부껍질subshell'이라고도 하는데, 부껍질은 $l=0$부터 차례대로 s, p, d, f, g, h 등의 기호를 애용하지. 만일 $3p$라고 표기된 상태라면, $n=3$, $l=1$임을 의미하는 거야.

울리 아, 그럼 $3f$ 같은 건 없겠네요? f는 $l=3$이니까요.

바리 그렇지. $n=3$이면 $l=2$까지만 가능하니까 $3f$ 상태는 불가능해. 그리고 원자 껍질기호는 $n=1$부터 차례대로 K, L, M, N, O, P 등이야. $3p$를 Mp라고 부르지 않는 것은 다행이지?

울리 정말 그렇네요~ Mp처럼 쓰면 많이 불편할 것 같아요.

바리 이렇게 수소원자에 대한 3차원 슈뢰딩거방정식을 풀면, 에너지 $E_n=-\dfrac{13.6}{n^2}$eV와 파동함수 ψ_{n, l, m_l}을 얻는단다.

엘리 어? 근데 에너지는 왜 주양자수 n에 의해서만 결정돼요? 파동함수처럼 양자수 3개가 모두 나와야 하는 것 아닌가요?

바리 그건 수소원자에서만 나타나는 아주 특별한 현상이란다. 일반적으로 다른 원자들의 에너지는 궤도양자수와 궤도자기양자수에 따라서 달라지지.

울리 이제 파동함수 크기의 제곱을 보여주실 거죠? 그래야 전자가 어디에 있을 수 있는지 알 수 있잖아요.

바리 하하- 그래야지. 복잡하니 $1s$, $2s$, $2p$ 상태의 거리 r에 따른 확률밀도를 그림으로 보자.

울리 역시 전자가 있을 수 있는 곳이 넓게 퍼져 있네요.

엘리 그래도 $1s$는 원자핵 가까이에 있을 확률이 높은데요?

바리 $1s$는 수소원자의 바닥상태인데, 확률이 가장 높은 위치가 바로 보어 반지름 a_0이야. 보어의 수소원자모형에서 바닥상태에 해당

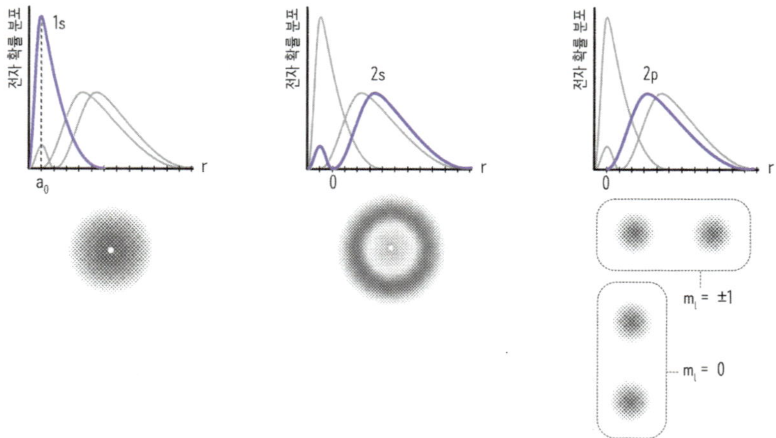

하는 궤도의 반지름 말이야. (4권 18화 참조) 점으로 대충 확률밀도를 찍어놨으니 3차원을 상상하렴.

울리 $1s$는 전자가 원자핵을 중심으로 공 모양으로 분포하는 확률을 갖는다는 거죠? $2s$는 피크가 2개니까 공 속에 또 공이 있는 모양의 확률이고요? 그리고 $3s$는 '공 속의 공 속의 공' 모양인가요? 히히-

바리 맞았어. s 상태들은 각 θ, ϕ와 무관한 파동함수를 갖기 때문에 보어의 원자모형의 궤도와 유사하지. s 상태는 궤도양자수 $l=0$에만 해당하니 가능한 다른 l 값을 갖는 상태들도 많지만 말이야.

엘리 $2p$는 원자핵 가까이에 있을 확률이 없으니까 입체로 보면 도넛 모양인가요?

바리 오~ 입체로 잘 보는데? 궤도자기양자수 m_l에 따라 도넛이 누워 있는지 서 있는지가 결정되지. $m_l=0$일 때는 확률밀도가 $\cos^2\theta$에 비례하기 때문에 $\theta=0, \pi$일 때 확률밀도가 가장 크고, $m_l=\pm1$일 때는 확률밀도가 $\sin^2\theta$에 비례해서 $\theta=\frac{\pi}{2}$일 때 확률밀도가 가장 큰 거란다. 더 높은 에너지 상태에 대한 확률밀도 이미지를 보려면 'atomic orbital'을 검색해보렴~

울리 와~ 전자가 있을 확률이 무슨 꽃들의 모습 같기도 하고 화려하네요.

엘리 데칼코마니 같기도 하고요. 전자가 그린 멋진 작품이라고 할 수 있는 거죠? 헤헤-

바리 양자역학이 만든 멋진 예술품이지. 그래서 원자를 간단히 표현하기도 힘들고 말이야. 다음에는 양자수들의 물리적 의미를 살펴볼게. 스핀자기양자수에 대해서도 조금 더 자세히 이야기해보고 말이야.

바리 교수의 물리노트 26

- 수소원자처럼 위치에너지가 원자핵으로부터의 거리만의 함수인 경우, 원자핵을 중심으로 하는 구면좌표계를 이용하여 3차원 슈뢰딩거방정식을 3개의 1차원 방정식으로 분리할 수 있다. 이 3개의 방정식은 3개의 양자수에 의해 연결되어 있다.
- 수소원자의 3차원 공간 관련 양자수는 다음과 같다.

  - 주양자수 $n = 1, 2, 3, \cdots$

  - 궤도양자수 $l = 0, 1, 2, \cdots, n-1$

  - 궤도자기양자수 $m_l = -l, -l+1, \cdots, 0, \cdots, l-1, l$

27 자기장과 나란한 방향의 각운동량만 양자화가 된다구요?

궤도(자기)양자수/제이만효과

주말 아침에 신문을 뒤적이던 울리 엄마는 퀀텀 독서법, 퀀텀 팔찌 등을 홍보하는 광고 전단을 보고는 도대체 퀀텀이 뭐기에 여기저기 붙이냐고 했다. 울리네 아빠도 회사에서 자꾸 퀀텀 점프 아이디어를 내라고 해서 힘들다고 했다. 옆에 있던 울리가 귀가 솔깃해져서 요즘 바리 교수를 찾아가 알쏭달쏭한 '퀀텀' 얘기를 듣고 온다고 부모님께 자랑을 했다. 양자세계에서는 우리 현실에서 이해할 수 없는 일들이 일어나는데, 그런 효과가 난다고 광고하려는 것 같다고도 했다. 오후에 바리 교수를 찾아간 울리는 아침에 본 광고 전단 얘기를 빼먹지 않았다.

울리 광고에 퀀텀을 마구 갖다 붙이는 것을 보니 좀 웃겨요. 우리말도 아니고 영어로요.

엘리 나도 봤는데, 우리말로 양자라고 쓰면 입양한 아들 같잖아. 양자 독서법, 양자 팔찌 하면 더 웃기지 않겠어?

울리 히히- 그것도 그렇네. 퀀텀하면 왠지 신비로운 것 같기는 해요. 근데 퀀텀 점프는 뭐예요?

바리 원자의 에너지 상태가 불연속하니 한 상태에서 다른 상태로 옮겨간다고 했잖아? 물론 에너지를 흡수하거나 내놓거나 하면서 말이야. 이런 것을 '전이transition' 또는 '퀀텀 점프quantum jump'라고 해.

울리 아~ 점프해서 다른 상태로 간다는 의미군요.

바리 그럼 오늘은 우리도 영어로, 퀀텀 넘버 이야기를 해볼까? 하하-

엘리 양자수요?

바리 그래~ 원자를 설명하면서 양자수가 여러 개 등장했는데, 그 의미를 이야기하지 않아서 오늘은 궤도양자수와 궤도자기양자수의 의미를 알려주려고 해.

엘리 그렇지 않아도 주양자수는 수소원자의 에너지와 관계가 있다고 하셨는데, 다른 양자수는 어떤 물리량과 관계가 있는지 조금 궁금했어요.

바리 그래? 다른 양자수들도 물리량과 관계가 있단다. 슈뢰딩거방정식을 풀면 나오는 결과들이지. 다른 양자수들을 보기 전에 원자모형에 대해 복습부터 해보자. 전자가 반경 r의 원을 그리며 속력 v로 움직이고 있으면 전자의 각운동량 크기 $L=mvr$이고 방향은 오른손규칙에 따라 원궤도 면에 수직이겠지? 고전물리학에서 이 각운동량은 어떤 값이든 가질 수 있고 말이야.

울리 근데 보어가 '전자는 특정한 원궤도에서만 움직일 수 있어서 각운동량의 크기도 특별한 값만 가질 수 있다'는 양자화 가설을 만들었고요. 이 특별한 값의 각운동량은 플랑크상수, 아니 플랑크상수를 2π로 나눈 $\hbar$의 정수 배만 가질 수 있다는 것이었죠. (4권 17화·18화 참조)

바리 아주 잘 기억하고 있구나. 식으로 쓰면, $L=n\hbar$, $n=1, 2, 3, \cdots$인데, 각운동량이 특정한 값만을 가질 뿐 아니라 바닥상태($n=1$)에서도 0이 아닌 $\hbar$를 갖는다는 뜻이지. 보어의 원자모형에서 전자의 각운동량이 0이려면 전자가 핵을 향해 움직여야 한다는 모순이 생기거든.

울리 그걸 어떻게 알아요?

바리 각운동량의 정의는 '회전축으로부터의 위치벡터와 운동량의 외적(벡터곱)'이라서 각운동량이 0이라는 것은 위치벡터와 운동량이 나란하다는 뜻이거든. 외적 기억날까?

엘리 두 벡터를 외적하면 크기는 두 벡터가 만드는 평행사변형 면적이고, 방향은 두 벡터 모두에 수직인 벡터가 되죠. 두 벡터가 나란하면 면적이 생기지 않으니 벡터곱의 결과는 0이고요.

울리 바로 설명이 나오네. 땡큐~ 덕분에 기억이 새록새록 난다~

바리 하하- 아무튼 보어의 원자모형이 비록 물질파의 정상파 해석으로 힘을 받았지만, 그 물질파 개념을 기반으로 만들어진 슈뢰딩거방정식에 의해 전자의 원궤도는 포기해야 했잖아?

엘리 그럼 보어의 각운동량도 포기해야 하는 거군요?

바리 그렇지. 슈뢰딩거방정식을 풀면, 주양자수가 n일 때 각운동량의 크기 $L=\sqrt{l(l+1)}\hbar$로 정해지거든. 이미 말했듯이 궤도양자수 $l=0, 1, 2, \cdots, n-1$이고, 보어의 원자모형에서와 달리 $l=0$일 때 각운동량의 크기 $L=0$이고 말이야.

울리 어? 그럼 전자가 핵을 향해서 움직일 수 있는 거예요?

바리 그건 전자가 입자라고 생각하는 고전물리학적 관점이지. 지난 번 수소원자에서 전자의 확률분포를 봤을 때, $l=0$인 s 상태들은 모두 구형이었던 것 기억나지? 즉 양자역학적으로 각운동량 $L=0$인 상태에 대한 전자구름은 구대칭성이 있어서 어떤 특정한 회전축에 대한 각운동량을 나타내지 않는다는 의미야.

울리 아, 공 속의 공 속의 공 같은 모양으로 분포하는 거요?

바리 그래~ 양자역학적 각운동량도 주양자수 n이 충분히 커지면 최대 궤도양자수 $l=n-1\approx n$으로 근사할 수 있어서 각운동량의 크기 $L=\sqrt{(n-1)n}\hbar\approx n\hbar$가 되어 보어가설과 같아지지.

엘리 오호~ 그럼 궤도자기양자수는 어떤 물리량과 관계가 있나요? 왜 자기라는 단어가 들어가죠? 자기장과 관계있나요?

바리 그건 설명이 좀 긴데, '자기모멘트magnetic moment'라는 개념부터 알아야 해. 예전에 전자기학 공부할 때 설명을 못해줬거든.

울리 오히려 다행이에요. 전자기학 공부한 지가 언제인데 그때 배웠다고 해서 지금 기억이 나겠어요. 히히-

바리 그런가? 자기모멘트($\vec{\mu}$)는 전류 I가 흐르는 원형도선이 만드는 면적이 A라고 할 때, $\vec{\mu}=I\vec{A}$로 정의해. 면적벡터는 여러 번 나와서 알고 있지? 면적 A에 수직한 바깥 방향을 갖는다고 정의했는데….

울리 면적벡터는 기억나죠. 전기선속, 자기선속 배울 때 중요했잖아

요. (3권 9화 · 18화 참조)

바리 좋았어. 그럼 전하 q가 반경 r의 원궤도를 그리며 속력 v로 움직이면 주기는 $\frac{2\pi r}{v}$이고, 주어진 시간에 이동한 전하량인 전류 $I=\frac{qv}{2\pi r}$라고 할 수 있겠지?

엘리 아, 그럼 이 전류에 원의 면적 $A=\pi r^2$을 곱해주면 자기모멘트를 구할 수 있네요?

바리 그렇지. 자기모멘트의 크기 $\mu=IA=\frac{qvr}{2}$이 되는데 $L=mvr$을 이용하면, 방향까지 넣어 $\vec{\mu}=\frac{q}{2m}\vec{L}$이 된단다.

엘리 자기모멘트와 전하의 각운동량이 비례한다는 거네요?

바리 그래~ 만일 전하가 전자라면 $\vec{\mu}=-\frac{e}{2m}\vec{L}$로 자기모멘트의 방향은 각운동량의 방향과 반대가 되고 말이야. 또 자기모멘트가 자기장 안에 있으면 자기력을 받는다는 의미기도 하지. 예전에 자성이 생기는 이유를 설명하면서 '원자들이 작은 자석과 같다'고 표현한 적이 있는데, 이게 바로 자기모멘트를 의미하는 거였지. 스핀각운동량에 의한 자기모멘트였지만 말이야. (3권 17화 참조)

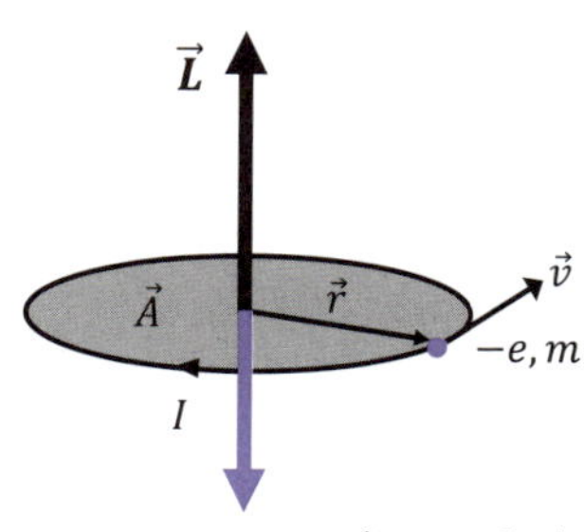

울리 자기모멘트는 전류 또는 움직이는 전하에 의한 것이니 자기장 안에서 힘을 받는다는 거죠? 역시 예전에 공부한 것을 다 기억하고 있어야 한다는 우울감이 몰려오네요….

바리 반복해서 나오니 그때그때 확인하면 되지. 자, 그럼 힘이 있으면 위치에너지를 정의할 수 있지? 수학적 유도는 생략하고 결과만 알려주면, 자기장 $\vec{B}$ 안에 있는 자기모멘트 $\vec{\mu}$의 위치에너지는 두 벡터의 내적(스칼라곱)으로 $U = -\vec{\mu} \cdot \vec{B}$야. 여기에 전자의 자기모멘트를 넣어주면 $U = \frac{e}{2m} \vec{L} \cdot \vec{B}$가 되고 말이야.

울리 두 벡터의 내적은 서로 나란한 성분을 곱한 것과 같다는 것은 알아요~ 헤헤-

바리 좋네. 그럼 자기장의 방향을 z−방향이라고 가정해봐. 그러면 위치에너지가 $\frac{eB}{2m} L_z$가 되거든. L_z는 자기장 방향으로의 각운동량 성분이고 말이야. 이제 이 위치에너지를 슈뢰딩거방정식에 추가하면, 자기장 안에서의 수소원자를 양자역학적으로 이해할 수 있게 되는 거지.

엘리 아, 수소원자를 자기장 속에 넣으시려고 자기모멘트의 정의를 알려주신 거군요.

울리 그래도 우리가 계산을 하지 않는 것은 참 좋아요. 히히- 슈뢰딩거방정식을 푼 결과는 어떤 건가요?

바리 그 결과는 $L_z = m_l \hbar$, $-l \leq m_l \leq l$로 자기장 방향으로의 각운동량 성분이 특별한 값만 갖는다는 거야. 자기장과 수직한 방향의 성분 L_x, L_y는 양자화가 되지 않고 어떤 값도 가질 수 있지만 말이지.

울리 와~ 자기장 방향과 나란한 각운동량의 성분만 특별한 값을 갖도록 양자화가 된다고요?

바리 그래. 예를 들어 자기장의 방향이 z-방향일 때 궤도양자수 $l=2$인 경우, 궤도자기양자수 $m_l=-2, -1, 0, 1, 2$이고 z-방향의 각운동량 $L_z=-2\hbar, -\hbar, 0, \hbar, 2\hbar$만 가능하다는 거지. L_x, L_y는 어떤 값이든 허용되고 말이야. 그럼 $l=2$인 경우 각운동량의 크기는 얼마일까?

엘리 $L=\sqrt{l(l+1)}\hbar=\sqrt{6}\hbar$요.

바리 그렇지. 근데 6의 제곱근은 약 2.449로 L_z의 최댓값인 2보다 항상 크단다. 즉 각운동량 $\vec{L}$의 방향이 자기장의 방향과 나란할 수 없다는 뜻이지. L_z만 양자화가 되고 L_x, L_y는 어떤 값이든 가질 수 있기 때문에 각운동량 $\vec{L}$은 그림의 원뿔 표면 어디에도 있을 수 있다는 의미고 말이야.

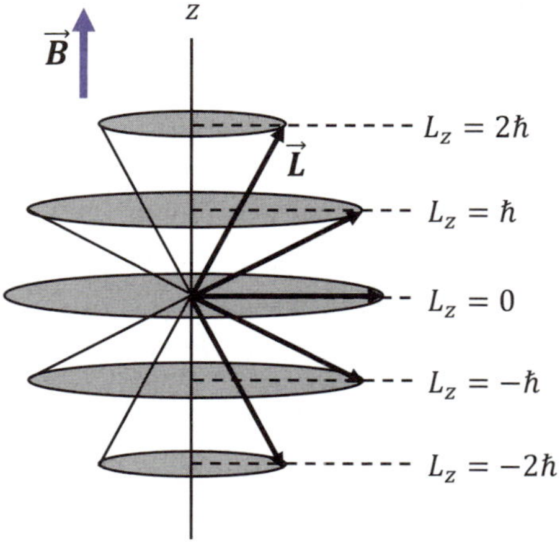

울리 그럼 결국 각운동량의 방향을 정확히 모른다는 거네요?

바리 그래. 이것 역시 하이젠베르크의 불확정성원리와 관계된단다.

양자세계에서 불확정성은 피할 수 없는 자연의 법칙이지.

울리 불확정성원리는 위치와 운동량, 에너지와 시간 사이에만 적용되는 것이 아니었어요?

엘리 서로 호환하지 않는 물리량 사이에는 모두 불확정성원리가 있다고 하셨잖아. (4권 15화 참조)

바리 그래. 불확정성원리의 일반화에 대해서 잠깐 언급하긴 했지. 각 운동량의 각 성분은 서로 호환하지 않는 물리량이라 한 방향의 성분이 정확해지면 다른 두 성분은 정확히 알 수 없다는 불확정성원리가 생긴단다.

엘리 양자세계의 신비로움은 끝이 없네요.

바리 수소원자의 방출빛띠가 자기장 안에서 여러 개로 갈라진다고 했지? 이런 현상도 궤도자기양자수로 이해할 수 있단다. 예를 들어 $l=1$인 상태에서 $l=0$으로 떨어지며 방출하는 빛띠는 자기장이 없을 때는 1개지만, 자기장이 있으면 3개로 갈라진다는 것을 알 수 있지. 자기장에 의한 위치에너지 $U=\frac{eB}{2m}L_z=\frac{eB\hbar}{2m}m_l$이고, 궤도양자수 $l=1$일 때 궤도자기양자수 $m_l=-1, 0, 1$이니까 말이야.

엘리 아하, 방출빛띠가 자기장 안에서는 3개로 갈라지는 것에 대한 설명이 딱 맞네요.

바리 그렇지. 이렇게 자기장 안에서 원자의 방출빛띠가 갈라지는 현상을 '제이만효과Zeeman effect'라고 하는데, 이걸 궤도자기양자수 개념으로 이해하게 된 거야.

〈제이만효과 Zeeman effect〉

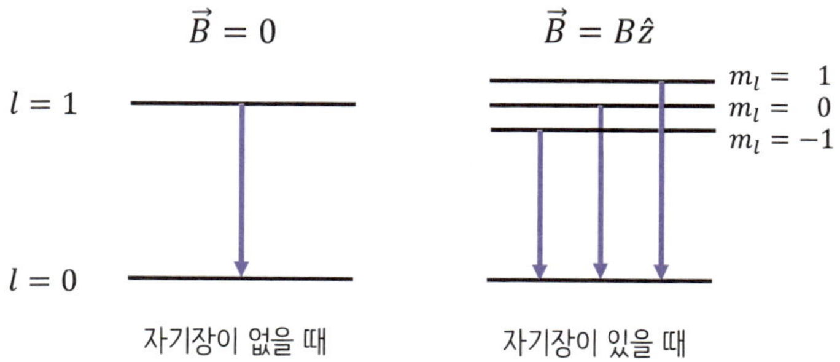

엘리 이제 양자수의 이름이 왜 궤도자기양자수인지 느낌이 와요~

울리 내 느낌은 'uncertain.' 불확정. 히히-

바리 내 탓이야. 그래도 다음에 오면 스핀자기모멘트에 관한 얘기를 해줄게~

바리 교수의 물리노트 27

- 자기모멘트magnetic moment $\vec{\mu}$: 닫힌 경로로 흐르는 전류 I와 닫힌 경로가 만드는 면적벡터 $\vec{A}$의 곱 $\vec{\mu}=I\vec{A}$로 정의되고, 원운동하는 전하의 경우 $\vec{\mu}=\frac{q}{2m}\vec{L}$로 표현된다. 여기서 $\vec{L}$은 각운동량이다. 자기장 $\vec{B}$ 안에서 자기모멘트의 위치에너지 $U=-\vec{\mu}\cdot\vec{B}$다.
- 주양자수가 n인 상태에 있는 원자는 각운동량의 크기 $L=\sqrt{l(l+1)}\hbar$를 가질 수 있고, $l=0,1,2,\cdots,n-1$은 '궤도양자수orbital quantum number'라고 부른다.
- 자기장 안에서 각운동량의 자기장 방향(편의상 z −방향) 성분 $L_z=m_l\hbar$, $-l\le m_l\le l$은 양자화되고 자기장에 수직한 방향의 성분들은 양자화되지 않으며, 불확정성원리에 의해 각운동량의 방향은 확정될 수 없다.
- 제이만효과Zeeman effect: 자기장 안에서 원자의 방출빛띠가 여러 개로 갈라지는 현상.

28 전자는 자전하지 않는다구요?

스핀(자기)양자수

시험이 끝난 날 엘리는 친구들과 함께 영화도 보고 여기저기 돌아다니며 재미있게 놀았다. 그런데 어젯밤 시험 공부를 하느라 잠을 조금밖에 못 자서 그런지 저녁이 되자 피곤이 몰려왔다. 친구들과 헤어져 마을버스에 올라서 자리를 잡고 앉아 꾸벅꾸벅 졸고 있는데, 한 아이의 목소리가 들려왔다. "엄마, 밤은 왜 캄캄해?" 순간 엘리는 아이 엄마의 답이 궁금해서 귀가 솔깃했다. 한편으로는 '해님이 자러 가서 그래'라고 하거나 '원래 그래'라고 하지 않을까 지레짐작하고 있는데, 아이 엄마는 가방에서 장난감을 하나 꺼내더니 아이에게 자전에 대해 설명하기 시작했다. 그 모습이 너무 인상적이어서 기억하고 있다가 바리 교수를 찾아가는 길에 울리에게도 얘기해주었다.

울리 훌륭한 엄마네. 난 어릴 때 뭔가 어른들한테 물어보면 '원래 그래~'라는 소리를 제일 많이 들은 것 같거든.

엘리 나도. 아니면 모두 동화를 만들어버리잖아. 원래 그런 것은 아무것도 없는 것 같은데 말이야.

울리 우리도 뭔가 자연에 대해서 깨달음이 있게 된 건가? 히히-

엘리 그렇겠지? 히히- 저기 바리 아줌마랑 아린이 보인다. 아린아~

바리 어서 와. 시험이 끝나서 마음이 편하겠구나.

울리 그럼요~ 시험 때는 막상 공부도 안 하면서 늘 마음은 찜찜하니 불안해요.

엘리 이번에는 울리가 시험 공부도 열심히 하더니 결과도 좋대요.

바리 그래? 좋은 현상이구나~

울리 히히- 쑥스러워요. 오늘은 무슨 얘기해주실 거예요?

바리 지난번에 얘기했듯이 양자수 이야기를 마저 해야지. 주양자수 n, 궤도양자수 l, 궤도자기양자수 m_l은 슈뢰딩거방정식을 풀면서 자연스럽게 등장한다고 했는데, 오늘은 슈뢰딩거방정식으로도 이해할 수 없는 스핀양자수 이야기를 하려고 해.

엘리 물질이 자성을 띠는 이유를 설명해주실 때 나왔던 스핀각운동량과 관계되는 거겠죠? (3권 17화 참조)

바리 맞아. 그때는 스핀에 대해 설명하는 것이 쉽지 않았는데, 이제 양자역학을 소개했으니 자연스럽게 설명할 수 있을 것 같네.

울리 기억에 스핀각운동량은 질량이나 전하량처럼 입자가 갖는 고유한 물리량이라고 하셨던 것 같아요.

바리 제대로 기억하고 있는데? 스핀은 고전물리학으로 설명되지 않는 양자역학적 개념이라 이해가 어렵다고도 했지.

울리 스핀은 '자전한다'는 의미잖아요? 전에 설명하실 때도 전자가 실제 도는 것은 아니라고 하셨는데, 그럼 왜 스핀이라고 불러요?

바리 그 이야기를 하려면 다시 양자역학이 나오기 전으로 돌아가야 해. 지난번에 자기장 속에서 원자의 방출빛띠가 갈라지는 현상인 제이만효과를 얘기했는데(4권 27화 참조), 1897년 네덜란드의 물리학자 피터르 제이만Pieter Zeeman이 발견한 거야. 그 공로로 제이만은 1902년 헨드릭 안톤 로런츠Hendrik Antoon Lorentz와 함께 노벨물리학상을 수상했지. 빛띠가 3개로 갈라지는 현상은 로런츠가 이론적으로 설명하기도 했거든.

엘리 아~ 로런츠힘, 로런츠인자의 그 로런츠군요. 근데 3개로 갈라지는 경우는 궤도양자수 $l=1$인 경우만 가능하잖아요? 궤도자기양자수가 $m_l=-1, 0, 1$로 3개니까요.

바리 그건 슈뢰딩거방정식의 결과지. 그때 당시에는 양자역학을 몰랐으니까 로런츠이론으로 설명이 가능한 제이만효과를 '정상' 제이만효과라고 하고, 나머지는 모두 '비정상' 제이만효과라고 불렀는데, 비정상 제이만효과가 훨씬 많이 관측되었다고 해. 왜 그런지는 물론 알 수가 없었고 말이야. 특히 빛띠가 자기장 안에서 2개 또는 짝수로 갈라지는 현상은 전혀 설명할 수 없었어.

울리 그래서 파울리가 등장하는군요. (4권 20화 참조)

엘리 난 이름이 기억나지 않아 '누구였더라' 하고 있었는데, 네 이름과 비슷하다고 좋아하더니 기억하네? 히히-

바리 울리 말대로 이 설명할 수 없는 현상을 해결한 사람이 파울리였어. 파울리가 '전자는 2개의 값만 갖는 새로운 양자수를 내재적으로 가지고 있다'고 제안한 거지. 그리고 이 두 값을 '고전물리학적으로 표현할 수 없는 두 값'이라고 표현했고 말이야. 파울리의 논문은 1925년 초에 출판되었으니 그가 25세도 채 되지 않았을 때였지.

울리 고전물리학적으로는 표현할 수 없는 것이라고 처음부터 못을 박았네요?

바리 파울리는 이미 고전물리학적으로 표현할 수 없다고 말했지만, 파울리의 새 양자수와 배타원리가 복잡했던 원자상태와 주기율표를 단순하게 설명하자 세 명의 물리학자(랠프 크로니히Ralph Kronig, 조지 유진 울렌벡George Eugene Uhlenbeck, 새뮤얼 에이브러햄 호우트스미트Samuel Abraham Goudsmit)는 전자가 자전을 하면 자기모멘트가 생겨서 자기장과 상호작용하는 것이라는 고전적 설명을 제안했단다.

울리 그럴듯한 설명이 아닌가요?

바리 그럴듯해 보이지만 실제 전자가 자전을 하면 자전 속력이 빛의 속력보다 커지는 등 다른 물리량에 문제가 발생한단다. 그리고 미시세계에서의 전자가 공 같은 입자도 아니잖아. 파울리는 스핀이라는 표현을 아주 싫어했다고 해.

엘리 고전물리학적으로 표현할 수 없는 것이라고 했는데, 자전은 고전물리학적으로 설명이 되는 거니까 그랬나 보네요. 그래도 우리는 그냥 스핀이라고 부르네요?

바리 전자가 새로운 각운동량을 추가로 갖고 있는 것은 확실하니 지금까지 알고 있던 '궤도각운동량orbital angular momentum'과 구분하는 의미에서 그냥 '스핀각운동량spin angular momentum'이라고 부르게 된 거지. 그래도 전자의 자전에 의한 것이 아니라 원래부터 고유하게 갖고 있는 각운동량임을 잊지 마렴.

엘리 네~ 그럼 스핀각운동량과 스핀양자수는 어떻게 연결되나요?

바리 스핀각운동량도 각운동량이기 때문에 양자역학적으로 궤도각운동량과 유사하게 스핀각운동량의 크기 $S=\sqrt{s(s+1)}\hbar$란다. 전자의 스핀양자수 $s=\frac{1}{2}$이어서 $S=\frac{\sqrt{3}}{2}\hbar$고 말이야.

엘리 아, 그렇군요. 그럼 마찬가지로 자기장 안에서는 스핀각운동량의 자기장 방향의 성분만 양자화되나요? (4권 27화 참조)

바리 그렇지. 자기장 방향을 편의상 또 $z-$방향이라고 한다면, 스핀각운동량의 $z-$성분 $S_z=m_s\hbar$고, 스핀자기양자수 m_s는 $-s\leq m_s\leq s$를 만족하지. 즉 전자의 경우를 보면, $s=\frac{1}{2}$이니까 $m_s=-\frac{1}{2}, \frac{1}{2}$처럼 2개의 값만 갖고 말이야.

울리 스핀각운동량의 $x-$성분과 $y-$성분은 역시 양자화가 되지 않는다는 거죠?

바리 그렇지. 물리적으로는 같은 각운동량이니 양자화 특성은 궤도각운동량과 같단다. 특히 자기장 방향으로의 스핀각운동량 성분은 $+\frac{\hbar}{2}$, $-\frac{\hbar}{2}$만을 가질 수 있어서 각각 '스핀 업spin up(↑)', '스핀 다운spin down(↓)'이라고 부르고 화살표로 표시하곤 하지.

울리 그럼 스핀자기모멘트와 스핀각운동량의 관계도 궤도자기모멘트와 궤도각운동량의 관계와 같나요?

바리 스핀자기모멘트 $\vec{\mu}_{spin}=-\frac{e}{m}\vec{S}$는 전자의 운동과 상관없이 고유하게 갖고 있는 것이라 궤도각운동량과의 관계인 $\vec{\mu}=-\frac{e}{2m}\vec{L}$

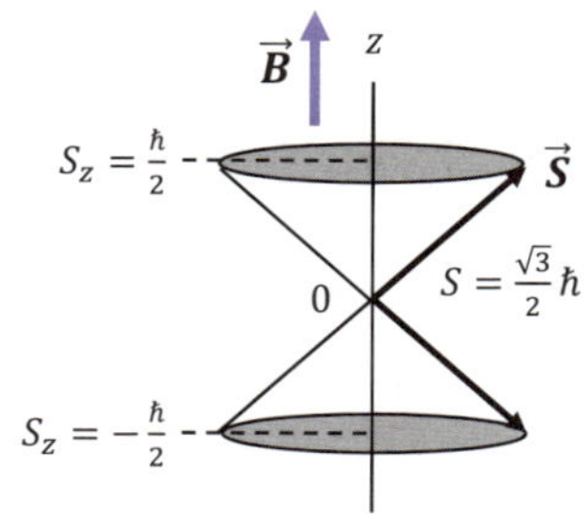

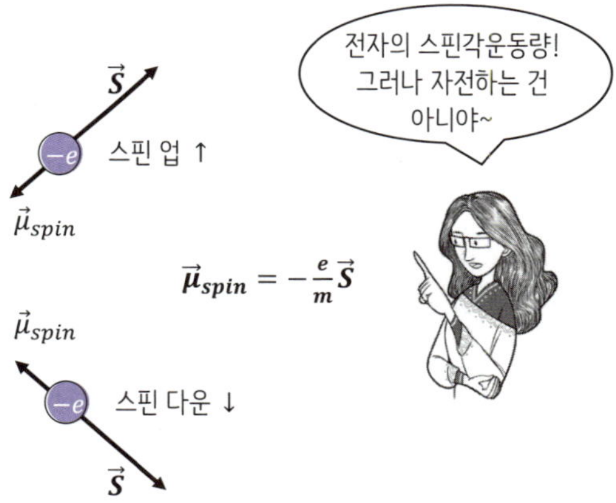

과는 차이가 있단다.

울리 2배 큰 관계네요.

바리 그래. 그 2배의 의미는 영국의 물리학자 폴 디랙Paul Dirac이 양자역학에 상대성이론을 적용해서 설명했지만 우리는 다루지 않을 거야. 디랙은 1933년 슈뢰딩거와 함께 노벨물리학상을 수상한 학자란다.

엘리 다행이에요. 헤헤- 양자역학도 어려운데 상대성이론과 양자역학을 동시에 생각하면 얼마나 어렵겠어요.

바리 나도 다행이라고 생각해. 하하하- 한편 자기장 방향으로의 전자 스핀각운동량이 $\pm\frac{\hbar}{2}$기 때문에 자기장 방향으로의 스핀 자기모멘트 $\mu_{spin,z} = \pm\frac{e\hbar}{2m}$인데, '보어마그네톤Bohr magneton' $\mu_B = \frac{e\hbar}{2m}$를 정의해서 자기모멘트의 크기를 나타내는 단위로 삼는단다.

울리 이제 원자의 양자상태를 나타내는 양자수 4개를 모두 설명해주신 거죠? 다시 정리 한번 해주세요~

바리 그럴까? 표를 그려서 보는 것이 한눈에 들어오겠지? 주양자수 $n=1, 2, 3$에 대해서 보면 다음 표와 같단다.

n	1	2				3								
l	0	0	1			0	1			2				
m_l	0	0	-1	0	1	0	-1	0	1	-2	-1	0	1	2
m_s	↑↓	↑↓	↑↓	↑↓	↑↓	↑↓	↑↓	↑↓	↑↓	↑↓	↑↓	↑↓	↑↓	↑↓

엘리 표로 보니까 쉽게 이해되네요. 스핀자기양자수를 화살표로 표시한 것도 좋고요.

바리 화살표만 기억하면 안 되고 ↑는 스핀각운동량의 자기장 방향 성분값이 $\frac{\hbar}{2}$라는 것을 기억해야 해. 그리고 지난번에 간단하게 설명했듯이 '4개의 양자수로 결정된 하나의 양자상태에는 전자 2개가 들어갈 수 없다'는 파울리의 배타원리도 기억하고 말이야. 이 배타원리로 주기율표를 잘 이해할 수 있게 되었거든.

울리 이제 주기율표 설명으로 넘어가나요?

바리 그 전에 스핀자기모멘트와 관련된 중요한 실험 이야기를 먼저 하는 것이 좋을 것 같은데, 조금 쉬었다가 하자.

울리 좋아요~

바리 교수의 물리노트 28

- 스핀각운동량($\vec{S}$)은 입자의 자전운동에 의한 물리량이 아니라 질량이나 전하량처럼 입자가 내재적으로 고유하게 지니고 있는 물리량이다.
- 스핀각운동량의 크기 $S=\sqrt{s(s+1)}\hbar$고, 전자의 경우에 스핀양자수 $s=\frac{1}{2}$이기 때문에 전자의 스핀각운동량 크기 $S=\frac{\sqrt{3}}{2}\hbar\simeq 0.866\hbar$다.
- 자기장 안에서 스핀각운동량의 자기장 방향 성분은 양자화된다. 자기장이 $z-$방향이라고 가정하면, $S_z=m_s\hbar$, $m_s=-s, -s+1, \cdots, s-1, s$고, 전자의 경우 $S_z=\pm\frac{\hbar}{2}$다.
- 보어마그네톤Bohr magneton: 자기모멘트의 크기를 나타내는 기본 단위로 사용되며, $\mu_B=\frac{e\hbar}{2m}=9.274\times10^{-24}\,\mathrm{J/T}$ (J: 줄, T: 테슬라)다.

29 궤도각운동량의 양자화를 입증하려다 스핀을 확인했다구요?

슈테른-게를라흐 실험

바리 교수는 울리를 처음 만났을 때가 생각났다. 자전거를 타고 학교를 가던 울리가 어떤 난폭운전자의 차에 치일 뻔했던 것을 바리 교수가 목격한 것이 인연이 되어 이렇게 오랫동안 함께 물리 공부를 하게 되리라고는 생각지도 못했다. 한 번으로 끝날 수 있었던 인연이 물리학으로 단단하게 이어졌다는 것은 더욱 놀라운 일이 아닌가 싶었다. 샌드위치를 준비하며 바리 교수는 울리와 엘리의 꾸준함을 칭찬했다.

엘리 울리의 꾸준함은 물리학이 아니라 아줌마의 간식 덕분이 아닐까요? 히히-

울리 헉. 심했다. 아줌마의 물리학 강의를 간식보다 못한 것으로 취급하다니!

엘리 아, 그게 아니라….

울리 간식이 중요하기도 했지만 말이야. 헤헤-

바리 하하하- 간식 때문이든 물리 때문이든 너희가 꾸준히 와서 자연을 이해하려 했다는 것이 중요하지. 벌써 그만두었을 수도 있었는데 말이야.

엘리 저도 울리가 이렇게 꾸준히 아줌마를 찾아올지 몰랐어요. 덩달아 저까지 따라오게 될지도 몰랐고요.

바리 아무튼 기특해~ 이제 역사적인 실험 이야기를 시작해볼까?

울리 스핀각운동량과 관련 있는 실험이라고 하셨죠?

바리 결과적으로는 그런데, 처음 실험을 할 때는 스핀에 대해서 모르던 시기였다는 것이 흥미롭지. 자기장 안에서 자기장 방향으로의 각운동량 성분이 특별한 값만을 갖는 양자화가 생긴다고 했잖아? (4권 27화 참조)

울리 그랬죠. 궤도각운동량과 스핀각운동량 모두 자기장 방향으로의 성분이 양자화되고, 이때 나오는 양자수가 궤도자기양자수와 스핀자기양자수라고 알려주셨어요.

바리 자기모멘트가 각운동량에 비례하는 것도 알려주었고 말이야. 이렇게 자기장 방향으로의 각운동량 또는 자기모멘트가 양자화되는 걸 '공간 양자화space quantization'라고 불렀어. 이미 조머펠트가 3차원 수소원자를 설명하려면 양자수가 2개 더 필요하다고 제안했을 때여서, 특정한 방향들만 갖는 자기모멘트를 보어-조머펠트 원자모형으로도 잘 설명할 수 있을 거라 생각하고 실험적으로 정확히 확인하고 싶어 했지.

울리 늘 이론은 실험으로 확인하려고 하고, 실험 결과는 이론으로 설명하려고 하네요. 이번엔 어떤 실험이었어요?

바리 자기장 안에서 자기모멘트가 양자화되는 것을 처음 본 사람은 오토 슈테른Otto Stern과 발터 게를라흐Walther Gerlach야. 지금은 '슈테른-게를라흐 실험Stern-Gerlach experiment'이라는 이름으로 모든 양자역학 책에 나올 정도로 유명한 실험이지. 1921년 슈테른과 게를라흐는 오븐 속에서 증발된 은(Ag)-원자 빔beam이 불균일한 자기장 속을 통과하게 한 후, 사진건판 스크린에 어떤 모양의 자국이 생기는지를 관찰하는 실험을 했어. 당시의 고전물리학에 의하면 자기모멘트는 모든 값이 가능하니까 스크린에 연속적인 패턴이 생길 것이고, 만일 양자화되었다면 불연속 패턴이 보일 것이라고 본 거지.

엘리 근데 은-원자 빔이 자기장을 통과한 후 갈라진 것을 봤겠죠~

바리 갈라졌는데, 두 가닥으로 갈라진 결과를 얻었어. 이 결과는 양자역학을 몰랐던 당시에 보어-조머펠트의 공간 양자화, 즉 각운동량의 양자화를 증명한 실험으로 크게 인정을 받았지. 근데 사실은 공간 양자화 때문이 아니었지만 말이야.

엘리 어? 그게 무슨 뜻이에요?

〈 슈테른-게를라흐 실험 〉

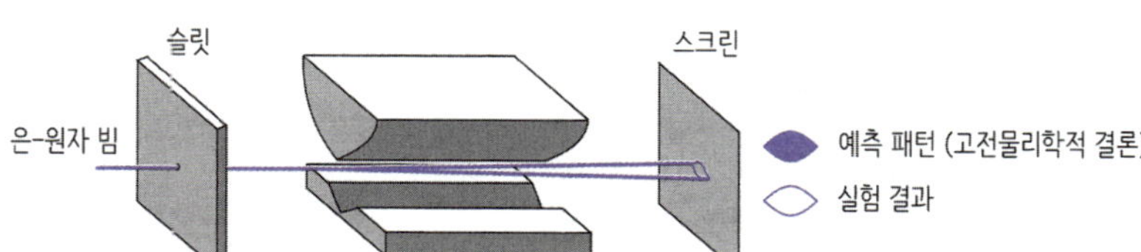

바리 당시 은-원자의 궤도양자수 $l = 1$이라고 생각했고, 따라서 궤도 자기양자수 $m_l = -1, 0, 1$로 자기장 방향의 자기모멘트는 3개의 값을 갖게 되겠지?

울리 아, 보어-조머펠트 모형으로도 수소원자의 방출빛띠가 홀수로 갈라지는 것은 설명할 수 있다고 했죠? 그럼 저 실험의 경우도 자기장 안에서 세 가닥으로 갈라져야 하는 것 아닌가요?

바리 근데 보어가, $m_l = 0$인 경우는 자기모멘트의 자기장 방향 성분이 없다는 뜻이니 각운동량과 자기장이 수직해서 불안정한 상태를 만들 수 있다며, 궤도양자수 $l = 1$인 원자들은 자기장을 통과한 후 두 가닥으로 갈라질 거라고 예측했거든.

엘리 그럼 맞는 실험 결과네요?

바리 처음에는 그래서 모두 환호했지. 심지어 파울리는 실험을 직접 구경할 만큼 큰 관심을 보였단다. 근데 문제는 보어의 예측은 틀린 것이었고, 나중에 보니 은-원자의 궤도양자수도 $l = 1$이 아닌 $l = 0$이었다는 거지.

엘리 아이고, 이상해요. 어찌 된 거죠?

울리 보어의 예측은 뭐가 잘못된 거예요?

바리 우리가 지금 알고 있듯이 궤도자기양자수 $m_l = 0$인 상태도 안정된 양자상태인데 이 상태를 무시한 것이 잘못된 거였어. 그리고 실험한 은-원자는 $l = 0$이기 때문에 $m_l = 0$인 상태였던 거고 말이야.

울리 아, 양자역학적으로는 아무 문제 없는 거군요.

엘리 궤도자기양자수 $m_l = 0$인 은-원자가 자기장을 통과한 후 어떻게 두 가닥으로 갈라지는 건지 고민이었겠어요.

바리 $l = 0$뿐만 아니라, 궤도양자수 l에 대해 궤도자기양자수 m_l은 $2l + 1$개의 값으로 양자화가 되는데, 궤도양자수는 정수기 때문에 항상 홀수 개의 궤도자기양자수를 갖게 되고 짝수 개는 나올 수가 없다는 근본적인 문제가 발생한 거지.

엘리 그건 더 심각한 거죠?

바리 그렇지. 근본원리를 이해하지 못하고 있다는 뜻이니까 말이야. 그러다 1927년에 미국의 물리화학자 핍스와 테일러가 은-원자 대신에 수소원자를 사용해 슈테른-게를라흐 실험을 그대로 재현한 결과를 발표했단다.

울리 수소원자를 사용한 이유는 뭐예요?

바리 수소원자는 전자가 하나뿐이니 전자를 여러 개 갖고 있는 은-원자보다 정확히 이해할 수 있겠지. 바닥상태($n = 1$)의 수소원자는 궤도양자수 $l = 0$이고, 궤도자기양자수 $m_l = 0$이니까 말이야.

울리 그럼 실험 결과는요? 여전히 둘로 갈라졌겠죠? 우리는 스핀을 아니까요. 히히-

바리 맞았어. 보어-조머펠트 모형에 의하면 궤도자기양자수 $m_l = 0$일 때는 갈라지지 않아야 하는데 여전히 둘로 갈라진 거야.

엘리 근데 1927년이면 이미 스핀각운동량에 대해서 알고 있을 때잖아요? 1925년에 파울리가 스핀에 대해 발표했으니까요.

바리 그렇지. 스핀양자수에 대해 설명할 때 얘기한 것처럼 1925년에 파울리가 2개의 값만 갖는 새로운 양자수를 제안했고, 이어서 울렌벡과 호우트스미트가 전자의 스핀각운동량 가설을 제안했으니까 말이야. 하지만 실험으로 확인한 것은 아니었지.

엘리 아, 그럼 슈테른-게를라흐 실험의 해석은 완전 잘못된 것이었고 핍스-테일러 실험은 스핀각운동량 가설을 확인시켜준 실험이었다는 것인가요?

바리 그런 셈이지. 스핀각운동량의 존재를 처음 확인한 실험으로 슈테른-게를라흐 실험이 거의 모든 양자역학 교과서에 나오지만, 원래 실험 의도는 이미 얘기했듯이 궤도각운동량의 양자화를 입증하려는 거였거든.

엘리 그럼 핍스-테일러 실험을 더 인정해줘야 하는 것 아닌가요?

바리 슈테른-게를라흐의 실험은 그 결과를 제대로 해석하지 못했지만, 결국 전자의 스핀각운동량의 양자화를 처음 본 실험이긴 하지. 핍스-테일러는 시료만 바꿔서 같은 실험을 한 것이었잖아. 물론 핍스-테일러 실험의 결과로 원자 내 전자의 총 각운동량은 궤도각운동량과 스핀각운동량으로 되어 있다는 것을 확인하게 되긴 했지만 말이야. 한편 슈테른은 노벨상 후보로 82번이나 추천받기도 했단다. 결국 1943년에 노벨상을 수상했지.

울리 84번이나 추천받고도 결국 노벨상을 받지 못한 조머펠트보다는 해피엔딩이네요. 저 실험 결과로 받은 건가요? 게를라흐와 함께요?

바리 아니. 수상 이유에 슈테른-게를라흐 실험은 전혀 언급되지 않았어. 슈테른은 1933년에 같은 방법으로 양성자의 자기모멘트를 발견했는데, 그 공로로 단독으로 노벨상을 받았단다.

울리 게를라흐는 좀 억울했을 것 같아요.

바리 슈테른-게를라흐 실험 업적으로 수상한 것이 아니었으니까 뭐. 그보다는 파울리가 2개의 값만 갖는 양자수가 새로 필요하다고 제안했을 때, 이를 설명하기 위해 전자의 자전효과를 처음 제안했던 크로니히가 더 억울했을 거야. 파울리가 크로니히의 제안을 혹독하게 비난해서 논문 발표를 포기했거든. 근데 나중에 울렌벡과 호우트스미트가 발표해서 그들의 공이 되어버렸으니까 말이야.

엘리 아, 아깝네요.

바리 아무튼 1928년 26세의 디랙이 우물퍼텐셜 문제를 상대론적 파동방정식('디랙방정식Dirac equation')으로 푸는 과정에서 전자스핀 양자수는 $\frac{1}{2}$이고, 스핀각운동량은 질량이나 전하량처럼 전자의 고유한 물리량으로 변하지 않는다는 것을 보임으로써 '스핀'에 들어 있는 고전물리학적 해석은 완전히 버려야 했단다.

울리 20대에 훌륭한 업적을 낸 물리학자들이 너무 많아 기죽어요.

바리 그렇지? 1933년 슈뢰딩거와 공동으로 노벨물리학상을 수상할 당시 디랙은 31세의 미혼 청년이었으니 말이야. 오늘은 이만하고 다음에 오면 주기율표에 대해 알려줄게~

바리 교수의 물리노트 29

- 공간 양자화space quantization: 자기장 방향으로의 자기모멘트(또는 각운동량) 성분이 양자화되어 자기모멘트가 특정한 방향들만 가질 수 있는 현상.
- 슈테른-게를라흐 실험Stern-Gerlach experiment: 궤도자기양자수 m_l에 의한 공간 양자화를 입증하려던 실험이었으나, 결과적으로 전자의 스핀각운동량의 존재를 입증한 최초의 실험이 되었다.
- [복습] 스핀(각운동량)은 입자의 자전운동에 의한 물리량이 아니라 질량이나 전하량처럼 입자가 내재적으로 갖는 고유한 물리량으로 고전물리학적 해석이 불가능하다.

30 똑같은 전자는 함께 있을 수 없다구요?

배타원리와 주기율표

울리와 엘리의 과학반 모임에서 선생님이 학생들에게 물속에서 녹는 숟가락 동영상을 보여주며 샘 킨Sam Keen이 쓴 『사라진 스푼*The Disappearing Spoon*』이라는 책을 소개해주었다. '주기율표에 얽힌 광기와 사랑, 그리고 세계사'라는 부제에서 알 수 있듯이 주기율표에 등장하는 원소들의 이야기라고 했다. 울리와 엘리는 마침 바리 교수가 다음에는 주기율표에 관한 이야기를 하겠다고 했기에 열심히 수업을 듣고 동영상 링크도 저장해두었다. 바리 교수에게도 보여주고 싶었기 때문이다.

바리 『사라진 스푼』이라는 책에 나오는 것을 재현한 동영상이구나. 갈륨으로 만든 숟가락으로 말이야.

울리 아줌마도 그 책 보셨어요?

바리 아니. 보진 않았지만 저 동영상은 알아. 옛날에 화학자들이 갈륨으로 숟가락을 만들어 손님에게 홍차를 대접할 때 함께 내놓아서 손님을 깜짝 놀라게 하는 장난을 쳤다고 들은 적이 있거든.

갈륨이 알루미늄과 비슷하게 생겨서 숟가락을 만들면 구분이 안 되지만, 녹는점이 29.76℃로 낮아서 인간의 체온만으로도 액체로 변하니 뜨거운 홍차 속에서는 얼마나 잘 녹았겠니.

엘리 저도 동영상 보고선 정말 깜짝 놀랐어요. 헤헤-

바리 신기하지? 너희들은 기회가 되면 『사라진 스푼』을 읽어보렴.

엘리 그렇지 않아도 주문했어요~ 오늘은 주기율표 이야기를 해주신다고 했는데, 어떤 이야기인가요?

바리 그동안 조금씩 이야기는 했지만, 오늘은 좀 더 자세히 파울리의 배타원리를 설명하려고 해. 주기율표의 탄생부터 시작하면 배타원리가 당시 얼마나 천재적 발상이었는지를 느끼게 될 거야.

울리 주기율표는 러시아 화학자 드미트리 멘델레예프Dmitri Mendeleev가 처음 만들었다면서요? 오면서 검색 좀 해봤죠. 히히-

바리 맞아. 멘델레예프가 비슷한 화학적 성질을 갖는 원자들을 분류하고 정리하여 1869년에 제안한 것을 바탕으로 해서 지금의 형태로 발전한 거야. 모두 실험 데이터에 의존해서 만든 거였지. 같은 화학적 성질을 갖는 원자들을 나열한 세로 줄을 '족group'이라고 하고, 화학적 성질이 주기적으로 바뀌는 원자들을 나열한 가로 줄을 '주기period'라고 부르고 말이야.

울리 실험 데이터를 분석해서 화학적 성질이 비슷한 원자들끼리 묶어서 정리했다는 것이 대단한 것 같아요. 당시에는 컴퓨터도 없었을 테니 모두 직접 정리했을 것 아니에요?

바리 더욱 놀라운 것은 멘델레예프가 당시에 아직 발견되지 않은 원자들을 빈칸으로 남기면서 주기율표를 만들었다는 거야. 나중에 그의 예측대로 빈칸으로 남겨두었던 원자들이 대부분 발견되었으니 참 대단하지.

울리 와~ 정말요?

바리 그래. 한편 보어-조머펠트의 원자모형이 나오자, 많은 학자들이 실험 데이터로부터 만들어진 주기율표를 이 새로운 원자모형으로 이해해보려고 했어. 근데 쉽지 않았지.

엘리 스핀을 몰랐기 때문인가요?

바리 스핀을 모르기도 했지만 무엇보다도 배타원리를 몰랐기 때문이지. 물리적으로 가장 안정된 상태는 에너지가 가장 낮은 상태인데, 보어-조머펠트 모형에 의하면 원자 내 전자들이 모두 가장 안쪽 궤도에 있어야 가장 안정된 원자상태가 되는 거야. 근데 그러면 원자번호에 따른 원자의 크기나 이온화 에너지가 실험 결과와 달라서 큰 문제였어. 먼저 원자번호에 따른 원자의 크기부터 살펴볼까?

울리 원자번호는 양성자수죠?

바리 그렇지. 전기적으로 중성인 원자는 양성자수와 전자수가 같은데, 원자번호가 커지면 쿨롱의 힘이 어떻게 될까?

울리 쿨롱의 힘은 거리에 반비례하고 두 전하량의 곱에 비례하니까 원자번호가 커지면 서로 점점 세게 당기겠네요.

엘리 그럼 원자핵과 전자들 사이의 인력이 클수록 원자의 크기는 작아지나요? 원자핵은 전자보다 훨씬 무거우니 전자가 끌려갈 것 같은데요.

바리 바로 그렇게 원자번호가 클수록 원자의 크기가 작아질 거라고 예측했는데, 실제 실험 결과에 의하면 원자의 크기는 원자번호가 커지면서 주기성을 보이며 커졌다 작아졌다 하지만 전반적으로는 커졌어. 좀 더 정확히는 같은 족에서는 원자번호가 커질수록 크기도 커진 반면에, 같은 주기에서는 원자번호가 커질수록 크기가 작아지는 경향을 보였지. 즉 1족에 속하는 리튬(Li), 나트륨(Na), 포타슘(K) 등등이 원자의 크기 그래프에서 주기적으로 피크를 나타낸 거야. 한편 이온화 에너지는….

울리 이온화 에너지가 뭔가요?

바리 원자에서 전자 하나를 떼어내기 위해 필요한 에너지를 이온화 에너지라고 해. 다시 보어 모형에 의하면 원자번호가 클수록 쿨롱 인력이 크니까 전자를 떼어내는 것이 힘들어 이온화 에너지도 커져야 하겠지? 그런데 실험 결과는 주기율표의 맨 오른쪽 족에 속하는 헬륨(He), 네온(Ne), 아르곤(Ar) 등등의 이온화 에너지가 주변 원자들보다 크고, 특히 원자번호 2인 헬륨의 이온화 에너지가 제일 큰 거야. 원자번호에 따른 이온화 에너지 그래프에서 이들 원자가 주기적으로 피크를 나타낸 거지.

울리 보어의 반응은 어땠어요? 엄청 스트레스받았을 것 같은데요.

바리 보어는 이런 원자들의 주기성을 설명하기 위해 주양자수 n에 들어갈 수 있는 전자수에 제한이 있다고 제안했어.

엘리 어? 그럼 배타원리를 보어가 먼저 제안한 건가요?

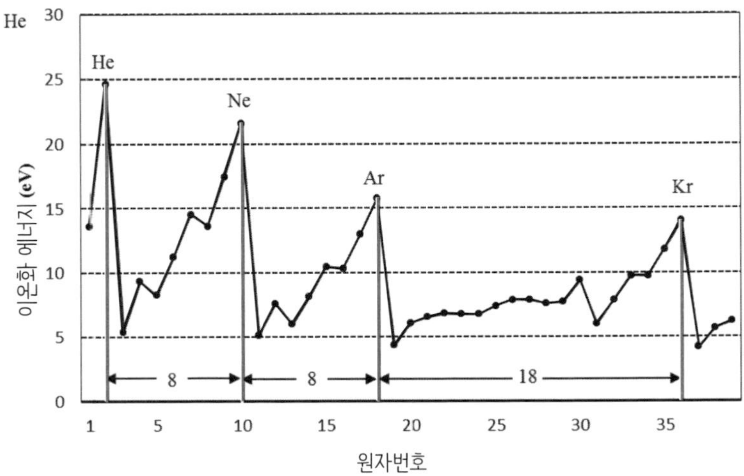

바리 그건 아니고, 주기율표의 원소 분류를 부인할 수 없으니 주기율표에 맞춰서 설명해보려고 한 거야. 주기율표의 제일 오른쪽 세로줄의 원소들은 화학반응을 잘 일으키지 않고 모두 기체 상태로 존재해서 '비활성기체noble gas'라고 하는데, 이 원소들을 기준으로 삼아 주양자수에 들어갈 수 있는 전자수를 제안했거든.

엘리 비활성기체를 기준으로 삼은 이유는 뭐예요?

바리 비활성기체들이 화학반응을 잘 일으키지 않는 것은, 아주 안정된 상태여서 전자를 떼어내는 것이 힘들기 때문이라고 생각한 거지. 그 안정된 상태는 전자가 꽉 찬 상태고 말이야. 예를 들어 헬륨은 원자번호 2이니 전자도 2개인데, 모두 $n=1$인 상태에 있으면서 꽉 찬 상태라는 것이지. 즉, $n=1$에는 전자가 2개만 들어갈 수 있다고 제안한 거야.

엘리 그럼 다음 비활성기체인 네온은 원자번호가 뭐예요?

울리 검색하니 바로 나오네. 원자번호 10~

바리 그래~ 네온은 전자가 10개인데, $n=1$인 상태에 2개, 그리고 $n=2$인 상태에 8개 들어가서 꽉 찬 상태여야 하니까, $n=2$인 상태에는 전자가 8개까지만 들어갈 수 있다고 제안한 거야. 비슷하게 다음 원자들을 살펴보면, $n=3$에 들어갈 수 있는 전자 수는 18개, $n=4$에 들어갈 수 있는 전자수는 32개 등등이라고 제안했고 말이야.

울리 와~ 꽤 그럴듯한데요?

바리 그렇지? 하지만 왜 그런지는 전혀 설명이 없었어. 아무튼 이런 제안을 보어는 지난번 얘기했던 보어축제에서도 했고, 같은 해인 1922년에 노벨상도 받았지. 당시 보어의 조수로 코펜하겐을 방문 중이었던 조머펠트의 제자 파울리가 3년 뒤에 배타원리를 발견하게 된 거고 말이야.

울리 와~ 멋지네요.

바리 주기율표의 주기성은 수소에서 시작해서 전자가 하나씩 늘어날 때마다 화학적 성질이 달라지다가 어느 순간 다시 처음의 원자와 유사한 성질을 나타내는 건데, 배타원리로 이를 이해할 수 있었으니 정말 창의적이고 위대한 발견이었지.

엘리 파울리의 배타원리를 다시 한 번 정리해주세요.

바리 파울리의 배타원리는, 전자에만 초점을 맞추면, '원자의 한 양자 상태에 똑같은 전자가 둘 이상 동시에 들어갈 수 없다'라고 정리할 수 있단다.

울리 똑같은 전자들은 같은 양자상태에 있을 수 없고 헤어져야 한다는 거군요.

바리 하하- 그렇지. 우리는 원자의 한 양자상태가 4개의 양자수인 주양자수 n, 궤도양자수 l, 궤도자기양자수 m_l, 스핀자기양자수 m_s로 결정된다는 것을 이제 아니까, 하나의 양자상태를 (n, l, m_l, m_s)로 표현할 수 있겠지? 그러면 $n=1$일 때의 상태는 $(1, 0, 0, \uparrow)$와 $(1, 0, 0, \downarrow)$만 가능하다는 것을 알 수 있고 말이야.

엘리 네~ 이제 양자수 4개 한 세트가 양자상태 하나를 표현한다는 개념에 익숙해졌어요.

바리 다행이다. 원자 내 전자들이 각 양자상태에 어떻게 차곡차곡 들어가는가를 보여주는 것이 '전자배열electron configuration'인데, 원자번호 1번에서 8번까지의 원자들의 전자배열은 다음과 같아.

원자번호	원자	전자배열
1	수소 H	$1s^1$
2	헬륨 He	$1s^2$
3	리튬 Li	$1s^2 2s^1$
4	베릴륨 Be	$1s^2 2s^2$
5	붕소 B	$1s^2 2s^2 2p^1$
6	탄소 C	$1s^2 2s^2 2p^2$
7	질소 N	$1s^2 2s^2 2p^3$
8	산소 O	$1s^2 2s^2 2p^4$

$1s^1$에서 앞의 1은 주양자수 $n=1$, s는 궤도양자수 $l=0$, 그리고 s 위의 1은 전자가 하나 있다는 뜻이지. 예를 들어 $2p^2$는 $n=2$, $l=1$에 전자가 2개 들어 있다는 뜻이고 말이야.

엘리 $l=1$이면 $m_l=-1, 0, 1$이 가능하잖아요? 그럼 전자는 어떤 궤도자기양자수를 갖는 거죠?

바리 $l=1$인 p 상태는 $m_l=-1, 0, 1$이니 전자는 모두 6개까지 들어갈 수 있는데, 원자번호 6의 탄소를 보면 전자 4개는 $1s$, $2s$에 2개씩 들어가고 남은 2개가 $2p$에 들어가야 하지. 이런 경우 $m_l=-1, 0, 1$에 어떻게 분포하는가를 결정하는 규칙들이 있는데, 이와 관련해서는 조금 쉬었다 다시 하자~

바리 교수의 물리노트 30

- 파울리의 배타원리exclusion principle: 원자 내 두 전자는 같은 양자수 세트를 가질 수 없다, 또는 같은 양자상태에 똑같은 전자가 둘 이상 동시에 들어갈 수 없다는 원리.
- 파울리의 배타원리는 모든 '페르미입자fermion(스핀양자수가 $\frac{1}{2}$의 홀수 배인 입자)'에 일반적으로 성립하는 원리다.

31 전자가 너무 많아 쿨롱 인력이 약해진다구요?

원자의 전자배열

쉬는 동안 역시나 바리 교수는 간식을 꺼내 왔다. 모두 식탁에 앉았는데 울리가 부엌 창문 너머로 크리스마스 장식이 걸려 있는 것을 보았다. 바리 교수 집의 옆집 나무에 걸린 장식인데, 저 나무에는 일 년 내내 크리스마스 장식이 걸려 있다고 한다. 그걸 보니 울리가 크리스마스 하면 늘 떠오르는 나쁜 기억이 있다며 이야기를 하기 시작했다. 울리가 어릴 때 한 해의 마지막 날을 맞아 가족과 함께 보신각 제야의 종 타종을 보러 나갔다가 엄마, 아빠를 잃어버릴 뻔했던 기억이다. 막상 그 일이 있던 해의 크리스마스는 선물도 많이 받아 즐겁게 보냈는데, 울리는 왜 크리스마스 시즌만 되면 그 기억이 떠오르는지 모르겠다고 했다.

바리 큰일 날 뻔했구나. 근데 이 상황에서 나는 사람들이 전자로 생각되고, 보신각 종이 원자핵으로 느껴지네. 하하-

울리 아~ 물리도록 물리 얘기만 하시는 바리 아줌마~ 히히-

바리 하하- 마침 주기율표의 원자들이 안정된 상태에서의 전자배열이 어떻게 되는가를 이야기하고 있어서 그래. 수소원자는 전자가 하나만 있으면서 에너지는 주양자수 n에 의해서만 결정되어 $n=1$이 바닥상태라는 것을 바로 알 수 있지만, 다른 원자들의 바닥상태는 그렇게 간단히 알 수 있지 않단다.

엘리 수소원자의 에너지는 특이하게 주양자수에 의해서만 결정된다고 하신 것은 기억나요.

바리 그래. 전자수가 많으면 에너지가 복잡해서 양자역학적으로 주양자수뿐만 아니라 궤도양자수에 따라서도 에너지가 달라지지.

울리 전자가 많으면 왜 에너지가 복잡해져요?

바리 간단하게 쿨롱의 힘을 생각해보면, 전자가 많으면 전자들 사이의 쿨롱 척력도 있겠지?

울리 아, 원자핵의 양성자와 전자 사이의 인력만 있는 것이 아니라 전자들 사이의 척력도 동시에 있겠군요. 전자가 많으면 정말 복잡하겠는데요.

엘리 그럼 양성자와의 인력과 전자들 사이의 척력이 상쇄되나요?

바리 그래. 원자핵에서 좀 멀리 있는 전자 입장에서 본다면, 원자핵 자체가 아니라 안쪽의 전자로 둘러싸인 원자핵, 즉 양(+)전하량이 줄어든 핵에 의한 쿨롱 인력을 받는 효과라고 볼 수 있지.

울리 보신각이 보신각으로 안 보이고 '사람으로 둘러싸인 보신각'으로 보인다는 건가요?

바리 그렇지. 하하- 이런 현상을 '가림효과screening effect'라고 하는데, 궤도양자수 l에 따라 이 효과가 다르기 때문에 에너지는 주양자수뿐만 아니라 궤도양자수의 영향을 받게 되거든. 즉 궤도양자수 l이 커지면 가림효과도 커져서 원자핵과의 인력이 줄어드니 에너지가 커지는 거지.

엘리 인력이 줄어들면 에너지가 커져요?

바리 수소원자 안에서의 양성자와 전자 사이 쿨롱 인력에 의한 위치에너지는 $-k\dfrac{e^2}{r}$이잖아? 이렇게 원자 속에 갇힌 전자의 위치에너지는 음(−)인데 전자가 많은 원자에서의 가림효과는 '원자핵의 전하량이 줄어드는 효과'니까 에너지는 늘어나겠지?

엘리 아하, 그렇겠군요. 그럼 단순하게 주양자수가 커진다고 해서 항상 높은 에너지 상태인 건 아니라는 의미인가요?

바리 맞아. 그래서 전자가 많은 원자들에서의 전자배열 규칙을 알려주려고 해. 원자의 바닥상태, 즉 에너지가 가장 낮은 상태의 전자배열에 대한 규칙이지. 우선 기본적으로 작은 n부터 배열되고 작은 l부터 배열되는데, n에 의한 에너지 차이보다 l에 의한 에너지 차이가 더 큰 경우도 종종 있단다. 이런 경우 유용한 법칙이 '$n+l$ 값이 작은 상태부터 채우고, $n+l$ 값이 같은 경우에는 작은 n 값을 우선한다'는 '마델룽 규칙Madelung rule'이란다.

울리 어? 그럼 $2p\,(n=2, l=1)$가 $3s\,(n=3, l=0)$보다 먼저 채워지겠네요? 둘 다 $n+l=3$이지만요.

바리 오? 바로 예를 드네? 마델룽 규칙에 따라 전자가 채워지는 n, l 상태의 순서를 다음 그림처럼 생각하면 쉽단다. 화살표를 따라 위쪽에서 아래쪽으로 나열하면 되거든.

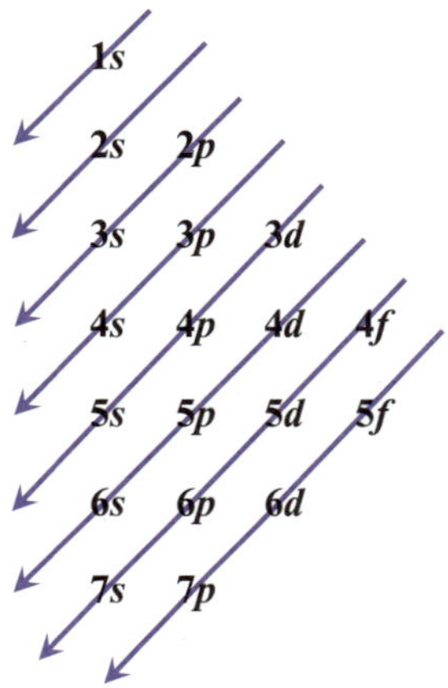

〈마델룽 규칙〉

$1s \rightarrow 2s \rightarrow 2p \rightarrow 3s \rightarrow 3p \rightarrow$
$4s \rightarrow 3d \rightarrow 4p \rightarrow 5s \rightarrow 4d \rightarrow$
$5p \rightarrow 6s \rightarrow 4f \rightarrow 5d \rightarrow 6p \rightarrow$
$7s \rightarrow 5f \rightarrow 6d \rightarrow 7p \rightarrow \cdots$

울리 오~ 유용하네요~

바리 그렇지? 원자번호가 큰 원자들에서는 예외가 생기지만, 대체로 이 순서대로 전자가 채워진단다.

엘리 $4s$가 $3d$보다 먼저 채워지고 $5s$도 $4d$보다 먼저 채워지네요.

바리 $4s$나 $5s$는 모두 궤도양자수 $l=0$인데 이 상태에 대한 확률밀도를 보면 각각 $3d$나 $4d$에서보다 원자핵 가까이에 있을 확률이 커서 상대적으로 에너지가 낮음을 알 수 있지. (4권 25화 참조)

엘리 아, 확률분포로 에너지도 이해할 수 있군요. 근데 아까 탄소처럼 전자가 6개인 경우 4개는 $1s$와 $2s$를 채우고 전자 2개가 $2p$에 들어가야 하는데, 그럼 3개의 궤도자기양자수 중 어떤 상태를 갖게 되나요?

바리 그럴 때 유용한 '훈트 규칙Hund's rule'이란 것도 있어. '궤도양자수 l이 같을 때, 짝짓지 않은 스핀상태가 많도록 배열된다'는 규칙이지.

엘리 짝짓지 않은 스핀상태라는 게 무슨 뜻이에요?

바리 탄소원자는 $1s(n=1, l=0, m_l=0)$와 $2s(n=2, l=0, m_l=0)$에 2개의 전자가 들어갈 텐데, 이 두 전자는 파울리의 배타원리에 의해 서로 반대 방향의 스핀자기양자수 ↑↓를 갖겠지? 이런 경우를 스핀이 짝지어졌다고 하는 거야.

엘리 아하, 스핀이 나란하게 먼저 배열된다는 의미군요.

울리 스핀이 나란하면 스핀자기양자수가 같은 것이니 배타원리에 의해 같은 상태에 들어가지 못하지 않나요?

바리 그렇지. 그래서 탄소의 경우, $2p(n=2, l=1)$에 대한 3개의 궤도자기양자수 상태 중 두 상태에 전자 하나씩이 ↑, ↑ 또는 ↓, ↓로 들어가. 이렇게 스핀이 나란한 상태로 있는 것이 에너지를 낮추기 때문이지. 아까 봤던 몇몇 원자의 전자배열에 전자의 스핀자기양자수를 추가해볼까? 편의상 업(↑) 스핀을 기본으로 표시했어.

울리 아하, 전자들은 가능하면 혼자 있으려 하는군요?

바리 그런 셈이지. 전자들의 자기모멘트가 나란해지려는 특성 때문인데, 자기모멘트가 나란할 때 에너지가 더 낮거든. 저렇게 전자들이 차곡차곡 채워질 때, 가장 끝의 주양자수 상태들에 있는 전자를 '원자가전자valence electron'라고 해. 전자들이 꽉 차지 않은 경우 이 원자가전자들이 화학반응에 관여하는 거야.

엘리 탄소의 경우 $2s$, $2p$에 총 4개의 전자가 있으니 원자가전자가 4

원자 번호	원자	전자배열	$1s$	$2s$	$2p$		
					$m_l=-1$	0	1
1	수소 H	$1s^1$	↑				
2	헬륨 He	$1s^2$	↑↓				
3	리튬 Li	$1s^2 2s^1$	↑↓	↑↓			
4	베릴륨 Be	$1s^2 2s^2$	↑↓	↑↓			
5	붕소 B	$1s^2 2s^2 2p^1$	↑↓	↑↓	↑		
6	탄소 C	$1s^2 2s^2 2p^2$	↑↓	↑↓	↑	↑	
7	질소 N	$1s^2 2s^2 2p^3$	↑↓	↑↓	↑	↑	↑
8	산소 O	$1s^2 2s^2 2p^4$	↑↓	↑↓	↑↓	↑	↑

개란 거죠?

바리 그렇지. 끝 주양자수 $n=2$니까 말이야. 그리고 주양자수와 관계없이 가장 바깥 상태(최외각 상태)에 있는 전자수에 의해 주기율표의 주기성이 나타나지. 1족은 최외각 상태인 s에 전자가 1개만 있는 원자들, 2족은 최외각 상태인 s에 전자가 2개 들어 있는 원자들로 구성되어 있거든. 그다음은 최외각 상태인 p에 전자가 1개에서 6개까지 들어가는 원자들이 나열되고 말이야.

엘리 아하~ 그렇군요. 그럼 $3d$보다 $4s$가 먼저 채워지는 원자들은 어떻게 되는 거예요?

바리 주기율표는 원자번호 순서대로 왼쪽에서 오른쪽으로 나열한 것이니까 전자들이 채워지는 순서대로 그리면 다음 표처럼 된단

	1					18	
H	$1s^1$	2			13 ~ 17	$1s^2$	He
Li	$2s^1$	$2s^2$			$2p^1 \sim 2p^5$	$2p^6$	Ne
Na	$3s^1$	$3s^2$		3 ~ 12	$3p^1 \sim 3p^5$	$3p^6$	Ar
K	$4s^1$	$4s^2$		$3d^1 \sim 3d^{10}$	$4p^1 \sim 4p^5$	$4p^6$	Kr
Rb	$5s^1$	$5s^2$		$4d^1 \sim 4d^{10}$	$5p^1 \sim 5p^5$	$5p^6$	Xe
Cs	$6s^1$	$6s^2$	$4f^1 \sim 4f^{14}$ 란탄족	$5d^1 \sim 5d^{10}$	$6p^1 \sim 6p^5$	$6p^6$	Rn
Fr	$7s^1$	$7s^2$	$5f^1 \sim 5f^{14}$ 액티늄족	$6d^1 \sim 6d^{10}$	$7p^1 \sim 7p^5$	$7p^6$	

다. 최외각상태의 전자수를 일부 표시해놓았는데, 헬륨의 경우는 $1s$에 전자가 2개 들어 있지만 전체 전자도 2개뿐이어서 맨 오른쪽 비활성기체로 분류되었어.

울리 주양자수는 작지만 에너지가 큰 상태들이 나중에 채워지는 것도 한눈에 볼 수 있네요.

바리 그렇지? 최외각 상태가 d나 f인 원자들을 '전이원소transition element'라고 하는데, 모두 나열하면 주기율표가 너무 넓어져서 흔히 f가 최외각 상태인 '란탄족'(원자번호 57~71)과 '액티늄족'(원자번호 89~103) 원자들은 아래로 내려 따로 표시하기도 하지.

엘리 그럼 맨 오른쪽 비활성기체는 몇 족이 되는 거죠? 8족? 18족? 아니면 32족인가요?

바리 초기에는 8족이라고 많이 불렀는데 최근 국제순수응용화학회IUPAC에서 권장하는 것은 18족이란다.

울리 아, 란탄족과 액티늄족을 빼고 차례로 번호를 붙인 것이네요.

바리 그래. 아까 얘기했듯이 주기율표에서 왼쪽에서 오른쪽으로 갈

수록, 아래에서 위로 갈수록 원자의 크기는 작아지고 이온화 에너지는 커진단다.

울리 주기율표는 정말 기발한 발상인 것 같아요.

바리 그렇지? 전자배열 규칙이 적용되지 않는 원자들도 있긴 하지만 간단한 규칙에 의해 대부분 정렬되니 정말 멋진 결과지.

바리 교수의 물리노트 31

- 가림효과screening effect: 전자가 많은 원자에서 원자핵의 양(+)전하가 안쪽 전자들에 의해 가려져, 그로 인해 바깥쪽 전자들에 작용하는 쿨롱 인력이 약해지는 현상.
- 마델룽 규칙Madelung rule: 원자의 바닥상태는 원자 내 전자들이 $n+l$ 값이 작은 상태에 먼저 배열되고, $n+l$ 값이 같은 경우에는 작은 n 값에 우선 배열된다.
- 훈트 규칙Hund's rule: 주어진 궤도양자수 l에 대해 짝짓지 않은 전자스핀상태가 많아지도록 배열된다. 즉 나란한 스핀들이 우선 배열된다.

32 물리학의 양심, 볼프강 파울리

Wolfgang Pauli, 1900~1958

오랜만에 바리 교수가 물리학자의 삶에 대해 이야기해준다고 하며 누구일 것 같은지 물었다. 엘리와 울리는 단연코 파울리일 것 같다고 답했다. 요즘 계속해서 2개의 값만 갖는 새로운 양자수를 제안하고, 배타원리를 발견한 파울리의 업적에 대해서 들었으니 당연히 파울리 이야기일 거라고 확신한 것이다. 울리와 엘리는 천재 물리학자의 삶이 궁금하기도 했지만, 무엇보다 복잡한 물리 이야기보다는 물리학자 이야기가 더 흥미진진해서 기대에 찬 눈빛을 보냈다.

울리 파울리는 어떤 천재적 삶을 살았을까요?

엘리 파울리는 하이젠베르크보다 1년 앞선 1900년에 태어났고, 하이젠베르크와 함께 조머펠트의 제자였고, 또 둘이 매우 친했다는 것은 기억나요.

바리 오~ 기억력 좋은데? 볼프강 에른스트 프리드리히 파울리 Wolfgang Ernst Friedrich Pauli(1900~1958)는 오스트리아 빈에서 아버지 볼프강 요셉 파울리와 어머니 베르타 카밀라 슈츠의 첫 아들로 태어났어.

울리 어? 아버지 이름도 볼프강이에요?

바리 원래 이름은 볼프 파쉘레스였는데, 자신의 아버지 요셉 파쉘레스가 죽은 후 볼프강 요셉 파울리로 개명 신청하여 1898년에 허가를 받았고, 종교도 1899년 유대교에서 가톨릭으로 개종한 뒤 베르타와 결혼하면서 파울리 가문을 시작하게 된 거래.

울리 와~ 성까지 바꿨네요. 아들한테는 자신과 같은 이름을 주고요.

바리 자신의 이름에서 볼프강, 친구 아버지이자 물리학 교수였던 에른스트 마흐Ernst Mach의 이름에서 에른스트, 그리고 베르타의 아버지 이름에서 프리드리히를 땄다고 해. 우린 그냥 파울리라고 부르지만 말이야.

엘리 아, 에른스트 마흐라면 속력을 음속의 배수로 나타내는 '마하 수'의 그 마흐요? (2권 34화 참조)

바리 맞아. 같은 마흐야. 자연과학에 관심이 많은 화학자였던 아버지 볼프강과 에른스트 마흐의 영향으로 파울리도 자연스럽게 자연과학에 흥미를 느꼈다고 해. 10세에 되블링 김나지움에 입학하고 수학, 물리학, 철학 등에서 아주 우수한 성적을 내 1918년 최우등으로 김나지움을 졸업했지.

울리 머리도 좋은데 아버지와 물리학자의 후원까지 팍팍 받았네요.

바리 하하- 그렇지. 파울리는 일찍부터 빈의 신동으로 물리학계에서 인정을 받았는데, 어린 나이에 일반상대성이론을 이해하는 전문가가 되었기 때문이지. 일반상대성이론은 1915년에 발표되었는데, 이때 파울리는 15세에 불과했음에도 3년 만에 이론을 이해하고, 최신 논문을 읽고 연구할 수 있는 능력까지 갖추었으니 정말 대단하지. 수업 시간에는 몰래 책상 밑에 상대성이론 논문을 놓고 읽곤 했대.

울리 아, 저는 몰래 웹툰을 보곤 하는데…. 히히-

바리 그게 정상이지. 난 몰래 뤼팽 시리즈를 읽었어. 하하- 파울리는 김나지움을 졸업한 지 두 달 만에 "중력장의 에너지 성분에 관하여"라는 첫 논문을 투고했을 정도였어. 당시 슈뢰딩거 같은 물리학자가 연구하던 내용과 관계있는 주제인데 18세의 어린 파울리가 기성 물리학자들과 대등하게 연구를 했던 거지.

엘리 정달 천재였군요.

바리 이런 파울리가 뮌헨의 조머펠트를 찾아갔을 때는 이미 천재라고 명성이 자자했대. 파울리는 조머펠트의 그룹세미나에서 '일반상대성이론에 대한 논평'이란 주제로 첫 발표를 하고, 1919년에는 상대성이론에 관한 두 번째 논문을 발표하기도 하는 등 상대성이론의 전문가로서 입지를 더욱 굳혔단다.

엘리 조머펠트는 훌륭한 제자를 많이 키워낸 훌륭한 교수였다고 하셨는데 파울리와도 잘 맞았나 봐요.

바리 조머펠트의 강의가 아침 9시에 시작했는데, 파울리는 아침 강의를 거의 들어가지 못했대. 그래도 조머펠트는 뭐라 하지 않았다고 하고 말이야.

아르놀트 조머펠트(왼쪽)와 볼프강 파울리(오른쪽)

울리 지도교수 강의를 들어가지 않았다고요? 왜요? 물론 그래도 공부는 잘했겠죠?

바리 파울리는 밤늦게까지 놀다가 들어가 밤새 공부를 하곤 해서 아침 일찍 일어나질 못한 거란다. 조머펠트가 참아준 것도 참 대단하고 말이야.

울리 열심히 놀고, 열심히 공부하고, 머리도 좋고…. 참 부럽네요.

바리 하하- 당시 조머펠트는 수리과학 백과사전의 물리학 부분 편집을 맡고 있었는데, 상대성이론에 관한 해설의 집필을 아인슈타인이 사양하자 파울리한테 맡겼다고 해.

엘리 와~ 신뢰가 대단했네요.

바리 조머펠트는 파울리가 써오면 자신이 다듬어서 완성시키려고 했지. 그런데….

엘리 엄청 완벽하게 해온 거죠? 헤헤-

바리 237쪽이나 되는 완벽한 해설을 써와서 조머펠트는 손댈 필요도 없었고, 너무 훌륭하여 독자적으로도 출판하게 했어.

울리 아인슈타인도 봤겠네요? 반응이 어땠을까요?

바리 극찬을 했지. 저자가 21세의 청년이라는 것을 누구도 믿지 못할 것이라면서 말이야.

엘리 근데 파울리는 왜 계속 상대성이론을 연구하지 않았어요?

바리 그건 조머펠트가 보어의 원자론에 관한 연구를 하고 있어서 파울리도 자연스럽게 원자의 양자론을 연구하게 되었기 때문이야. 그래도 1943년에 아인슈타인과 함께 발표한 논문이 있기도 해. 상대성이론과 관련한 마지막 논문이지만 말이야.

울리 그 대신 어마어마한 배타원리를 발견했잖아요.

바리 그렇지? 상대성이론 연구만 계속했다면 또 어떤 업적을 남겼을지 모르겠지만 말이야. 아무튼 파울리는 괴팅겐에서 보른의 조수로도 잠깐 있었고, 코펜하겐에서 보어도 방문했어. 전자의 스핀양자수 제안과 배타원리의 발견은 독일 함부르크 대학교에 있을 때 일이었고 말이야.

울리 형제자매는 없었어요? 결혼은요?

바리 7살 어린 여동생이 한 명 있었는데, 이 여동생 헤르타 파울리는 작가이면서 배우였어. 파울리는 1928년에 스위스 취리히연방 공과대학교의 이론물리학 교수로 가게 되었는데, 같은 해 말에 어머니가 자살을 해서 힘들어했다고 해. 그러다가 1929년 12월에 한 댄서와 결혼을 했고, 1년도 안 되어 이혼을 하고 말았지. 이때 유명한 정신분석학자 카를 구스타프 융을 만나 상담을 받았을 정도로 힘든 시기를 겪었다고 해.

엘리 30세밖에 안 되었는데 큰 시련을 겪었네요.

바리 그래도 1930년에, 지금은 '중성미자neutrino'라고 불리는, 아주 작은 중성 입자의 존재를 이론적으로 예측하기도 했어. 이 중성미자의 존재는 파울리가 죽기 2년 전쯤인 1956년에 실험적으로 입증되었고 말이야.

울리 와~ 그래도 연구는 계속 했네요. 재혼은 안 했어요?

바리 1934년 취리히에서 비서로 일하던 프란치스카(프랑카) 베르트람과 재혼했어. 새 부인과는 잘 맞아서 무난하게 평생을 함께했다고 하는데, 자녀는 없었어.

엘리 그럼 계속 스위스에서 살았어요?

볼프강 파울리와 프란치스카 베르트람

바리 1939년에 제2차세계대전이 일어나서 스위스도 안전하지 않았는데 마침 1940년에 미국 프린스턴고등연구소의 이론물리학 교수직 제의를 받아 미국으로 가게 된단다. 2년 계약직이었으나 계속 프린스턴에 머물게 되어 1945년 배타원리로 노벨물리학상을 받을 때도 프린스턴 소속이었어. 노벨상을 받자 미국 시민권도 나오고, 컬럼비아 대학교에서도 교수직을 제안했지만, 취리히연방 공과대학교에서 재차 교수직을 제안하자 다시 스위스로 돌아왔대. 1949년에는 스위스 시민권도 받고 말이야.

엘리 와, 노벨상을 받으니 시민권도 주는군요.

바리 그렇지? 취리히연방 공과대학교로 돌아와서는 훌륭한 교수 역할을 했다고 해. 박사과정 학생도 지도하며 말이야. 이때 한국 학생도 한 명 지도했대.

울리 파울리의 제자 중에 한국인이 있어요?

바리 안타깝게도 파울리가 갑자기 사망하는 바람에 파울리의 제자 명단에는 들어가지 못했고, 그 한국인은 박사학위를 함부르크 대학교에서 받았다고 해.

울리 아~ 파울리가 일찍 세상을 떠났나요?

바리 1958년 12월 5일 강의 도중 배가 너무 아파서 집으로 갔고, 6일에 입원, 13일에 췌장암 수술을 했는데, 수술로 제거할 수 없을 만큼 큰 종양이 있어서 15일에 사망했다고 하네.

엘리 거의 갑자기 떠난 거네요.

바리 그러게 말이야. 슈테른-게를라흐 실험의 슈테른은 파울리가 워낙 철저한 이론물리학자다 보니 그가 실험실 근처에만 와도 장비가 고장 난다고, 이런 현상을 두고 '파울리효과'라고 한다며 우스갯소리처럼 이야기하곤 했다는데, 파울리 자신은 은근 이런 놀림을 스스로 자랑스러워했대. 그랬던 이론물리학자 파울리가 너무 일찍 떠났지.

엘리 파울리효과요? 정말 기계가 고장 났대요?

바리 그보다는 이론물리학에 대한 자부심 때문이었겠지. 더구나 파울리는 스스로 완벽하다고 생각되지 않으면 논문으로 발표하지도 않았다고 해. 다른 학자 같으면 논문으로 남겼을 아이디어가 그의 편지와 노트에 무수히 많이 남아 있어서 훗날 '물리학의 양심'이라는 별명을 얻을 정도였거든.

울리 와~ 물리학의 양심이라니 멋지네요.

바리 근데 완벽주의자다 보니 파울리는 독설가로도 유명했어. 유일하게 스승인 조머펠트에게만 공손했다고 하고, 평생 친구였던 하이젠베르크와도 1958년에 사이가 틀어져서 하이젠베르크가 파울리의 장례식에 참석하지도 않을 정도였다고 해.

엘리 그 친했던 하이젠베르크와도 불화가 있었다니 안타깝네요.

바리 그렇지? 파울리가 남긴 자료들은 미망인 프랑카 여사가 정리해서 유럽입자물리연구소 CERN(Conseil Européenne pour la Recherche Nucléaire)에 모두 기증하여, 연구소에 마련된 파울리 기념실에 보관되어 있단다.

33 광자 하나를 보내 2개를 얻는다고요?

레이저 원리와 응용

엘리네 엄마는 최근 안구건조증이 심해져서, 콘택트렌즈를 착용하면 마치 눈에 먼지가 들어간 것 같은 이물감이 느껴졌다. 할 수 없이 안경을 쓰고 다녔더니 그것도 불편해, 결국 이것저것 알아보다가 시력교정수술을 받기로 했다. 수술 방식은 라섹, 라식, 스마일 라식 등 다양했지만 담당 의사가 가장 최근에 개발된, 최소한의 각막절개로 교정이 가능한 수술이라는 '스마일' 라식 수술을 권해서 그것으로 결정했다. 엘리는 수술 이름이 스마일이라는 것이 재미있어 바리 교수를 찾아가는 길에 의미를 찾아봤다.

바리 어서 오렴~ 뭘 보면서 오는 거야?

엘리 스마일 라식이 무슨 뜻인가 찾아봤어요. 영어로 정말 'SMILE'인데, 'SMall Incision Lenticule Extraction'의 약어래요. 근데 아는 단어가 'small' 밖에 없어요. 히히-

울리 우리말로는 '최소 절개 각막 추출법'이래. 약어를 잘 만들었는데 치과 관련 수술이면 더 어울렸겠다. 히히-

엘리 나도 '스마일' 하니까 치과가 생각났어. 근데 라식이나 라섹이나 모두 레이저를 이용한다는데 레이저는 어떻게 생기는 거예요?

울리 참, 예전에 레이저포인터를 눈에 쪼이면 위험하다는 얘기했죠?

바리 그랬지. 전자기파가 전달하는 에너지, 복사압 등을 설명하면서 말이야. (3권 31화 참조) 오늘은 레이저의 원리를 살펴볼까? 원자의 양자역학을 대충 공부했으니 레이저 얘기를 해도 되겠어.

엘리 레이저도 뭔가의 약어죠?

바리 그렇지. 레이저LASER는 'Light Amplification by Stimulated Emission of Radiation'의 첫 글자를 딴 약어고, 번역하자면 '복사 유도방출에 의한 빛 증폭'이란 뜻이야.

울리 엑, 무슨 말인지 하나도 모르겠어요.

엘리 원자와는 무슨 관계가 있는 거죠? 복사, 방출 이런 용어가 있는 것을 보니 원자가 내놓는 빛 같긴 한데요.

바리 그동안 원자의 에너지상태가 4개의 양자수에 의해 결정되는 양자상태라는 것을 오랫동안 공부했는데, 이렇게 정해진 에너지만 가질 수 있다는 것은 에너지를 흡수하고 방출할 때도 특정한 값만 가능하다는 거잖아? 보어가 원자모형을 제안할 때부터 포함했던 내용이고 말이야.

울리 그래서 원자마다 특별한 방출빛띠 또는 흡수빛띠를 갖는다고 하셨죠. 양자역학 덕분에 이제 제대로 이해하게 되었고요.

바리 그렇지. 원자에게 허용된 에너지를 편의상 낮은 에너지부터 E_0, E_1, E_2, $\cdots$, 두 에너지 상태의 에너지 차이를 ΔE라고 하면,

에너지 $hf=\hbar\omega=\Delta E$인 광자만 흡수하거나 방출하여 다른 상태로 갈 수 있으니까 말이야. h는 플랑크상수, f는 빛의 진동수인 것 잊지 않았지?

엘리 $\hbar=\frac{h}{2\pi}$, 각진동수 $\omega=2\pi f$도 기억나요~

바리 좋아. 이렇게 광자를 흡수하고 방출하는 과정과 관련된 용어를 몇 개 알아야 하는데, 먼저 빛을 쪼였을 때 $hf=\Delta E$인 광자가 원자에 흡수되는 걸 '유도흡수stimulated absorption' 또는 그냥 '흡수absorption'라고 해. 입사한 광자가 원자를 높은 에너지 상태로 올라가게 유도했다는 의미로, 유도를 빼도 같은 의미야.

울리 그럼 유도방출은 광자가 들어가 높은 상태에서 낮은 상태로 떨어지게 유도하는 건가요?

엘리 광자가 흡수되지 않고 그럴 수도 있을까?

바리 울리가 앞서가는구나. 결론적으로는 맞는 말이야. 근데 유도방출로 가기 전에 '자연방출spontaneous emission'부터 이해하자. 안정된 상태의 원자는 가장 낮은 에너지 상태에 있으려 하는데, 유도흡수에 의해 높은 에너지 상태('들뜬 상태excited state')에 있게 되면 곧 저절로 광자를 방출하고 다시 낮은 상태로 돌아가게 돼. 이런 것을 자연방출이라고 하지.

엘리 들뜬 상태에는 얼마나 머무는데요? 이것과 비슷한 개념을 빛이 유리를 통과하는 상황에 대해 설명하시면서 한 것 같아요. 맞죠? 그래서 빛이 유리 속을 천천히 지나간다고요. (3권 33화 참조)

바리 맞아. 그때 양자역학을 알아야 한다고 했지. 보통은 들뜬 상태에 10^{-8}초, 즉 $\frac{1}{1억}$초 정도 머무는데, 어떤 원자들은 꽤 오래 들뜬 상태에 머물기도 하지. 이런 들뜬 상태는 꽤 안정된 상태라는 의미로 '준안정상태metastable state'라고 하는데, 들뜬 상태에 있는 시간이 길어서 자연방출이 바로 일어나지 않는단다.

울리 오늘은 새로운 용어가 많이 나오네요.

바리 그러게. '유도방출stimulated emission'도 소개해야 하는데 말이야. 원자가 에너지 hf를 흡수하여 준안정상태에 있을 때, 즉 자연방출을 하기 전에 다시 광자에너지 hf인 빛이 쪼여지면 자극이 되어 들뜬 상태에서 바닥상태로 떨어지며 $2hf$의 에너지를 방출할 수 있는데, 이것을 유도방출이라고 해.

엘리 새로 들어온 광자에너지를 흡수하진 않아요?

바리 그럴 수도 있지. 광자에너지를 흡수해서 전자가 아예 밖으로 나

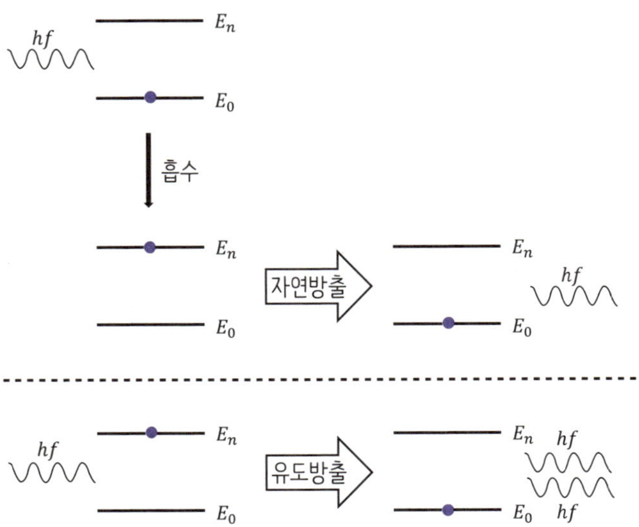

올 수 있는 광전효과도 있잖아. 지금은 유도방출이라는 현상의 가능성을 말하는 건데, 1917년에 아인슈타인이 처음 제안한 현상이란다. 그 후 유도방출을 포함한 종합적인 이론이 만들어지고 1960년 세계 최초의 레이저인 루비레이저, 1961년 최초의 기체레이저인 헬륨-네온 레이저의 발진이 성공했고 말이야.

엘리 근데 유도방출이 일어나면 광자 하나가 들어가서 같은 에너지의 광자 2개가 나오는 건가요? 이게 레이저고요?

바리 똑같은 광자 2개가 나오는 것은 맞지만 아직 레이저는 아니야. 레이저라는 약어에는 유도방출과 빛 증폭이라는 중요한 개념이 들어 있는데, 유도방출만 설명한 거야.

엘리 아, 빛 증폭이 뭔지 알아야 하는군요.

바리 레이저를 발진시키기 위한 첫 번째 조건은 준안정상태에 있는 원자들이 바닥상태에 있는 원자들보다 많아야 한다는 거야. 그러면 에너지 조건이 맞는 광자에 의해 유도방출이 일어나고, 유도방출이 한 번 일어날 때마다 똑같은 광자 2개가 방출되니 이 광자 2개도 다른 원자가 유도방출하게 해서 점점 더 많은 같은 광자들이 쌓이게 되는 거지.

울리 증폭은 어떻게 시켜요?

바리 원자들이 들어 있는 관의 한쪽 끝에는 반사거울, 다른 한쪽 끝에는 부분반사거울을 설치해서 유도방출로 쌓인 광자들이 관을 왕복하여 충분히 많아지게 하는 거지. 이때 부분반사거울 쪽으로 흘러나오는 것을 레이저라고 하는 거고 말이야.

울리 헬륨-네온 레이저는 왜 두 종류의 원자를 이용해요?

바리 헬륨-네온 레이저는, 헬륨과 네온기체를 유리관에 넣고 전위차를 만들면 전자가 헬륨원자와 충돌하여 헬륨원자를 준안정상태에 있게 하고, 이 헬륨원자들은 네온과 충돌하여 네온을 들뜬 상태로 만들거든. 이때 네온의 들뜬 상태도 준안정상태고 말이야. 헬륨과의 충돌로 준안정상태의 네온원자가 충분히 많아지고 일부 네온원자가 자연방출을 하면, 자연방출한 광자가 준안정상태의 네온을 자극하여 유도방출이 일어나지.

울리 아, 헬륨이 네온을 준안정상태에 있게 하는군요. 이렇게 얻은 레이저는 무슨 색이에요? 당연히 눈에 보이는 가시광선이겠죠?

바리 헬륨-네온 레이저에서 나오는 광자의 진동수가 632.8nm라서 우리는 빨간 레이저를 얻게 되지.

엘리 근데 레이저가 왜 그렇게 특별하죠? 응용도 많이 되고요.

바리 레이저가 '결 맞는 빛coherent light'이라서 그렇단다.

〈헬륨-네온 레이저〉

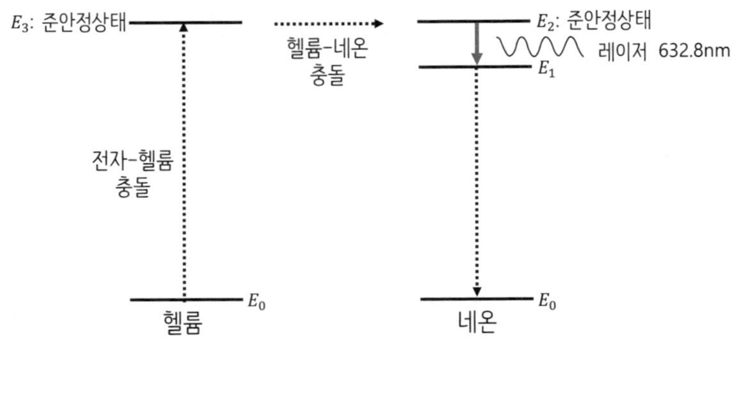

엘리 결이 맞아요? 뭔가 느낌이 오는 듯하면서도 모르겠는데요.

바리 결 맞는 빛이라는 것은 '파장과 위상이 같은 빛'을 의미해. 옆 그림을 보면 결 맞는 빛과 '결 맞지 않는 빛incoherent light'이 바로 구분될 걸~

결 맞는 빛
coherent light

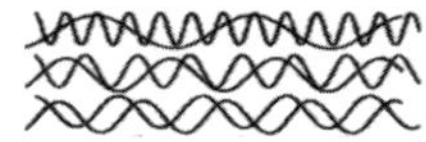

결 맞지 않는 빛
incoherent light

울리 결이 잘 맞는지 아닌지 바로 알겠어요~ 근데 레이저 원리에 새 용어가 진짜 많이 나오네요.

바리 새 용어가 너무 많이 나왔지? 아무튼 레이저의 결맞음 특성은 단색광으로 퍼지지 않고 멀리까지 직진할 수 있게 하고, 또 아주 좁은 영역에만 에너지를 전달할 수 있게 해서 레이저포인터, DVD, 바코드 리더기, 각종 수술 등에 다양하게 활용되는 거란다.

울리 다양한 레이저를 만들 수 있다는 거죠?

바리 그렇지. 레이저포인터는 약 1~5mW, DVD용은 100mW, 수술용 레이저는 30~100W 등 일률이 다양하지. 에너지 세기 또는 면적당 가해질 수 있는 일률로 보면 일반 불빛보다 최소 1조 배는 강한 10^{17}W/m^2도 가능하고 말이야.

엘리 굉장하군요. 모두 다른 종류의 레이저겠죠?

바리 그럼. 레이저포인터나 DVD, 바코드 리더기는 레이저 다이오드, 공장에서 천을 자를 때 이용하는 것은 이산화탄소 레이저, 라식 같은 수술에는 엑시머 레이저를 이용하는 등 다양하지. 직진 특성 때문에 천문학과 지질학 연구에도 유용하고, 생명공학에서는 광 핀셋optical tweezer이 개발되어 살아 있는 박테리아나 염색체, DNA 분자 등을 연구하는 데 활용되고 있단다.

울리 살아 있는 박테리아를 붙잡고 실험할 수 있다고요? 멋지네요.

바리 그렇지? 이제 원자핵 속으로 들어가볼까?

바리 교수의 물리노트 33

- (유도)흡수(stimulated) absorption: 원자의 허용된 에너지 상태 간의 에너지 차이에 해당하는 광자를 흡수하여 낮은 상태에서 높은 상태로 올라가는 현상.
- 자연방출spontaneous emission: 불안정한 높은 상태에서 광자를 방출하며 낮은 상태로 저절로 내려가는 현상.
- 유도방출stimulated emission: 준안정상태metastable state에 있는 원자가 입사한 광자와의 상호작용에 의해 입사한 광자와 같은 성질의 광자를 방출하는 현상.
- 레이저LASER: 'Light Amplification of Stimulated Emission of Radiation'의 약어로 유도방출과 증폭을 기본 원리로 하며, '결 맞는 빛coherent light'의 특성을 갖는다.

34 하나 더하기 하나가 둘이 아니라구요?

원자핵 결합에너지

바리 교수는 그동안 원자를 이해하려는 과학자들의 노력으로 탄생한 양자역학을 대충 구경했으니 이번에는 원자핵에 대해 살펴보자고 했다. 원자 속에 원자핵이 있어야 한다는 것은 러더퍼드의 실험에서 예측되었다고 이미 설명한 적이 있다는데, 엘리는 기억이 가물가물해서 노트를 뒤져봤다. 노트에는 '휴지를 향해서 탄환을 쐈더니 탄환이 튕겨 나와 나를 맞춘 결과'라고 적혀 있었다. 전자를 발견한 톰슨의 원자모형처럼 양성자가 원자 내에 골고루 퍼져 있다면 설명이 불가능한 실험 결과였다고 바리 교수에게서 들은 것이 기억났다. (4권 17화 참조)

울리 넌 그런 것도 적어놨어?

엘리 재미있잖아. 휴지에 탄환을 쐈더니 탄환이 튕겨 나왔다는 비유도 강력하고 말이야. 그래도 까먹었지만, 헤헤-

바리 그런 일화들이 재미있지. 러더퍼드가 했던 실험이 아주 얇은 금속박막에 의한 알파입자의 산란실험이었는데, 이 실험 결과로 양(+)전하들이 한 곳에 모여 있어야 한다고 예측했고, 그것이 원자핵 연구의 시작이었지. 그 실험은 1911년에 한 건데, 러더퍼드는 원소붕괴와 방사능 물질의 화학적 특성을 밝힌 공으로 이미 1908년에 노벨화학상을 받은 물리학자였어.

엘리 와~ 근데 원자핵 속에는 양성자만 있지 않고 중성자도 있잖아요?

바리 중성자 예측도 러더퍼드가 했어. 당시 원자핵의 질량이 양성자 질량보다 2배 정도 크다는 것을 알고 있었고, 양성자들끼리 어떻게 쿨롱 척력을 견디고 결합되어 있는지 이해할 수 없었거든.

울리 아, 그렇네요. 양성자들이 아주 가까이 있으니 엄청 세게 서로 밀칠 텐데요.

바리 1921년에 러더퍼드는 보어랑 함께 연구한 적이 있는데, 이때 원자핵 속에 전하를 띠지 않은 중성자가 있고, 중성자와 양성자 사이에 서로 당기는 '핵력nuclear force'이 있어서 양성자들 사이의 쿨롱 척력을 극복하고 원자핵으로 안정되게 있는 것이라는 이론을 제안했어.

울리 핵력요? 이제 새로운 힘을 배우나요?

바리 그래야지~ 1932년에 러더퍼드의 제자인 제임스 채드윅James Chadwick이 중성자를 발견함으로써 원자핵의 중성자 존재가 확인되었고 말이야.

엘리 노벨상도 받았어요?

바리 중성자를 발견한 지 3년 만인 1935년에 채드윅은 노벨물리학상을 수상했단다.

엘리 멋져요. 스승도 노벨상, 제자도 노벨상. 하도 많이 들어서 이젠

당연한 것 같기도 하지만요. 근데 원자핵 속의 중성자는 양성자 만큼 있나요?

바리 꼭 그렇진 않아. 수소원자핵은 중성자 없이 양성자 하나만 있지만, 일반적으로 양성자수가 많아지면 중성자수는 더욱 많아진단다. 용어 복습 좀 할까? 원자번호atomic number, 질량수mass number, 중성자수neutron number, 동위원소isotope, 질량과 원자질량단위atomic mass unit(u) 등 말이야.

울리 원자번호가 양성자수인 것은 알겠는데, 질량수는 뭐죠?

바리 질량수는 양성자수와 중성자수의 합을 의미하는 단위가 없는 정수야. 원자를 표기할 때, 탄소를 예로 들면 ${}^{12}_{6}C$ 또는 ${}^{12}C$로 쓰고 '탄소-12'라고 읽는데, 이때 좌측 상단 첨자 12가 바로 질량수를 의미한단다. 또 좌측 하단 첨자 6은 원자번호를 의미하는데, 주기율표가 원자번호 순으로 원자들을 나열하기 때문에 원자번호를 종종 생략하기도 하지.

울리 원자번호 6번의 탄소는 중성자수도 6개라는 뜻이군요.

바리 그렇지. 근데 탄소도 중성자수가 6개인 것 말고 5개, 7개, 8개인 것도 있단다. 이렇게 원자번호는 같은데 질량수가 다른 것을 '동위원소'라고 해. 탄소 동위원소 ${}^{11}_{6}C$, ${}^{12}_{6}C$, ${}^{13}_{6}C$, ${}^{14}_{6}C$ 중 ${}^{12}_{6}C$이 약 98.9%, ${}^{13}_{6}C$이 약 1.1%로 자연에 존재하고 나머지 탄소-11과 탄소-14는 실험실에서 합성된단다.

엘리 탄소는 원자의 질량을 정하는 기준 아닌가요?

바리 엘리 말대로 탄소-12 원자 1개의 질량을 12u 또는 12Da로 정의하는데, u는 원자질량단위, Da는 원자설을 처음 제안한 존 돌턴John Dalton의 이름을 딴 것으로 '돌턴dalton'이라고 읽는단다. 물리학에서는 주로 u를 사용하고 말이야.

엘리 그럼 1u는 몇 kg이에요?

바리 1mol의 탄소-12는 12g, 1mol 안에는 탄소원자가 아보가드로수 6×10^{23}만큼 들어 있으니, 탄소-12 원자 1개의 질량을 구할 수 있겠지?

울리 탄소-12 원자 1개의 질량을 다시 12로 나누면 1u가 된다는 거죠? 근데 그게 얼마죠? 히히-

바리 하하- 계산해보면 $1u=1.66\times10^{-27}$kg이 나온단다. 예상대로 엄청 작지? 그래서 원자 질량을 얘기할 때 kg을 사용하지 않고 u를 쓰는 거야. 양성자의 질량은 약 1.007u, 중성자의 질량은 약 1.009u, 그리고 탄소-12의 질량은 정확히 12u라고 말이야.

울리 잠깐만요. 양성자와 중성자의 질량은 모두 1u보다 크네요? 근데 어떻게 양성자 6개와 중성자 6개가 있는 탄소-12의 질량이 정확하게 12u가 되죠? 양성자와 중성자의 질량을 모두 합치면

질량수 = 양성자수 + 중성자수

$^{12}_{6}\mathrm{C}$

원자번호 = 양성자수 = 전자수

$$1\mathrm{u} = 1.66\times10^{-27}\mathrm{kg} = \frac{M_{\mathrm{C-12}}}{12} = 931.5\mathrm{MeV/c^2}$$

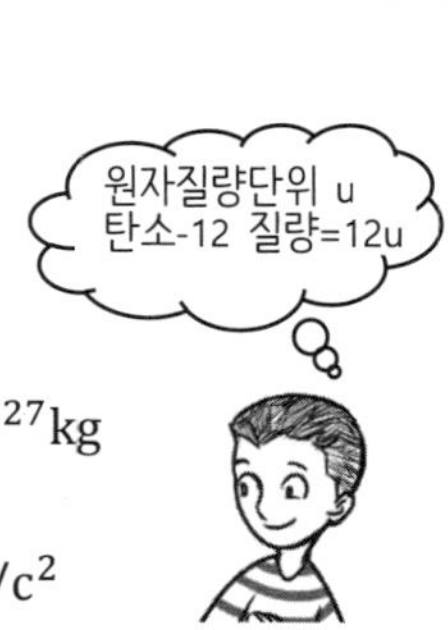

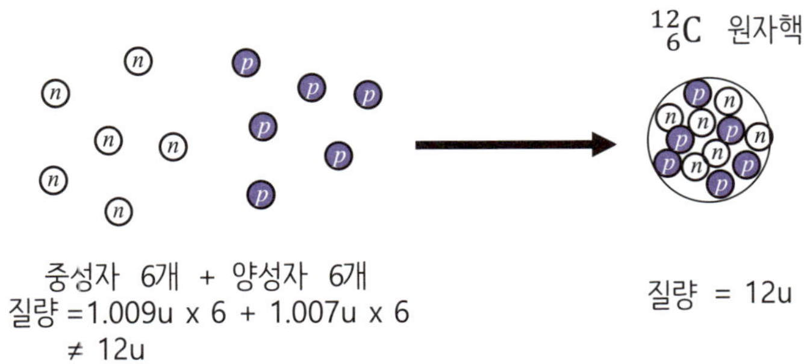

12u보다 크잖아요?

바리　울리가 예리하게 봤네. 중성자와 양성자들이 서로를 잡아당기며 결합되어 있다는 것은 양성자들 사이의 쿨롱 척력을 상쇄하고도 남은 인력이 있다는 거잖아? 인력에 의한 에너지는 음(−)으로 정의되고 말이야. (3권 7화 참조)

울리　질량과 에너지랑 무슨 상관이에요?

바리　아인슈타인의 엠씨스퀘어($E = mc^2$)! (4권 5화 참조)

울리　으악~ 상대성이론할 때 나왔던 것이 또 나와요?

바리　하하- 내가 괜히 미안하네. 그래도 원자핵을 이해하는 데 에너지와 질량 관계가 아주 중요해서 어쩔 수 없어. 원자의 정지에너지는 '중성자와 양성자의 질량 총합$\times c^2$'으로 얻은 에너지와 원자핵 내 인력에 의한 에너지를 합한 것과 같거든.

엘리　원자핵 안의 인력에 의한 에너지가 음(−)이라서 원자의 질량은 중성자와 양성자의 총 질량보다 작아진다는 거군요. 1+1≠2라는 것 같아요.

바리 그래. 중성자나 양성자를 '핵자nucleon'라고 하는데, 흩어져 있던 핵자들이 결합해서 원자핵을 구성하면 총 에너지는 흩어져 있을 때보다 줄어들어서, 이 줄어든 에너지 크기를 '원자핵 결합에너지nuclear binding energy'라고 정의하지. 이 결합에너지는 원자핵을 깨서 핵자들로 모두 각각 흩어지게 하는 데 필요한 에너지와도 같단다.

엘리 그럼 결합에너지가 크다는 것은 핵자들이 모여 원자핵이 되었을 때 질량이 많이 줄어든다는 뜻이겠네요.

울리 또는 원자핵을 깨는 데 큰 에너지가 필요하다는 뜻이고요. 근데 중성자는 전하도 없는데 어떻게 양성자를 잡아당겨요?

바리 핵자들 사이에 작용하는 핵력을 '강한 상호작용strong interaction'이라고 하는데, 중성자와 양성자 사이에만 작용하는 것이 아니라 중성자와 중성자, 양성자와 양성자 사이에도 작용하는 힘이야. 전기력과는 완전히 다른 종류의 힘이지.

엘리 전기력보다 훨씬 강한가 봐요? 원자핵 안에서 양성자들은 아주 가까이 있으니 쿨롱 척력도 매우 클 텐데, 이 힘보다도 더 강한 인력이라는 뜻이잖아요?

바리 맞아. 강한 상호작용은 핵자들 사이의 거리가 아주 가까울 때는 엄청 큰데 조금만 멀어져도 아주 약해지는 힘이야.

울리 핵자들 사이의 거리가 얼마나 가까워야 하는데요?

바리 1fm(펨토미터femtometer 또는 페르미fermi) 정도 떨어졌을 때는 정말 강하지.

울리 그게 길이 단위에요?

바리 원자핵은 크기가 워낙 작아서 길이의 단위로 fm를 사용하는데, $1fm=10^{-15}m$야. 또 1fm는 '1페르미'라고도 하는데, 물리학자 엔리코 페르미Enrico Fermi의 업적을 기리기 위해 1956년부터 페르미를 길이의 단위로 사용하고 있단다. 핵자들이 1fm 떨어져 있을 때 핵력의 세기는 전기력 세기의 약 137배나 되니 엄청 강한 인력이지.

울리 와~ 137배나요? 근데 질량의 단위로 에너지를 쓰기도 한다고 하지 않으셨어요?

바리 핵물리학이나 입자물리학에서는 종종 질량을 아예 정지에너지로 표현해서 사용하지.

엘리 단위가 엄청 중요한데 왜 질량 대신 에너지를 사용해요?

바리 하하- 단위를 틀리게 사용하는 것은 아니고, 질량 1u를 kg으로 표현하고, 여기에 광속의 제곱(c^2)을 곱하면 단위가 J인 에너지가 나오겠지? 이것을 eV로 표현하면 931.5MeV가 되거든. 그럼 질량 1u의 정지에너지는 931.5MeV, 또는 질량 1u 대신에 $931.5MeV/c^2$을 사용하는 거지.

엘리 아하, 에너지를 c^2으로 나눈 것으로 질량을 표현하는 거군요.

바리 그렇지. 양성자의 정지에너지는 약 938MeV인데, 이렇게 에너지만 얘기해도 양성자의 질량이 $938MeV/c^2$이라는 것을 바로 알 수 있지. 작은 값의 질량 대신 큰 값의 에너지로 이해하는 거라고 할 수 있어. 다음에는 조금 일찍 오렴~

바리 교수의 물리노트 34

- 원자번호=양성자수=전자수
- 질량수=양성자수+중성자수
- 동위원소=양성자수는 같으나 중성자수가 다른 원소.
- 원자질량단위:

$$1\text{u}=\frac{M_{\text{C}-12}}{12}=1.66\times10^{-27}\text{kg}=931.5\,\text{MeV}/c^2$$

  ($M_{\text{C}-12}$: 탄소-12원자 1개의 질량)

- $1\text{fm}=10^{-15}\text{m}$ (fm: 펨토미터femtometer=페르미fermi)
- 핵자nucleon: 원자핵을 구성하는 입자(중성자와 양성자).
- 강한 상호작용strong interaction: 핵자 간에 작용하는 인력으로, 핵자들 사이의 거리가 아주 짧을 때만 강하여 원자핵이 안정된 상태를 유지하게 한다.
- 원자핵 결합에너지nuclear binding energy: 원자핵을 깨서 모든 핵자가 흩어지게 하는 데 필요한 에너지로, 핵자들의 총 정지에너지와 해당 원자의 정지에너지의 차이와 같다.

35 원자핵에도 매직넘버가 있다구요?

원자핵모형

우리나라 첫 방송 통신 위성인 '무궁화 1호'는 2020년 발사 25주년을 맞았다. 덕분에 스포츠 위성 중계와 더불어 최근에는 케이블방송의 스포츠 채널도 급격히 늘어나서 많은 스포츠팬이 다양한 중계를 편히 볼 수 있게 되었다. 온갖 스포츠를 좋아하는 엘리는 시험이 끝난 날이나 주말에 가끔 스포츠 중계를 즐겨 본다. 이번 바리 교수 집에 가기 전날 밤에도 새벽까지 야구 중계 재방송을 보느라 하마터면 점심 때까지 늦잠을 잘 뻔했다. 다행히 울리가 전화해줘서 간신히 일어나 서둘러 바리 교수의 집으로 향했다.

엘리 오늘은 조금 일찍 오라고 하셨는데 제가 늦잠을 자서 일찍 못 왔어요.

바리 너희들은 모두 올빼미지? 밤에 일찍 자지 않잖아.

엘리 밤에는 정신이 말똥말똥하고 해 뜨면 몽롱해지죠. 헤헤-

울리 엘리는 자기가 응원하는 야구팀이 매직넘버를 2로 줄인 경기를 보느라 늦게 잤대요. 결국 우승 못한 팀인데요. 히히-

엘리 재방송이라 결과는 알지만 경기는 처음 보는 거라 얼마나 흥미진진했는데~ 두 번만 이기면 되는데 결국 못해서 너무 아쉬워.

바리 매직넘버라…. 핵물리학에서 '마법수magic number'는 2, 8, 20, 28, 50, 82, 126…인데.

엘리 매직넘버가 스포츠 용어인 줄 알았는데 물리학에서도 나와요?

바리 지난번에 원자핵의 결합에너지를 정의했는데, 실험적으로 질량분석기를 이용해서(3권 23화 참조) 원자 질량을 정밀하게 측정할 수 있기 때문에 결합에너지도 꽤 정확히 알 수 있거든. 근데 이론적으로는 설명이 쉽지 않아서 원자모형처럼 여러 원자핵모형이 제안되었어.

울리 아~ 원자핵모형도 있어요? 원자 이해하는 것도 그렇게 힘들었는데 원자핵도 미스터리였군요.

바리 재미있는 건 닐스 보어가 원자핵모형에도 공헌을 했다는 거야. '물방울모형liquid-drop model'이라는 건데, 좀 복잡하긴 해도 실험적 결합에너지를 꽤 잘 설명하는 모형이었지.

울리 오~ 보어가 처음 제안한 모형이에요?

바리 러시아계 미국 물리학자 게오르기 가모프George Gamow가 처음 제안했는데, 보어와 존 아치볼드 휠러John Archibald Wheeler가 더 발전시켰지.

엘리 근데 왜 물방울모형이에요? 핵이 물방울을 닮았다는 건가요?

바리 원자핵의 밀도가 일정하고, 질량수(중성자수+양성자수)가 50보다 큰 원자의 핵자당 결합에너지가 대체로 8MeV 정도로 일정하다는 사실로부터 핵자들이 뭉쳐서 안정된 핵이 되는 것이 마치 작은 물방울들이 모여 큰 물방울이 되는 것과 비슷하다고 제안한 거야. 물은 밀도가 일정하고, 작은 물방울들이 아주 근접해 있을 때 순식간에 결합하니까 말이야.

엘리 물방울에 비유한 것이 재미있어요.

바리 그렇지? 물방울모형에서는 당시 원자핵의 결합에너지에 영향을 준다고 생각한 네 가지 효과를 포함했는데, 질량수에 따라 결합에너지가 커지는 '부피효과', 표면적에 비례해서 결합에너지가 줄어드는 '면적효과', 양성자들의 쿨롱 척력 때문에 거리에 반비례해서 결합에너지가 줄어드는 '쿨롱효과', 그리고 질량수가 커질수록 중성자수가 양성자수보다 많아지고 핵력이 약해져서 결합에너지가 줄어드는 '(비)대칭효과'가 그 네 가지야.

울리 와~ 그 작은 원자핵 속에 무슨 효과가 그렇게 많아요?

바리 거기에 '양자효과'까지 있지. 자세히 하진 않겠지만, 이런 효과들을 원자번호, 중성자수, 질량수로 표현할 수 있는데, 이렇게 만든 결합에너지 공식이 상수 조정을 잘하면 실험적으로 얻은 결합에너지와 대체로 잘 맞았어. 보어의 초기 원자모형이 대충 잘 맞은 것처럼 말이야. 실험 결과에 맞춰 상수조정을 해야 해서 물방울모형에서 얻은 공식을 '준경험적 질량 공식semiempirical mass formula'이라 한단다.

엘리 어, 근데 부피, 면적, 거리를 어떻게 원자번호나 질량수로 표현할 수 있어요?

바리 핵이나 핵자를 모두 딱딱한 공이라고 가정하면, 핵의 부피는 질량수 A에 비례하겠지? 그럼 핵의 반지름은 $A^{1/3}$에 비례하고, 표면적은 $A^{2/3}$에 비례하고 말이야.

엘리 아, 그렇군요. 물방울모형이 실험 결과를 대체로 잘 맞췄다는 것은 맞지 않은 것도 있었다는 거죠? 저도 이제 눈치가 많아졌어요. 히히-

바리 하하- 울리랑 닮아가나 보구나? 물방울모형의 준경험적 질량공식에서 얻은 핵자당 결합에너지가 특정한 질량수에서 실험 결과와 차이가 크게 나는 피크를 보인 거야.

울리 그 특정 질량수가 마법수인가요?

바리 오~ 이번에는 울리의 촉이? 정확히는 원자번호인 양성자수(Z)나 중성자수(N)가 2, 8, 20, 28, 50, 82일 때 피크가 나타났단다. 근데 이 마법수에서의 특이 현상이 핵자당 결합에너지에서만 보인 것이 아니었어. 원자핵의 크기를 중성자수에 대해서 그려도 마법수에서 피크가 보이고, '원자번호는 다르지만 중성자수가 같은 동중성자 원소isotones'의 수를 중성자수에 대해서 그려봤을 때도 마법수에서 피크가 보인 거야.

엘리 원자의 이온화 에너지가 특정 원자번호에서 피크를 보였던 것이 떠올라요.

바리 비슷한 개념으로 탄생한 것이 '원자핵의 껍질모형nuclear shell model'이야. 핵의 양성자나 중성자수가 마법수일 때 핵이 보다 안정된 상태에 있다는 거니까 말이야. 보른의 지도 학생 중 노벨물리학상을 받은 여성이 있다고 한 것 기억나니?

울리 아~ 그분도 마리인지 마리아인지였던 것 같은데….

바리 마리아 괴페르트-메이어Maria Goeppert-Mayer가 1949년에 원자핵의 껍질모형을 제안했는데, 1950년에 한스 옌젠Hans Jensen이라는 물리학자도 독립적으로 제안해서 1963년에 공동으로 노벨 물리학상을 수상했지.

울리 그럼 핵자들도 양자상태에 있는 건가요? 전자들처럼요?

바리 미시세계에서 양자역학은 피해갈 수 없지. 더구나 중성자나 양성자도 전자처럼 스핀 $\frac{1}{2}$을 갖고 있어서 배타원리도 적용해야 하고 말이야.

엘리 배타원리 설명하실 때 전자에만 성립하는 것이 아니라고 하신 것이 다른 입자들도 스핀을 갖기 때문이군요.

바리 그래. 스핀이 $\frac{1}{2}, \frac{3}{2}, \frac{5}{2}, \cdots$ 등 반정수half-integer인 입자를 '페르미온fermion', 스핀이 0, 1, 2,… 등 정수인 입자를 '보존boson'이라고 하는데, 파울리의 배타원리는 페르미온에만 적용되고 보존에는 적용되지 않는단다.

엘리 그럼 뭔지 모르지만 보존들은 같은 상태에 얼마든지 함께 있어도 된다는 뜻인가요?

바리 그렇지. 다시 껍질모형으로 돌아오면, 중성자와 양성자가 들어갈 수 있는 양자상태들도 양자수로 결정되는데, 중성자와 양성자가 모두 스핀 $\frac{1}{2}$을 갖기 때문에 한 양자상태에는 양성자 2개나 중성자 2개만 들어갈 수 있는 거야. 스핀자기양자수가 $\pm\frac{1}{2}$

이니까 말이야.

울리 원자의 양자상태에 들어갈 수 있는 전자와 정말 비슷하네요.

바리 그렇지? 근데 양성자와 중성자는 조금 다른 위치에너지를 경험해서, 들어갈 수 있는 양자상태의 에너지가 다르단다.

울리 어? 같은 원자핵 안에 있는데 위치에너지가 달라요?

바리 중성자 사이에는 핵력만 작용하지만 양성자 사이에는 핵력과 쿨롱 척력이 작용하잖아. 그래서 양성자가 있을 수 있는 양자상태의 에너지 값이 조금 더 크거든.

울리 아~ 그렇군요. 그럼 껍질모형은 마법수에서 일어나는 특이한 현상들을 잘 설명했나요? 그러니까 노벨상까지 받았겠지만요.

바리 사실 생각보다 쉬운 문제는 아니야. 원자핵 속에 갇힌 핵자들을 기술하기 위한 적당한 퍼텐셜에너지를 찾아야 하니까 말이야.

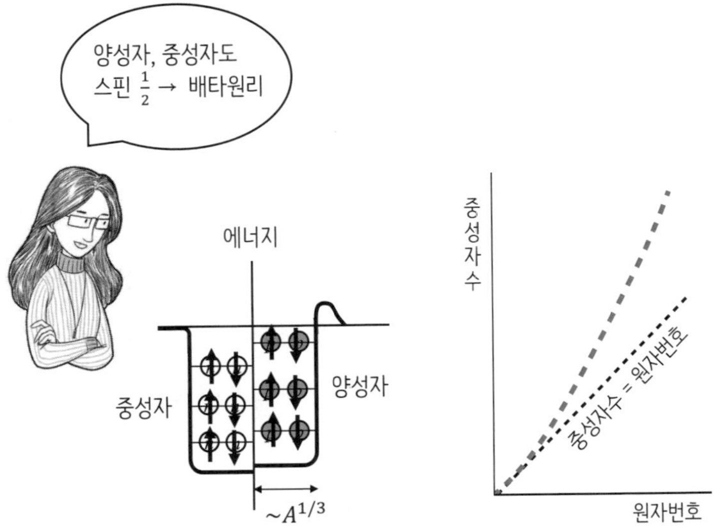

우리가 슈뢰딩거방정식의 간단한 예를 공부할 때 1차원 사각우물퍼텐셜 속의 입자나 단조화진동자를 다루었는데, 핵의 경우는 3차원 단조화진동자와 스핀-궤도각운동량의 상호작용까지 고려해야 하거든. 우리의 학습 범위를 넘어가고 말이야.

엘리 이미 너무 벅차요~ 히히-

바리 나도 그렇게 생각해. 아무튼 껍질모형은 복잡한 퍼텐셜에너지를 이용해서 마법수를 설명했을뿐만 아니라 물방울모형으로 설명할 수 없었던, 중성자수와 양성자수가 모두 짝수인 원자핵이 그렇지 않은 원자핵보다 더 안정된 이유도 알게 해주었단다.

엘리 흠, 그건 배타원리 때문일 것 같다는 생각이 퍼뜩 드는데요. 하나의 양자상태에 양성자 2개 또는 중성자 2개씩 들어가면 꽉 차니까 안정될 것 아니겠어요? 허용된 양자상태가 모두 차야 가장 안정되겠지만 그것도 양성자수와 중성자수가 모두 짝수일 때잖아요.

바리 와~ 잘했어! 껍질모형은 또 질량수가 커지면 왜 중성자수가 양성자수보다 많아지는지도 설명해주었는데, 양성자가 가질 수 있는 양자상태의 에너지가 중성자보다 크다는 것과 관계있단다.

울리 아하! 양성자가 많아지면 높은 에너지 상태까지 들어가야 하는데, 중성자수를 늘려서 핵력이 커지게 하면서도 전체 에너지는 낮추려고 하는 거군요? 에너지가 낮을수록 핵이 안정된 상태일 테니까요.

바리 바로 그거야. 반대로 질량수가 작을 때는 양성자들도 충분히 가까이 있어서 핵력이 쿨롱 척력보다 훨씬 크거든. 그러면 중성자들 사이의 핵력과 크게 차이가 나지 않으니까 중성자수가 양성자수보다 많을 필요가 없는 거고 말이야.

엘리 휴~ 원자핵도 만만치 않네요.

바리 교수의 물리노트 35

- 원자핵과 핵자들을 구라고 가정하고 A가 질량수일 때, 핵의 반지름은 $A^{1/3}$에 비례하고, 표면적은 $A^{2/3}$에 비례하고, 부피는 A에 비례한다.
- 대표적 원자핵모형으로는 '물방울모형'과 '껍질모형'이 있다.
- 페르미온fermion: 스핀이 반정수 $\frac{1}{2}, \frac{3}{2}, \frac{5}{2}, \cdots$인 입자로 파울리의 배타원리를 따른다.
- 보존boson: 스핀이 정수 $0, 1, 2, \cdots$인 입자로 파울리의 배타원리를 따르지 않는다.
- 중성자와 양성자는 전자와 마찬가지로 스핀이 $\frac{1}{2}$이다.
- 마법수magic number: 양성자수 또는 중성자수가 $2, 8, 20, 28, 50, 82, 126$일 때를 지칭한다.

36 중성자가 양성자로 변할 수 있다구요?

방사성 붕괴/반감기

울리네 아빠 앞으로 택배가 하나 왔다. 퇴근한 아빠는 택배를 보자 기다렸다는 듯이 상자를 뜯었고, 울리는 궁금하여 아빠 옆에 바짝 붙어 앉았다. 그 택배의 정체는 바로 라돈 측정기! 침대 매트리스나 온수 매트에서 라돈이 기준치 이상으로 검출되었다는 뉴스와, 흡연 다음으로 폐암 발생에 큰 영향을 미치는 것이 라돈이라는 뉴스가 연일 방송에서 보도되어 염려되는 마음에 장만한 것이다. 울리 아빠는 설명서를 읽어보더니 방마다 다니며 라돈을 측정하기 시작했다. 그 모습을 보며 울리는 다음에 바리 교수를 찾아갈 때 잊지 않고 라돈에 대해 질문해야겠다고 생각했다.

울리 아줌마도 라돈측정기를 갖고 있으세요?

바리 아니, 없는데. 왜? 필요해?

엘리 울리 아빠가 벌써 사셨대요. 침대 매트리스 측정도 다 했고요. 우리 집도 빌려다 해봤어요. 헤헤-

바리 최근 계속 방송에서 라돈 뉴스가 나오니 불안하셨나 보구나. 요즘은 라돈측정기를 갖고 있는 집이 꽤 많긴 하지.

울리 무미무색무취여서 우리는 전혀 느끼지 못한다면서요?

바리 그래. '라돈radon(Rn)'은 원자번호 86, 주기율표 맨 오른쪽인 18족의 비활성기체인데 공기보다 무거워서 바닥에 가라앉지. 환기만 잘해도 라돈 수치가 안전한 범위로 들어갈 거야.

엘리 비활성기체이면 화학반응도 잘 일어나지 않고 안정된 것 아닌가요? 근데 왜 발암물질이라고 하죠?

바리 가장 안정적인 동위원소가 라돈-222인데 '반감기half-life'가 약 3.8일밖에 되지 않거든. 라돈이 빨리 다른 원소들로 계속 붕괴decay하는데, 이 붕괴된 원소들은 금속성 고체라서 그래. 이 고체들이 작은 입자들과 결합하여 폐암을 일으킬 수 있다는 거고.

울리 반감기가 뭐예요?

바리 '양이 처음의 반으로 줄어드는 데 걸리는 시간'을 반감기라고 해. 1896년 프랑스의 물리학자 앙투안 앙리 베크렐Antoine Henri Becquerel이 우연히 우라늄의 방사능을 처음 발견한 후, 알고 있듯이 퀴리 부부가 방사능 연구에 큰 공을 세웠지. 그 공으로 베크렐과 함께 퀴리 부부가 1903년에 노벨물리학상을 수상했고 말이야. 마리 퀴리는 폴로늄polonium(Po)과 라듐radium(Ra)의 발견 및 연구로 1911년에 노벨화학상도 수상하지만 말이야. 참, 라돈은 1899년에 러더퍼드가 처음 발견했단다.

울리 러더퍼드가 또 나오는군요.

바리 러더퍼드는 '핵물리학의 아버지'라고 불릴 만큼 원자핵 연구에 많은 업적을 낸 학자거든. 양성자가 원자핵으로 모여 있어야 한다든지, 핵 안에 중성자가 있어야 한다든지 하는 중요한 업적 외에도 방사능radioactivity이 불안정한 원자핵의 붕괴에 의한 것이라는 것도 발견했지. '알파붕괴α-decay', '베타붕괴β-decay', '감마붕괴γ-decay'라는 이름도 러더퍼드가 붙인 거야.

엘리 와~ 그렇군요. 들어보긴 했는데, 정확히 어떻게 다른가요?

바리 방출되는 입자도 다르고, 투과력도 다르지. 알파붕괴는 알파입자를, 베타붕괴는 베타입자를, 감마붕괴는 감마입자를 방출하는데, 알고 보니 알파입자는 헬륨의 원자핵, 베타입자는 전자 또는 양전자, 감마입자는 고에너지 광자였어.

엘리 알파입자는 몇 번 나왔었죠? 중성자 2개와 양성자 2개로 되어 있는 헬륨의 원자핵이니 양(+)전하를 띠는 입자라고요.

바리 그렇지. 그래서 방사성 물질이 내놓는 이 세 가지 방사선이 자기장을 지나가게 하면 광자로 된 감마선γ-ray은 직진하고, 양(+)전하의 알파입자와 음전하의 베타입자는 서로 반대 방향으로 휘게 되어 구분할 수 있게 된단다. 자기장 안에서 전하가 휘는 것은 기억나지? (3권 21화 참조)

울리 흠…. 그럼요…. 자기력이 구심력처럼 작용하는….

바리 자신 있게 답해~ 울리답지 않게 왜 머뭇거려? 하하-

엘리 베타입자가 양전자일 수도 있다고 하셨는데, 그럼 알파입자처럼 양(+)전하를 띠니까 같은 방향으로 휘겠네요? 알파입자와 양전자는 어떻게 구분하죠?

바리 공부한 지 오래되었지만 양전자는 전자와 모든 성질이 같고 전하 부호만 다르다고 했잖아? (2권 2화 참조) 자, 그럼 알파입자와 양전자가 자기장 안에서 그리는 반경을 비교해볼래? 반경은 전하의 질량에 비례하고 전하량에 반비례한단다. (3권 23화 참조)

울리 중요한 것은 다 알려주시면서 물으시네요. 히히- 알파입자는 핵자가 4개나 있으니 전자와 질량이 같은 양전자보다 수천 배나 질량이 크고 전하량은 양전자의 2배뿐이잖아요. 그래서 알파입자가 그리는 반경이 더 크겠죠.

바리 잘했어. 반경이 다르니 양전자인 베타입자와 양(+)전하를 띠는 알파입자도 구분할 수 있는 거야. 또, 붕괴로 나온 알파입자는 종이도 거의 투과하지 못하는데, 베타입자는 mm 두께의 알루미늄 정도는 투과할 수 있고, 감마선은 cm 두께의 납도 투과할 수 있단다.

울리 역시 감마선은 위험하네요. 근데 원자핵은 중성자와 양성자로 되어 있는데 어떻게 전자나 양전자가 나올 수 있어요?

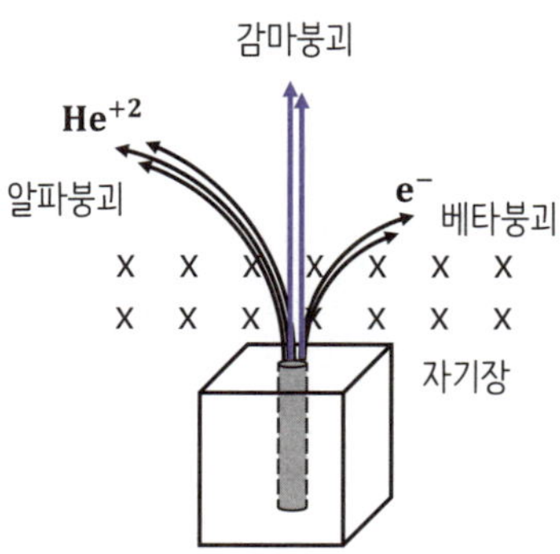

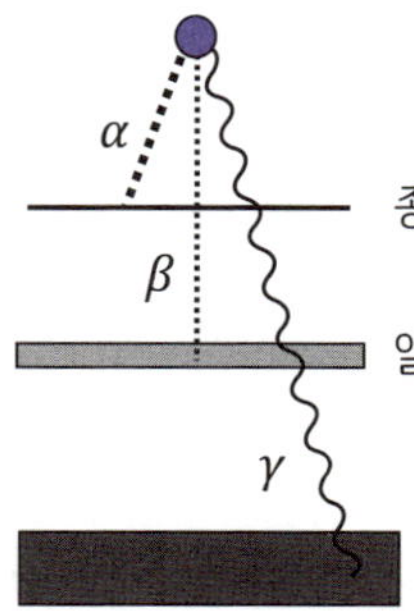

바리 아주 좋은 질문이야. 원자핵 안에서 중성자가 양성자로 변하거나 양성자가 중성자로 변하는 현상이 있을 수 있거든. 정상적인 베타붕괴는 자연적인 조건에서 중성자가 양성자로 변하면서 전자를 내놓는 거란다. 한편 양성자가 중성자로 변하면서 양전자를 방출하거나 양성자가 전자를 포획해서 중성자가 되는 것도 베타붕괴의 일종이지.

울리 와~ 중성자가 양성자도 될 수 있고, 양성자가 중성자도 될 수 있는 거예요?

바리 양성자가 중성자로 변하는 것은 중성자가 양성자로 변하는 것보다 관측이 어려워서 훨씬 늦게 발견되었단다. 정상적인 베타붕괴를 생각해보면, 원자핵이 전자를 하나씩 내놓을 때마다 원자번호가 하나씩 커지면서 다른 원소로 바뀐다는 뜻이야. 이런 자발적 붕괴는 모두 양자역학의 지배를 받는데, 핵에 따라 특정한 확률에 의해 결정된단다.

엘리 무슨 말인지 잘 모르겠어요.

바리 어떤 원자핵 하나가 1초에 붕괴할 확률(λ)을 '붕괴상수decay constant'라고 하는데, 외부 조건에 거의 영향을 받지 않기 때문에 상수라고 불러. 그럼 원자핵이 N개 있다면 1초 후에는 몇 개나 붕괴했을까?

엘리 λN개요.

바리 그렇지? 그럼 어떤 시간 간격 Δt 후에는 몇 개나 붕괴할까?

울리 1초에 λN개 붕괴했으니 $\lambda N \times \Delta t$개가 붕괴했겠죠.

바리 좋아. 그럼 Δt 후에 $N-\lambda N\times\Delta t$개의 원자핵은 붕괴하지 않고 남아 있겠지? 여기서 붕괴하지 않은 원자핵 수의 변화 $\Delta N=[N-\lambda N\times\Delta t]-N$이 되고 말이야.

울리 변화는 나중 상태에서 처음 상태를 뺀 거니까요~ 히히- 근데 결국 $\Delta N=-\lambda N\times\Delta t$와 같네요.

바리 맞아. 이 관계식을 아주 짧은 시간 dt에 대해서 보면 미분방정식 $\frac{dN}{dt}=-\lambda N$이 되고 $N(t=0)=N_0$라면, 이 미분방정식으로부터 $N(t)=N_0e^{-\lambda t}$을 얻는단다. 즉 처음에 N_0개였던 원자핵이 임의의 시간 t에 붕괴하지 않은 채 몇 개나 남아 있는지를 알 수 있는데, 원자핵 수가 시간에 대한 지수함수로 감소한다는 거야.

엘리 아, 1초에 원자핵 하나가 붕괴할 확률만 알면 미래에 얼마나 남

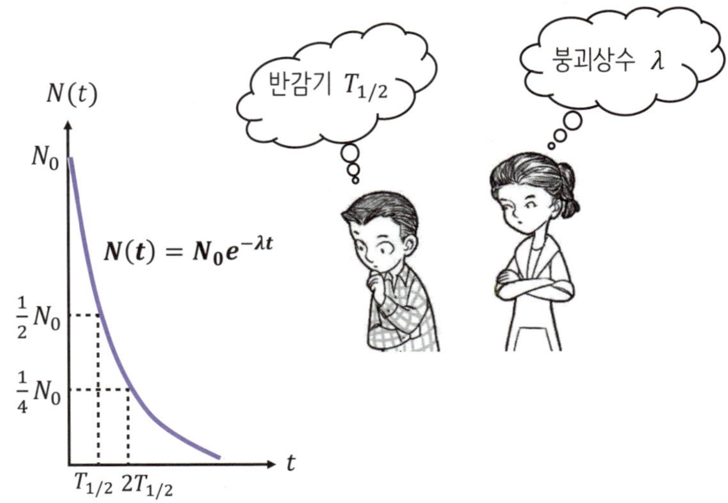

아 있을지를 알 수 있다는 거네요.

바리 그렇지. $N\left(T_{1/2}\right)=\dfrac{N_0}{2}$가 되는 시간 $T_{1/2}$이 반감기고 말이야. 지수함수, 자연로그함수 등이 나와서 불편하겠지만, 반감기와 붕괴상수의 관계는 $T_{1/2}=\dfrac{\ln 2}{\lambda}\approx\dfrac{0.693}{\lambda}$이야.

울리 붕괴상수 λ가 크면 반감기는 짧은 거네요. 아, 당연하네요.

바리 하하- 그렇지. 붕괴할 확률이 크면 반감기가 짧겠지. 반감기를 이용해서 연대 측정도 할 수 있는데, 시간이 반감기만큼씩 흐를 때마다 원소는 원래 양의 $\frac{1}{2}$, $\frac{1}{4}$, $\frac{1}{8}$,…만 남게 되겠지? 식 $N\left(T_{1/2}\right)=\frac{1}{2}N_0$, $N\left(2T_{1/2}\right)=\frac{1}{4}N_0$, $N\left(3T_{1/2}\right)=\frac{1}{8}N_0$,…처럼 말이야. 이렇게 반감기를 이용하면 붕괴하지 않은 원자핵 수 $N(t)=\left(\frac{1}{2}\right)^{t/T_{1/2}}N_0$이 돼서 현재 남아 있는 양을 보고 연대를 추정할 수 있는 거지. 탄소연대측정법이 대표적인 예란다.

엘리 탄소연대측정법은 탄소의 반감기를 이용하나 보네요. 근데 처음에 탄소가 얼마나 있었는지 어떻게 알고 연대를 예측해요?

바리 반감기가 5,730년인 탄소-14를 이용하는데, 대기 중 탄소-14의 비율은 거의 일정한데 유기물의 탄소-14 비율도 대기 중과 같을 것이라고 가정하는 거야. 그러다 생명체가 죽으면 탄소가 새로 흡수되지 않고 붕괴만 할 테니까 탄소-14의 양을 측정하면 연대를 예측할 수 있지.

엘리 아, 그렇군요. 듣다 보니 새삼 고고학도 참 재미있을 것 같다는 생각이 들어요.

울리 너한테 어울릴 것 같기도 한데? 고고학자! 헤헤-

바리 너희는 뭐든 할 수 있지. 원자핵의 붕괴상수와 반감기의 관계를 봤지만, 붕괴상수를 알면 핵의 '평균수명mean lifetime' τ(타우tau)를 구할 수 있어. 역시 계산은 빼고 결과만 알려주면, 평균수명 $\tau=\frac{1}{\lambda}$이란다.

엘리 붕괴상수의 역수가 핵의 평균수명이군요?

바리 그래~ 반감기와 비교하면 $\tau=\frac{1}{\lambda}\approx1.44T_{1/2}$이어서 핵의 평균수명이 반감기의 약 1.44배라는 것도 알 수 있지.

엘리 라돈의 반감기가 약 3.8일이면 라돈 하나의 평균수명은 약 5.5일이라는 거네요. 근데 라돈 또는 이런 방사능의 안전 기준치는 어떻게 돼요?

바리 그전에 방사능 단위부터 살펴보자. 방사능 단위는 Ci(퀴리curie) 또는 Bq(베크렐becquerel)을 사용하는데, 1Bq은 1초에 한 번 붕괴해서 나오는 방사능이야. 즉 1Bq=1붕괴/s라는 의미지. 1Ci는 라듐 1g이 1초 동안 방출하는 방사능을 기준으로 정한 거라 370억 Bq, 즉 1Ci=3.7×10^{10}붕괴/s란다.

울리 Ci가 엄청 큰 단위네요. 1초에 370억 번 붕괴하는 거라니요.

바리 그렇지? 방사능의 안전기준치는 농도로 정하는데, 농도 단위로는 리터litre(liter)당 피코퀴리(pCi/L) 또는 세제곱미터당 베크렐(Bq/m^3)을 사용해서, 라돈의 실내 기준치는 약 4pCi/L 또는 $148Bq/m^3$이라고 해.

울리 피코(p)가 뭐였죠? 그리고 4pCi/L와 $148Bq/m^3$가 같으니 1pCi/L=$37Bq/m^3$이겠네요?

바리 p는 10^{-12}, 즉 $\frac{1}{1조}$이고, $1{,}000L = 1m^3$, $1Ci = 3.7 \times 10^{10}Bq$이라서 $1pCi/L = 37Bq/m^3$야.

울리 아하~ 근데 라돈은 걱정해야 할 정도로 우리 주변에 정말 많은 거예요?

바리 우라늄uranium과 토륨thorium은 붕괴하면서 라듐이 되고, 이 라듐이 알파붕괴를 하여 라돈이 되거든. 라돈은 폴로늄 등 중간에 여러 불안정한 상태의 동위원소들로 붕괴하다가 안정한 상태의 납-206이 되고 말이야. 근데 우라늄과 토륨은 지구상 어디에나 존재하니까 계속 라돈이 생성되고 있는 거야.

울리 우라늄이나 토륨도 반감기가 짧은가요?

바리 우라늄의 반감기는 44억 6,800만 년, 토륨의 반감기는 140억 500만 년으로 엄청 길지만 계속 붕괴하니까.

엘리 우와~ 그렇게 길어요? 라듐은 퀴리 부부가 발견한 건데, 우라늄을 연구하다 발견했겠네요?

바리 폴로늄, 라듐 모두 퀴리 부부가 '피치블렌드'라는 우라늄 광석을 연구하면서 1898년에 발견해 이름도 붙인 거지. 마리 퀴리의 조국인 폴란드를 기리며 하나는 폴로늄, 다른 하나는 'ray'를 의미하는 라틴어에서 따다 라듐이라고 명명했고 말이야. '방사능radioactivity'이란 용어도 이들이 처음 사용했지.

엘리 그럼 이제 마리 퀴리의 삶에 대해서 이야기해주실 건가요?

울리 저도 듣고 싶어요~

바리 좋지. 간식 좀 가져올 테니 먹으면서 이야기하자.

바리 교수의 물리노트 36

- 방사성 물질의 자연붕괴는 알파붕괴, 베타붕괴, 감마붕괴가 대표적이고, 각각 헬륨 원자핵(알파입자), 전자, 감마선을 방출하며, 투과력은 알파입자 < 베타입자 < 감마선 순으로 크다.
- 붕괴상수 λ는 원자핵 1개가 1초에 붕괴할 확률을 의미하며, 원자핵 개수의 시간에 따른 변화 $N(t)=N_0e^{-\lambda t}$, 반감기 $T_{1/2}=\frac{\ln 2}{\lambda}\approx\frac{0.693}{\lambda}$, 평균수명 $\tau=\frac{1}{\lambda}\approx 1.44T_{1/2}$을 결정한다.
- 반감기 $T_{1/2}$와 $N(t)=N_0\left(\frac{1}{2}\right)^{t/T_{1/2}}$을 이용하여 연대 측정을 할 수 있다.
- 방사능 단위: Bq(베크렐) 또는 Ci(퀴리)

  1Bq = 1붕괴/s,

  1Ci = 3.7×10^{10} 붕괴/s
- 방사능 농도 단위: pCi/L 또는 $\mathrm{Bq/m^3}$ ($\mathrm{p}=10^{-12}$)

  $1\,\mathrm{pCi/L}=37\,\mathrm{Bq/m^3}$

37 방사능 연구의 선구자, 마리 퀴리

Marie Curie, 1867~1934

바리 교수는 간식으로 피넛버터와 파인애플 통조림을 꺼내왔다. 울리와 엘리가 의아해하니, 식빵을 굽고 있다며 기다려달라고 했다. 잠시 후 바리 교수는 노릇노릇 바삭한 식빵에 땅콩 알갱이가 잔뜩 들어 있는 피넛버터를 넉넉히 바르고 파인애플을 사이에 넣어 샌드위치를 만들어줬다. 엘리와 울리는 이런 샌드위치는 처음 본다며 신기해하다가 한 입 먹어보더니 맛있다며 좋아했다. 바리 교수는 아인슈타인만큼이나 유명한 마리 퀴리 이야기를 시작했다.

바리 마리 퀴리Marie Curie(1867~1934)는 1867년 11월 7일에 폴란드 바르샤바에서 태어났어. 당시 폴란드는 세 나라의 지배 아래 있었는데, 바르샤바는 제정러시아의 통치를 받고 있었지. 아버지 브와디스와프 스크워도프스카는 수학과 물리학 선생님이었고, 어머니 브로니스와바 스크워도프스카는 여학교의 교장선생님이었단다. 마리 퀴리의 어릴 때 이름은 마리아 살로메아 스크워도프스카Maria Salomea Skłodowska였고, 언니 셋과 오빠 하나를 둔 막내였지.

엘리 어릴 때 아주 가난했다고 들었는데, 부모님이 모두 선생님이었네요?

바리 당시 폴란드가 제정러시아의 지배를 받고 있었기 때문에 친폴란드 성향이던 마리아의 아버지는 마리아가 6세일 때 학교에서 해고를 당하거든. 마리아가 9세 때는 큰언니가 발진티푸스에 걸려 죽고, 11세 때는 어머니마저 42세의 나이에 폐결핵으로 세상을 떠나는 등 불운의 연속이었어. 점점 가난해졌고 말이야.

울리 다른 천재 남성 과학자들은 대부분 어린 시절을 부유하게 지낸 것 같은데 마리 퀴리는 전혀 아니네요.

바리 그뿐 아니라 당시는 여자들이 대학에 갈 수 없는 시대였어. 집안이 어려워도 워낙 총명했던 마리아는 고등학교를 최우등으로 졸업했지만, 단지 여자라는 이유만으로 대학에 갈 수 없었던 거야. 하지만 계속해서 공부가 하고 싶었던 마리아와 둘째 언니 브로니스와바는 비공식적인 '이동대학'을 다니게 되지.

엘리 이동대학이 뭐예요?

바리 제정러시아의 감시를 피해 여기저기 옮겨 다니며 공부하는 대학이라고 해서 붙은 이름이야. 이후 성 차별 없이 동등한 교육 기회를 부여받을 수 있는 프랑스 파리에 가서 제대로 공부를 하고 싶었던 마리아는 언니랑 약속을 하나 한단다.

엘리 무슨 약속요?

바리 언니 브로니스와바가 파리에서 의대 공부를 하는 동안 마리아는 돈을 벌어 보내주고, 언니가 공부를 끝내면 마리아가 유학할 수 있게 이번에는 언니가 마리아를 도와주자는 약속이었어.

엘리 와~ 현명하네요. 약속은 잘 지켜졌겠죠?

바리 그래~ 마리아는 가정교사를 하며 열심히 돈을 벌어 언니를 도와줬고, 언니는 졸업 후 약속대로 마리아가 1891년에 파리의 소르본 대학교에 입학해서 공부할 수 있게 도와줬다고 해.

울리 멋진 자매네요~

바리 그래도 마리아는 낮에는 공부하고 밤에는 가정교사 일을 했어. 그리고 대학에 들어가자마자 이름을 프랑스식으로 바꾸어서 마리Marie가 된 거란다.

엘리 그리고 피에르 퀴리Pierre Curie를 만나나요?

마리 퀴리와 피에르 퀴리

바리 마리는 리프만, 푸앙카레 등의 강의를 듣고 가장 우수한 성적으로 1893년에 물리학 석사학위를, 1894년에는 수학 석사학위를 받았어. 근데 수학 석사학위를 받기 직전에 프랑스 공업진흥협회로부터 자성에 관한 연구 과제를 의뢰받았는데, 실험실 공간이 충분하지 않아서 찾던 중 피에르 퀴리의 실험실을 소개받게 된 거야.

울리 실험실에서의 로맨스라니 썰렁하네요.

바리 하하- 그런가? 1894년 35세의 피에르 퀴리는 이미 압전효과, 퀴리법칙, 퀴리온도 등을 밝힌 촉망받는 물리학자였는데 박사학위는 없었어. 마리는 수학 석사학위를 받은 후 바르샤바로 돌아갔는데, 피에르의 사랑 고백 편지를 받고 다시 소르본으로 가서 박사학위 공부를 했지. 그리고 피에르 퀴리에게도 그동안 연구한 결과들로 학위논문을 쓰라고 독려해서 결국 1895년 3월에 피에르가 박사학위를 받았다니 대단하지?

엘리 감동이네요.

바리 그렇지? 그러곤 1895년 7월에 반지도 없이 검은색 드레스를 입고 피에르와 결혼을 했어.

엘리 결혼식에서 신부가 검은 드레스를 입었어요? 왜요?

퀴리 부부의 결혼 사진

바리 결혼식 후에 바로 실험실에 가려고 그랬대. 노벨상 시상식에서도 검은색 드레스를 입었고 말이야.

울리 천재라서 역시 다르네요. 박사학위는 언제 받았어요?

바리 1903년에 받았는데, 이 해가 노벨상을 수상한 해란다. 1895년에는 뢴트겐이 X-선을 발견했고, 1896년에는 이미 얘기했듯이 베크렐이 우연히 우라늄 방사선을 발견했지. 그리고 마리는 베크렐이 발견한 현상을 밝히는 연구를 박사학위 논문 주제로 삼았고 말이야.

엘리 아, 그러곤 2년 만에 폴로늄과 라듐을 발견한 거군요.

바리 주기율표에 실린 원소들을 하나씩 모두 방사선이 나오는지 확인했다고 해. 그러다가 우라늄 원석인 피치블렌드에서 검출되는 방사능이, 정제된 우라늄의 방사능보다 훨씬 강하다는 것을 발견하게 된 거야.

엘리 아~ 그래서 다른 방사능원소가 있을 거라고 예측한 거예요?

바리 그렇지. 피치블렌드 안에는 30가지의 다른 원소가 들어 있었는데, 화학적으로 반복해서 분리 실험을 했고, 1898년 7월에 폴로늄을, 12월에 라듐을 발견하

마리 퀴리와
두 딸 이렌(오른쪽), 이브(왼쪽)

는 데 성공한 거였지.

울리 딸은 언제 태어났어요? 그렇게 실험만 했는데….

바리 하하- 1897년에 큰딸 이렌이 태어났고, 1904년에 작은딸 이브가 태어났어. 1903년 7월에 박사학위를 받고 12월에 노벨물리학상을 받았지만, 처음에는 여성이라는 이유로 노벨상에 추천도 되지 않고 피에르 퀴리만 추천되었다는구나.

울리 어떻게 그럴 수가 있어요? 마리 퀴리의 박사학위 논문 주제였으니 피에르보다 마리의 더 공이 클 것 같은데요.

바리 그래서 그 사실을 안 피에르가 마리 퀴리도 함께 노벨상을 받아야 한다고 탄원서를 보내서 결국 공동 수상하게 되었대. 근데 마리 퀴리는 시상식에서 발표를 못 하게 했단다.

엘리 속상한 일이네요.

바리 노벨상을 수상한 후 피에르 퀴리는 소르본 대학교의 교수가 되었는데, 안타깝게도 1906년 1월 19일에 마차에 치여서 숨지고 말았어.

엘리 어머, 어쩌요.

바리 프랑스 정부에서 유족 연금을 주겠다고 했는데도 마리 퀴리는 충분히 자신이 혼자 아이들을 돌볼 수 있다며 거절했고, 실험실로 돌아가 연구를 계속했다고 해. 그리고 소르본 대학교에서 피에르의 교수직을 마리에게 주겠다고 제안해서 소르본 대학교 최초의 여성 교수가 되었지.

울리 그럼 그 뒤 피에르 없이 혼자 연구해서 두 번째 노벨상을 받은 거네요?

바리 피에르와의 연구에서는 염화라듐을 얻었는데, 거의 5년간 연구한 결과 염화라듐에서 라듐을 분리해 주기율표의 한 원소로 자리 잡게 하는 데 성공한 거지. 이 기간에는 시아버지가 마리의 두 딸을 돌봐주었다고 하니, 피에르 집안의 마리 퀴리에 대한 지원은 지금도 여성 과학자들의 부러움을 산단다.

울리 참 훌륭한 집안이었네요.

바리 1911년 마리 퀴리는 두 번째 노벨상인 노벨화학상을 수상하는데, 대형 스캔들로 이 수상 소식이 완전히 묻히고 말았어.

엘리 무슨 소식인데 노벨상 수상 소식이 묻힐 정도에요?

바리 1910년부터 마리 퀴리는 5살 연하의 물리학자 폴 랑주뱅 Paul Langevin과 부적절한 관계를 유지했는데, 피에르의 학생이었던 랑주뱅은 유부남이었거든. 랑주뱅 부인이 노벨상을 받기 사흘 전에 랑주뱅과 마리 퀴리 사이에 오간 편지를 신문사에 흘려서 두 사람의 관계가 불륜이라며 대서특필된 거였어.

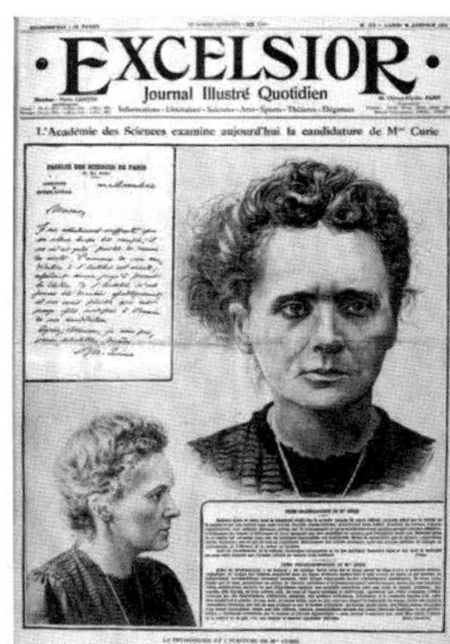
·EXCELSIOR·
Journal Illustré Quotidien
L'Académie des Sciences examine aujourd'hui la candidature de Mme Curie

마리 퀴리의 불륜 기사를 다룬 신문

엘리 마리 퀴리도 대단했군요.

바리 더 대단한 것은 스웨덴 왕립학회가 노벨상 시상식에 참석하지 말라고 권고했음에도 마리는, 사적인 일과 공적인 일은 아무 관계 없다며 당당히 검은 드레스를 입고 참석한 거지.

울리 어휴, 끝까지 멋졌네요.

바리 그 사건으로 마리 퀴리도 건강이 나빠져서 14개월이나 장기요양을 했다고 해. 랑주뱅과의 연인 관계는 결국 이어지지 못했고, 신기하게도 랑주뱅의 손자와 마리의 손녀가 결혼을 하는 것으로 연결되었지.

엘리 아, 기억났어요. 랑주뱅은 드 브로이와 이렌 퀴리의 지도교수였는데, 나중에 이렌 퀴리의 딸이 랑주뱅의 손자와 결혼했다고 하신 거요.

바리 기억하고 있네. 아무튼 스캔들 이후 1914년에 제1차세계대전이 발발했고, 마리 퀴리는 X-선 장치를 실은 구급차를 타고 전쟁터

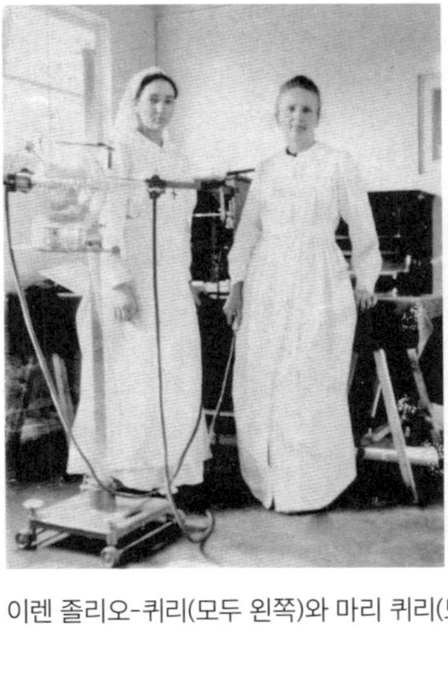

이렌 졸리오-퀴리(모두 왼쪽)와 마리 퀴리(모두 오른쪽)

로 나섰어. 이때 큰딸 이렌도 엄마를 도와서 '작은 퀴리'라는 별명이 붙었지. 이 봉사활동 때 X-선에 많이 노출돼서 마리 퀴리가 골수암, 백혈병, 재생불량성빈혈 등을 얻었다고 보고 있고 말이야.

울리 방사능물질 영향이 아니고요? 마리 퀴리는 일찍 세상을 떠났죠?

바리 방사능물질보다는 X-선의 영향이 더 컸다고 해. 1934년 7월 4일 66세의 나이로 세상을 떠났으니 이른 죽음이었지. 61년 뒤인 1995년 4월 20일 퀴리 부부의 유해는 프랑스의 국가적 위인들만 묻힐 수 있는 국립묘지 팡떼옹으로 이장되었는데, 마리는 순수 자신의 업적만으로 팡테옹에 묻힌 최초의 여성이란다.

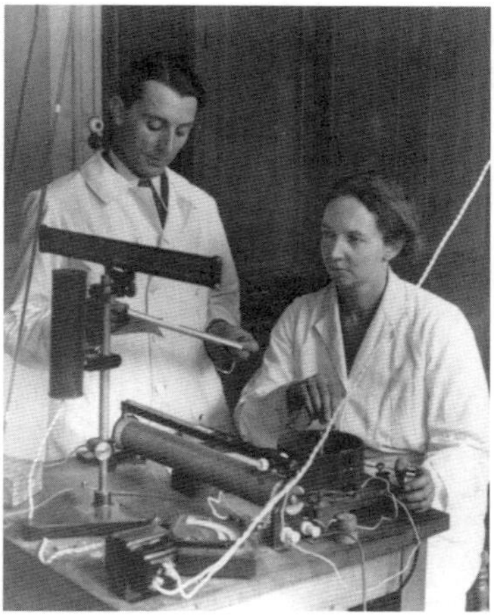

프레데리크 졸리오-퀴리(왼쪽)와
이렌 졸리오-퀴리(오른쪽)

엘리 큰딸도 노벨상을 받았죠?

바리 큰딸 이렌은 엄마의 조수였던 졸리오와 1926년에 결혼해서 1935년에 인공 방사성 원소 연구로 남편과 노벨화학상을 공동 수상했고, 1936년 엄마의 후임으로 파리 대학교 교수가 되었지. 작은딸 이브는 엄마가 죽은 뒤 『마담 퀴리*Madame Curie*』라는 제목의 전기를 썼고, 유니세프에서 활동한 이브의 남편은 1965년 유니세프가 노벨평화상을 수상할 때 대표로 상을 직접 받기도 했다고 해.

엘리 와~ 한 가족이 노벨상을 4개나 수상한 거네요. 마리 퀴리가 큰딸 부부의 노벨화학상 수상을 보지 못하고 떠나서 안타까워요. 무척 자랑스러웠을 텐데….

바리 언제 기회가 되면 마리 퀴리의 전기나 영화도 있으니 한번 찾아보렴.

38 화재경보기가 핵붕괴를 이용한 거라구요?

핵반응

요즘 기후 변화로 어느 나라에서는 비가 많이 오는 반면, 또 어느 나라에서는 고온건조해서 산불이 자주 일어난다는 국제 뉴스가 부쩍 많아졌다. 그 와중에 국내에서는 큰 화재 사건 뉴스가 연일 보도되었는데, 대부분 화재경보기가 작동하지 않았거나 아예 설치되어 있지 않아서 발생한 안타까운 사고라고 한다. 엘리네 엄마도 언젠가 부엌 가스레인지에 냄비를 올려놓고 방에서 급한 회사 일을 처리하다가 냄비를 다 태운 적이 있었다. 그때도 실내 화재경보기가 작동하지 않아 새것으로 교체했고, 그 후로 엘리네 엄마는 집에서 일해야 할 때는 주로 식탁에서 하는 것이 버릇이 되었다.

엘리 화재 뉴스만 나오면 엄마가 좀 긴장하세요. 거의 불이 붙을 정도로 냄비를 태우신 적이 있어서 그런가 봐요.

바리 화재는 정말 무섭지. 순식간에 번지니까 말이야.

엘리 그래서 화재경보기 배터리를 정기적으로 교체하며 관리하시는 것 같았어요.

울리 우리 엄마한테도 화재경보기 배터리 확인하라고 하시더라.

바리 엄마가 철저하시구나. 오늘은 화재경보기의 원리를 알려줘야겠네. 핵의 붕괴와 관련이 있거든.

울리 그래요? 정말 곳곳에 물리가 있네요.

바리 그렇다니까. 하하- 화재경보기는 연기를 감지하는 장치인데, 아메리슘-241($^{241}_{95}\mathrm{Am}$)의 알파붕괴를 이용하지. 물론 광전지를 이용하는 등 다양한 방식이 있지만 말이야.

엘리 아메리슘이라는 원소도 있어요?

바리 실험실에서 합성된 인공원소야. 방사성 동위원소도 19개나 되지만 안정한 상태의 원소는 없단다.

엘리 화재경보기에 방사성 물질을 쓰면 위험하지 않아요?

바리 아메리슘-241은 반감기가 432년 정도 되고 주로 알파붕괴를 하는데, 알파입자는 종이도 투과하지 못하니까 물질에 흡수되어 우리 체내로 들어올 확률은 낮아. 체내에 흡수되면 물론 위험한데, 화재경보기 안의 아메리슘은 양도 적고 밀폐되어 있으니 안전하다고 할 수 있지.

엘리 그렇군요. 그럼 아메리슘은 알파입자를 내놓고 어떤 원소가 되는 거예요?

바리 알파입자는 헬륨의 핵이니 알파붕괴를 통해 중성자 2개와 양성자 2개가 줄어들어야지. 이 참에 알파붕괴에 대해 좀 더 자세히 살펴보자. 일반적으로 원자핵 X가 알파붕괴하여 원자핵 Y가 되는 것을 $^{A}_{Z}\mathrm{X} \rightarrow {}^{A-4}_{Z-2}\mathrm{Y} + {}^{4}_{2}\mathrm{He}$로 표현할 수 있겠지?

울리 A는 질량수, Z는 원자번호인 양성자수를 나타내는 거네요?

바리 응. X를 부모핵parent nucleus, Y를 딸핵daughter nucleus이라고 부르고 같이야. 아메리슘은 $^{241}_{95}\mathrm{Am} \rightarrow {}^{237}_{93}\mathrm{Np} + {}^{4}_{2}\mathrm{He}$으로, 딸핵이 넵투늄(Np)이야. 우라늄의 딸핵은 토륨 $^{238}_{92}\mathrm{U} \rightarrow {}^{234}_{90}\mathrm{Th} + {}^{4}_{2}\mathrm{He}$, 라듐의 딸핵은 라돈 $^{226}_{88}\mathrm{Ra} \rightarrow {}^{222}_{86}\mathrm{Rn} + {}^{4}_{2}\mathrm{He}$이지.

울리 아, 불공평해요~ 아들핵은 없고 딸핵만 있네요. 헤헤-

엘리 이그~ 근데 결합에너지는 어떻게 달라져요?

바리 좋은 질문이야. '알파붕괴 전후의 질량 차이×광속의 제곱'을 '붕괴에너지disintegration energy(Q)'라고 해. 에너지는 보존되니까 이 에너지가 딸핵과 알파입자의 운동에너지인 거지. 식으로 쓰면, $Q = \left(M_{\mathrm{X}} - M_{\mathrm{Y}} - M_{\alpha}\right)c^2$이야.

엘리 처음에 정지 상태였던 부모핵이 알파붕괴한 후 딸핵과 알파입자의 운동에너지가 생기는군요.

바리 그렇지. 아메리슘 붕괴 과정에서 $Q \approx 9.32\,\mathrm{MeV}$, 라듐 붕괴 과정에서 $Q \approx 4.87\,\mathrm{MeV}$ 정도고, 운동량보존까지 고려하면 아메리슘이 붕괴하면서 나온 알파입자의 운동에너지는 약 $9.16\,\mathrm{MeV}$, 라듐이 붕괴하면서 나온 알파입자의 운동에너지는 약 $4.78\,\mathrm{MeV}$라는 것도 구할 수 있고 말이야.

엘리 어? 붕괴에너지의 대부분이 알파입자의 운동에너지로 쓰이네요? 알파입자가 딸핵보다 훨씬 가벼워서 훨씬 큰 속력을 갖나 보죠? 알파입자가 저절로 핵에서 튀어나올 수 있다니 신기해요.

바리 고전역학적으로는 부모핵의 결합에너지가 커서 알파입자가 떨어져 나오는 것이 불가능하지만, 양자역학적으로는 장벽을 뚫고 나갈 확률이 있는 것처럼 원자핵의 결합에너지 벽을 뚫고 나갈 확률이 있는 거지. (4권 23화 참조)

울리 터널링효과! 그때 핵물리학에 터널링효과를 처음 적용해서 설명했다는 것이 알파붕괴라는 것이 생각났어요. 히히- 근데 화재 경보기에서는 알파붕괴가 어떻게 응용되는 거예요?

바리 아주 미량의 아메리슘에서 방출된 알파입자는 경보기 안의 공기분자들과 충돌하여 공기분자들을 이온화시키거든. 그러면 함께 설치된 전극 사이로 전하를 띤 이온들의 이동이 생겨 미약하지만 감지할 수 있는 전류가 흐르게 되지. 이 전류가 일정하면 경보가 울리지 않는 거야. 그러다 연기분자가 들어오면 이온들이 연기입자들에 붙어 무거워지거든. 무거워진 이온은 이동이 느려져서 전류가 약해지지. 이런 전류의 변화가 감지되면 경보가 울리는 거고 말이야.

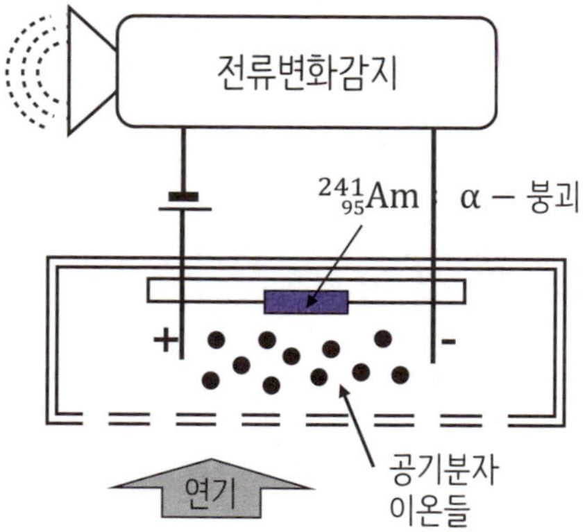

울리 아하, 그렇군요.

바리 자, 그럼 베타붕괴에 대한 식도 써볼까?

엘리 베타붕괴는 전자가 나오는 것이니 질량수는 변하지 않겠네요?

바리 그 대신 원자번호가 바뀌지. 중성자가 양성자가 되거나 양성자가 중성자가 되니까 말이야. 전자를 내놓고 중성자가 양성자가 되는 정상적 베타붕괴는 ${}^{A}_{Z}\mathrm{X} \rightarrow {}^{A}_{Z+1}\mathrm{Y} + \mathrm{e}^{-} + \overline{\nu}$, 양성자가 양전자를 내놓고 중성자가 되는 베타붕괴는 ${}^{A}_{Z}\mathrm{X} \rightarrow {}^{A}_{Z-1}\mathrm{Y} + \mathrm{e}^{+} + \nu$로 쓰지. e^{-}는 전자, e^{+}는 양전자를 의미해.

엘리 전자나 양전자는 알겠는데, 저 이상한 기호는 뭐죠?

바리 '누nu'라고 읽는 그리스문자인데, ν는 '중성미자neutrino', $\overline{\nu}$는 '반중성미자antineutrino'를 의미한단다. 베타붕괴로 전자나 양전자만 나오는 줄 알았는데, 그러면 에너지보존, 운동량보존, 각운동량보존 등에 문제가 생기는 거야. 그래서 파울리가 1930년에 베타붕괴로 전하를 띠지 않는 다른 입자가 나와야 한다고 예

알파붕괴	${}^{A}_{Z}\mathrm{X} \rightarrow {}^{A-4}_{Z-2}\mathrm{Y} + {}^{4}_{2}\mathrm{He}$	$Q = (M_{\mathrm{X}} - M_{\mathrm{Y}} - M_{\alpha})c^2$
베타붕괴: 전자방출	${}^{A}_{Z}\mathrm{X} \rightarrow {}^{A}_{Z+1}\mathrm{Y} + \mathrm{e}^{-} + \overline{\nu}$	$Q = (M_{\mathrm{X}} - M_{\mathrm{Y}})c^2$
양전자방출	${}^{A}_{Z}\mathrm{X} \rightarrow {}^{A}_{Z-1}\mathrm{Y} + \mathrm{e}^{+} + \nu$	$Q = (M_{\mathrm{X}} - M_{\mathrm{Y}} - 2m_e)c^2$
전자포획	${}^{A}_{Z}\mathrm{X} + \mathrm{e}^{-} \rightarrow {}^{A}_{Z-1}\mathrm{Y} + \nu$	$Q = (M_{\mathrm{X}} - M_{\mathrm{Y}})c^2$
감마붕괴	${}^{A}_{Z}\mathrm{X}^{*} \rightarrow {}^{A}_{Z}\mathrm{Z} + \gamma$	

측했고, 1956년에 미국의 물리학자 프레더릭 라이너스Frederic Reines가 이 입자를 발견해서 1995년에 노벨물리학상을 받았지.

울리 이게 바로 파울리가 예측했다는 그 작은 입자군요.

엘리 중성미자가 우리 몸을 막 뚫고 지나간다고 과학 잡지에서 본 적 있어요. 전하가 없고 작아서 물질과 상호작용을 거의 하지 않는다고요.

바리 맞아. 전하는 없고, 스핀 $\frac{1}{2}$을 갖고 있지만 질량도 없다고 오랫동안 생각했는데, 최근에 질량을 갖는다는 증거를 일본의 물리학자 가지타 다카아키Kajita Takaaki와 캐나다의 물리학자 아서 부르스 맥도널드Arthur Bruce McDonald가 실험적으로 보였지. 이 두 학자는 그 공으로 2015년 노벨물리학상을 수상했단다.

엘리 2015년이면 얼마 되지 않은 일이네요. 뭔지 모르지만 멋진 연구인가 봐요. 헤헤-

바리 그렇지. 베타붕괴는 중성자와 양성자 간의 변화를 의미하기 때문에 중성자를 n, 양성자를 p라고 써서 $n \to p + e^- + \bar{\nu}$, 그리고 $p \to n + e^+ + \nu$로도 표현해.

울리 지난번에 양성자가 전자를 포획하여 중성자가 될 수도 있다고 하셨는데, 그럴 경우에는 식이 어떻게 되요?

바리 슬쩍 얘기하고 지나갔는데 기억하고 있네? '전자포획electron capture'은 $p + e^- \to n + \nu$로 쓰고, '원자 내 전자와 원자핵의 양성자가 결합해서 중성자가 되는 반응'이야. 이렇게 다양한 베타붕괴의 대표적인 예를 들어보면, 탄소-14는 전자를 내놓고 질소-14가 되고, 질소-12는 양전자를 내놓고 탄소-12가 되고, 베릴륨-7은 전자포획으로 리튬-7이 되는 것들이지.

엘리 식으로도 써주세요~

바리 탄소의 전자붕괴는 ${}^{14}_{6}\mathrm{C} \rightarrow {}^{14}_{7}\mathrm{N} + \mathrm{e}^{-} + \bar{\nu}$, 질소의 양전자붕괴는 ${}^{12}_{7}\mathrm{N} \rightarrow {}^{12}_{6}\mathrm{C} + \mathrm{e}^{+} + \nu$, 베릴륨의 전자포획은 ${}^{7}_{4}\mathrm{Be} + \mathrm{e}^{-} \rightarrow {}^{7}_{3}\mathrm{Li} + \nu$로 표현할 수 있어.

엘리 붕괴에너지 식도 써주세요~ 헤헤-

바리 붕괴에너지는 '붕괴로 인한 질량 변화×광속의 제곱'이니, 중성 상태의 원자 질량을 비교해서 구하지. 예를 들어 탄소의 중성자가 전자를 내놓으면 양성자는 하나 많아졌지만 전자수는 그대로니까 중성자가 내놓은 전자를 포함해야 중성의 질소가 된다는 거야. 전자를 포획할 때도 비슷해서, 이런 경우 붕괴에너지 $Q = (M_{\mathrm{X}} - M_{\mathrm{Y}})c^2$이란다. 즉 X, Y의 질량 M_{X}, M_{Y}는 중성원자의 질량을 의미해.

엘리 그럼 양성자가 양전자를 내놓는 경우 중성이 되려면 전자가 하나 더 남아서 붕괴에너지 $Q = (M_{\mathrm{X}} - M_{\mathrm{Y}} - 2m_e)c^2$이 되겠네요? m_e는 전자의 질량이고요. 양전자의 질량은 전자와 같으니까요.

울리 역시 엘리 조교야! 엘리 조교, 그럼 이제 감마붕괴를 설명해주시오~ 히히-

엘리 에…. 감마붕괴는 말이지…. 바리 교수님께서~ 헤헤-

바리 하하- 감마붕괴는 '불안정한 높은 에너지 상태에 잠시 있다가 안정된 낮은 상태로 떨어지면서 고에너지 광자를 내놓는 현상'이야. 다른 원자로 바뀌는 것이 아니고 말이야. 식으로는 ${}^{A}_{Z}X^* \rightarrow {}^{A}_{Z}X + \gamma$로 표현하는데, 높은 에너지 상태에 있다는 의미로 별표(*)를 해놓았어.

엘리 근데 보통은 안정된 낮은 상태에 있는 것 아닌가요?

바리 원자핵이 붕괴하는 과정에서 바로 안정된 상태로 붕괴할 수도 있지만 딸핵이 불안정한 높은 에너지 상태에 있는 경우도 아주 빈번하게 일어나거든. 예를 들어 붕소-12는 베타붕괴로 탄소-12의 바닥상태가 될 수 있지만, 들뜬 상태가 될 수도 있거든. 즉 ${}^{12}_{5}B \rightarrow {}^{12}_{6}C^* + e^- + \bar{\nu}$가 되고 들뜬 상태의 탄소-12는 ${}^{12}_{6}C^* \rightarrow {}^{12}_{6}C + \gamma$의 감마붕괴를 하는 거지.

엘리 아하, 그럴 수도 있군요. 그럼 우리가 핵반응이라고 부르는 것은 뭐예요? 알파붕괴, 베타붕괴, 감마붕괴와는 다른 건가요?

바리 '핵반응nuclear reaction'은 '큰 에너지의 입자와 충돌시켜서 원자핵을 깨뜨리는 것'을 의미하는데, 1919년 러더퍼드가 처음 관측했단다.

울리 와~ 또 러더퍼드예요? 원자핵의 아버지라고 불릴 만하네요.

바리 그렇지? 핵반응의 식은 보통 $a + X \rightarrow Y + b$로 표현하는데, '원자핵 X에 입자 a가 충돌해서 딸핵 Y와 다른 입자 b가 된다'는 의미야. 핵반응에서는 질량 변화에 따른 에너지 $Q = (M_a + M_X - M_Y - M_b)c^2$을 '반응에너지reaction energy'라고 부른단다. 자발적인 붕괴가 아니라서 붕괴에너지라고는 하지 않는 거지만, 질량 변화로 에너지를 보는 것은 똑같지.

울리 이건 좀 장난스러운 생각인데, a＝b, X＝Y인 것도 의미가 있을까요?

바리 역시 울리답네~ 의미가 있지. 콤프턴산란 같은 산란 과정으로 볼 수 있잖아.

엘리 아하~ 그렇네요. 울리, 너 그런 장난 좀 자주 쳐라~ 헤헤-

바리 교수의 물리노트 38

- 알파붕괴: ${}^{A}_{Z}\mathrm{X} \rightarrow {}^{A-4}_{Z-2}\mathrm{Y} + {}^{4}_{2}\mathrm{He}$
- 베타붕괴:

  전자방출: ${}^{A}_{Z}\mathrm{X} \rightarrow {}_{Z+1}^{\ \ A}\mathrm{Y} + \mathrm{e}^{-} + \bar{\nu}$

  양전자방출: ${}^{A}_{Z}\mathrm{X} \rightarrow {}_{Z-1}^{\ \ A}\mathrm{Y} + \mathrm{e}^{+} + \nu$

  전자포획: $\mathrm{p} + \mathrm{e}^{-} \rightarrow \mathrm{n} + \nu$ 또는 ${}^{A}_{Z}\mathrm{X} + \mathrm{e}^{-} \rightarrow {}_{Z-1}^{\ \ A}\mathrm{Y} + \nu$

- 감마붕괴: ${}^{A}_{Z}\mathrm{X}^{*} \rightarrow {}^{A}_{Z}\mathrm{Z} + \gamma$
- 붕괴에너지:

  알파붕괴: $Q = \left(M_{\mathrm{X}} - M_{\mathrm{Y}} - M_{\alpha}\right)c^{2}$

  베타붕괴(전자방출, 전자포획): $Q = \left(M_{\mathrm{X}} - M_{\mathrm{Y}}\right)c^{2}$

  베타붕괴(양전자방출): $Q = \left(M_{\mathrm{X}} - M_{\mathrm{Y}} - 2m_{e}\right)c^{2}$

- 핵반응:

  $\mathrm{a} + \mathrm{X} \rightarrow \mathrm{Y} + \mathrm{b}$

  반응에너지: $Q = \left(M_{\mathrm{a}} + M_{\mathrm{X}} - M_{\mathrm{Y}} - M_{\mathrm{b}}\right)c^{2}$

39 MRI가 원래는 '핵'이 들어간 NMR이라구요?

MRI/핵분열/핵융합

근래 바리 교수가 어깨 통증으로 병원에 자주 다니느라 바빠서 엘리와 울리를 통 만나지 못하다가 오늘 오랜만에 약속을 잡고 만나게 되었다. 바리 교수는 실내 암벽을 당분간 타지 말라는 의사의 권고가 있었고, 어깨 상태에 대한 확진을 받기 위해 MRI까지 찍었다고 했다. 결과는 회전근개 부분파열이라는데, 회전근개는 파열된 것이 저절로 다시 붙지 않고 앞으로 계속 찢어지기 때문에 스트레칭과 주변 근육을 강화하는 운동으로 진행을 늦출 수밖에 없다고 한다.

울리 그럼 좋아하시는 실내 암벽은 이제 못 타시는 거예요?

바리 아니, 의사가 그냥 타라고 해서 살살 타려고. 아주 조금 찢어졌대.

엘리 다행이네요. 근데 MRI 찍으실 때 무섭지 않으셨어요? 언젠가 우리 엄마가 찍으신 적 있는데 무서웠다고 했거든요.

바리 무서웠어. 들어가 있는 동안 꽤 힘들었지만 억지로 참았지 뭐.

울리 아줌마도 공포증 같은 것이 있으세요? 히히- 근데 MRI는 뭐의 약어에요? 전에 들었던 것 같긴 한데….

바리 나 겁 많아~ 하하- MRI는 'Magnetic Resonance Imaging'의 약어로 '자기공명영상'으로 번역되는데(3권 16화 참조), 정확히는 핵자기공명영상NMRI이야. 근데 이름에 '핵nuclear'이 들어가면 무섭고 해로운 것인 줄 알고 대중이 꺼려 하니까 빼버린 거란다.

울리 핵잼, 핵꿀잼처럼 긍정적으로 쓰이기도 하는데요. 헤헤-

바리 그런가? 하하- 아무튼 핵자기공명영상법은 X-선을 이용하는 CT 촬영과 달리 인체에 무해한데도 핵이란 용어 때문에 기피했다는 것이 안타깝지. 강한 자기장을 이용하기 때문에 몸속에 금속장치가 있는 사람한테는 사용할 수 없지만 말이야.

엘리 핵자기공명영상은 어떤 원리인데요?

바리 중성자와 양성자도 모두 스핀 $\frac{1}{2}$을 갖는다고 했잖아? 자기장 안에서 스핀양자수 $\frac{1}{2}$은 스핀자기양자수 $+\frac{1}{2}$과 $-\frac{1}{2}$을 가질 수 있고 말이야. (4권 28화 참조) 즉 자기장 안에서는 2개의 에너지 상태가 가능한 거지. 이 두 상태의 에너지 차이만큼의 광자를 흡수하거나 방출하면 두 에너지 상태 사이를 왔다 갔다 할 수 있고 말이야. 이를 핵자기공명이라고 해.

엘리 우리 몸에는 무수히 많은 원자가 있을 텐데 어떻게 조정을 하죠?

바리 우리 몸을 이루는 원자 중 60% 이상이 수소고, 수소원자핵은 양성자 하나로 단순하니까 수소원자핵의 자기공명을 이용한단다. 강력한 자기장 안에서 수소 양성자 스핀이 자기장 방향으로 나열하는데, 이때 공명을 일으킬 수 있는 전자기 펄스를 보내주면 이 에너지를 흡수해서 자기장과 반대 방향의 스핀 상태로 가게 되지. 그리고 전자기 펄스를 끊으면 다시 원래의 스핀 상태로 돌아가면서 전자기파를 방출하는데, 이를 측정하는 거야. 몸의 위치마다 걸어주는 자기장의 세기가 다르면 공명에너지도 다르고, 주변 조직과의 상호작용으로 원래 상태로 돌아가는 시간도 달라서 이를 시각적으로 변환하여 영상을 얻는단다.

울리 근데 어떻게 NMRI가 CT보다도 위험하지 않아요?

바리 라디오파 영역의 펄스를 사용하기 때문에 에너지가 10^{-7}eV 정도인데, 세포를 이루는 분자결합에너지는 이보다 1,000만 배 큰 1eV 정도라서 세포 손상을 거의 일으키지 않거든.

울리 아하, 그렇군요. 그럼 엑스레이는 일 년에 최대 몇 번까지 찍어야 안전한 거예요?

바리 일반인에 대한 방사능 피폭량 법적 허용치가 1년에 5mSv(밀리시버트)인데, 1Sv=1J/kg이란다. 엑스레이 1회 촬영당 피폭량은 부위별로 달라서 정확히 몇 번이라고 하기는 힘들고, 가슴 엑스레이의 경우 '0.06mSv/회'라고 해.

울리 그럼 대략 1년에 80회 정도까지는 안전하네요.

바리 1회당 피폭량이 큰 건 CT 촬영이야. 가슴 CT의 경우 1회당 6.8mSv 정도니까 가슴 엑스레이보다 피폭량이 100배 이상 크지.

엘리 와~ 가슴 CT 한 번 촬영이 1년 허용치를 넘어버리네요. 오히려 안전한 NMRI는 핵폭발이나 핵폭탄과는 아무 관계가 없는데도 '핵'자 때문에 인식이 안 좋아져 결국 '핵'을 뺀 거고요.

바리 그렇지. 물질을 이루는 모든 원자는 핵을 갖고 있는데 핵 소리만

들어도 무섭다고 하니 좀 이상하지?

울리 핵폭탄의 공포 때문이겠죠? 근데 핵폭탄은 어떻게 그렇게 파괴력이 큰 거예요?

바리 핵자당 결합에너지의 개념이 중요한데, 핵자당 결합에너지는 원자번호가 커질수록 증가하다가 원자번호 26~28에서 최곳값을 갖고 원자번호가 더 커지면 줄어들지.

엘리 결합에너지는 흩어져 있던 핵자들이 원자핵을 이루었을 때 '줄어든 질량×광속의 제곱'인 거죠? (4권 34화 참조)

바리 그래. '결합에너지÷핵자의 수'가 핵자당 결합에너지인데, 핵자당 결합에너지와 원자핵의 핵자당 질량은 반비례하지. 결합에너지가 크다는 것은 떨어져 있던 핵자들이 결합해서 핵을 이루었을 때 질량이 많이 줄었다는 것이니까 말이야. 핵자당 질량 곡선을 보면 핵융합이나 핵분열로 에너지를 어떻게 얻을 수 있는지 바로 알 수 있단다.

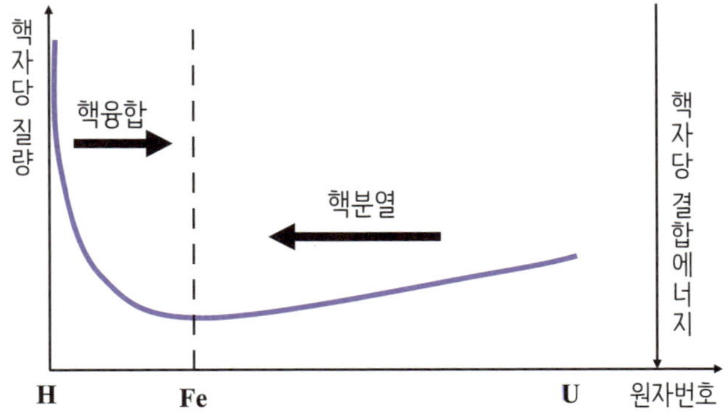

울리 어? 철의 핵자당 질량이 최저네요?

바리 각 원소의 동위원소 중 가장 많은 동위원소를 기준으로 보면 철-56의 핵자당 질량이 최저야. 가장 많은 동위원소가 아닌 모든 동위원소로 보면 니켈-62의 핵자당 질량이 가장 작은데 가장 비율이 높은 니켈 동위원소는 니켈-58이거든. 근데 니켈-58보다는 철-56의 핵자당 질량이 작아. 철이냐, 니켈이냐보다도 원자번호가 커짐에 따라 핵자당 질량이 줄어들었다가 커진다는 것이 중요한 거야.

엘리 핵자당 질량이 줄어드는 방향으로 변환이 일어나야 질량 차이로 에너지를 얻기 때문이군요.

울리 아하, 철의 원자번호보다 작은 원자번호의 원자들은 핵융합을 해서 원자번호가 커져야 에너지를 내놓고, 철의 원자번호보다 큰 원자번호의 원자들은 핵분열을 해서 원자번호가 작아져야 에너지를 내놓는다는 거죠?

바리 그렇지. 우라늄-235나 플루토늄-239는 쉽게 핵분열을 일으키는데, 이들의 '연쇄반응'까지 유도한 것이 원자폭탄이야. 미국이 제2차세계대전 말기인 1945년에 일본 히로시마에 떨어뜨린 것이 우라늄 폭탄이었고, 나가사키에 떨어뜨린 것이 플루토늄 폭탄이었단다. 모두 핵분열을 이용한 원자폭탄이지.

엘리 핵분열과 핵붕괴는 어떻게 달라요?

바리 중요한 질문이야. 1932년 채드윅이 중성자를 발견한 이후, 페르미는 느린 중성자가 핵과 잘 반응한다는 것을 알아냈고, 오토 한Otto Hahn과 프리츠 슈트라스만Fritz Strassmann은 우라늄이 거의 비슷한 질량을 가진 두 원소로 분열된다는 걸 확인하는 실험을 처음 했어. 근데 이들은 이 과정이 우라늄이 자연붕괴로 변환되는 것과 같은 반응이라고 생각했는데, 공동 연구자인 리제 마이트너Lise Meitner가 그건 불가능하다는 걸 계산으로 보였지.

엘리 아~ 제 이름과 비슷한 엘리제 마이트너요?

바리 맞아. 리제 마이트너는 오스트리아 태생의 핵물리학자인데, 중성자가 우라늄을 둘로 쪼개지게 했다는 주장을 오토 로베르트 프리쉬Otto Robert Frisch와 논문으로 발표하면서 이런 현상을 '핵분열nuclear fission'이라고 처음 명명했단다. 근데 오토 한과 슈트라스만은 실험 결과 발표에서 리제 마이트너의 이름을 넣지 않았고, 1944년 노벨화학상은 오토 한 단독으로 탔지.

울리 어떻게 그래요? 핵분열 현상을 처음 예측한 마이트너를 빼고 노벨상을 줬다고요?

바리 그래서 당시 노벨위원회는 많은 과학자와 언론인들의 비난을 샀어. 리제 마이트너는 1968년에 세상을 떠났는데, 1997년에 발견된 원자번호 109번 원소를 '마이트너륨meitnerium'이라 명명하며 그녀를 기리긴 했지만 말이야.

엘리 안타까워요. 그럼 연쇄반응은 뭐예요?

바리 우라늄-235가 중성자와 충돌해서 바륨-142와 크립톤-91로 분열하고 중성자 3개가 나오는데($n + {}^{235}_{92}U \rightarrow {}^{141}_{56}Ba + {}^{92}_{36}Kr + 3n$), 이 중성자 3개는 다른 우라늄 원자 3개를 분열시킬 수 있으니 이런 과정이 반복되는 것을 연쇄반응이라고 하는 거야.

울리 오~ 효율적이네요. 그럼 핵융합은 어떻게 일어나요?

바리 핵자당 질량은 질량수가 20보다 작은 원자에서 특히 큰데, 이런 핵들을 융합하면 큰 에너지를 얻을 수 있지. 가장 가능성 높은 핵융합이라면 중수소를 융합해서 헬륨이 되게 하는 건데, 호수나 바닷물에서 쉽게 중수소를 얻을 수 있기 때문이지.

울리 중수소가 뭐예요?

바리 수소원자핵에 중성자가 하나 더 들어 있어서 ${}^{2}_{1}H$로 표현해. 중성자가 2개 더 있는 건 삼중수소라 하고 ${}^{3}_{1}H$로 쓰지. 중수소 2개가 융합해 헬륨을 만들면 3.27MeV의 큰 에너지를 낼 수 있거든(${}^{2}_{1}H + {}^{2}_{1}H \rightarrow {}^{3}_{2}He + n + 3.27MeV$). 문제는 중수소 2개를 충분히 가까이 있게 하는 것이 아주 어렵다는 거지만 말이야.

엘리 핵은 fm 크기니까 중수소들을 그렇게 가까이 가게 하는 것은 거의 불가능한 것 아닌가요?

울리 그럼 어떻게 수소폭탄을 만들 수 있었어요?

바리 엘리 말대로 양성자 간의 쿨롱 반발력을 극복하고 핵력이 작용하게 하려면 약 4fm 이내로 접근시켜야 하는데 거의 불가능하지. 수소폭탄은 원자폭탄을 이용해 100만~1,000만 도까지 가열해서 수소 핵융합을 유도한 거란다. 근데 이런 수소핵융합이 태양에서는 계속 일어나고 있으니 놀랍지?

울리 태양에너지가 수소핵융합으로 나온 에너지인 거예요?

바리 매초 6억t 이상의 수소가 융합되고 있지. 중수소 1g이 융합될 때 나오는 에너지는 우라늄 1g을 분열시켜서 얻는 에너지보다 5배 이상 큰 5.4×10^{11}J 정도니 어마어마하지. 그래서 우리가 태양에너지를 잘 쓰고 있는 것이고 말이야.

바리 교수의 물리노트 39

- 핵자기공명nuclear magnetic resonance: 원자핵이 특정한 파장의 전자기파와 공명하는 현상으로 MRI(Magnetic Resonance Imaging)는 몸속 수소원자핵의 자기공명 현상(라디오파에서 나타남)을 이용한 것이다.
- 핵자당 질량은 핵자당 결합에너지에 반비례하고, 원자번호가 커질수록 감소하다가 철-56에서 가장 작고 다시 원자번호가 커지면 증가한다.
- 핵분열nuclear fission: 핵자당 질량이 크고 질량수가 큰 원자핵이 핵자당 질량이 작고 질량수가 작은 2개의 원자핵으로 분열되며 에너지를 방출하는 과정.
- 핵융합nuclear fusion: 핵자당 질량이 크고 질량수가 작은 원자핵이 모여, 핵자당 질량이 작고 질량수가 큰 원자핵이 되며 에너지를 방출하는 과정.

40 힘을 전달하는 입자들이 있다구요?

네 가지 기본 힘/표준모형

바리 교수가 이제 마지막 이야기를 하겠다며 울리와 엘리를 불렀다. 연구년으로 1년간 해외에 나가 있을 예정이라 정기적으로 엘리와 울리를 만날 수 없을 텐데, 그래도 궁금한 것이 있으면 언제든지 메일이나 문자를 통해 질문하라고 했다. 마지막 물리 이야기도 듣고, 맛있는 것도 먹고, 함께 롤러블레이드도 타자며 롤러블레이드가 있으면 가지고 오라고 했다. 엘리와 울리는 신발장 구석에서 오랫동안 타지 않은 롤러블레이드를 챙겨 나왔다. 마지막이라고 생각하니 섭섭하고 허전한 기분이 들었다.

엘리 아줌마~ 오늘이 마지막이라니까 슬퍼요.

울리 저도요. 근데 갑자기 왜 롤러블레이드를 타자고 하세요?

바리 오늘 마지막 이야기로 우리 우주의 네 가지 근본 힘에 대해서 이야기하려고 하는데, 롤러블레이드가 생각나서 가져오라고 했지. 너희 어릴 때 유행했던 거라 있을 것 같아서 말이야.

엘리 너무 오랫동안 안 타서 잘 탈 수 있을지 모르겠네요.

바리 지금 신어보렴~ 울리도.

울리 저도 오랫동안 타지 않았는데 그래도 타지긴 하네요. 헤헤-

바리 자, 그럼 이 공을 엘리에게 던져볼래?

울리 롤러블레이드를 타고 공을 던지니 제가 막 뒤로 밀리는데요.

엘리 저는 공을 받으니 뒤로 가고요. 히히- 재밌어요.

바리 너희가 직접 서로를 민 것은 아니지만 공을 통해 힘을 받았잖아? 마치 공이 힘을 전달하는 매개체 역할을 한 것처럼 말이야.

엘리 어? 그렇네요. 근데 저는 왜 중력장이 생각날까요? 질량이 안 보여도 그 질량이 만든 중력장 안에 들어온 다른 질량은 만유인력을 받는다고 하신 이야기가 생각나요. (1권 40화 참조)

울리 중력장이 우리가 주고받은 공처럼 힘을 전달하는 건가요?

바리 오~ 중력장이 떠오르다니 대단한데? 일단 우리 우주를 지배하는 네 가지 기본 힘부터 나열해보면, 중력, 전자기력, 강력, 약력이야. 강력은 우리가 이미 보았듯이 중성자와 양성자 같은 핵자들을 결합시키는 강한 상호작용을 의미하고, 약력은 베타붕괴에 관여하는 힘이지.

엘리 아, 핵력이 강력과 약력 두 가지네요.

바리 그래. 입자물리학에서는 '표준모형standard model'이라는 이론으로 자연계의 기본 입자와 입자 간에 작용하는 힘을 설명하는데, 이 이론에 의하면 물질은 궁극적으로 6종류의 '쿼크quark'와 6종류의 '렙톤lepton(경입자)'으로 이루어져 있고, 이들 사이에 작용하는 힘을 전달하는 매개입자가 있으며, 마지막으로 이들 기본입자에 질량을 부여할 때 필요한 '힉스보존Higgs boson'이 있다고 본다.

엘리 쿼크는 들어봤는데 렙톤은 뭐예요?

울리 와~ 모르는 단어 천지예요. 매개입자, 힉스보존도 처음 들어보고요.

바리 일단 6종류의 쿼크가 u, d, c, s, t, b라는 것은 얘기한 적 있는데 기억나는지 모르겠다. (2권 2화 참조) 그리고 6종류의 렙톤은 전자(e), 뮤온(μ), 타우입자(τ), 전자중성미자(ν_e), 뮤온중성미자(ν_μ), 타우중성미자(ν_τ)란다. 쿼크나 렙톤은 모두 스핀 $\frac{1}{2}$을 갖는 페르미온이고 말이야.

울리 베타붕괴 때 나왔던 중성미자요? 중성미자도 3종류가 있어요?

바리 그래. 베타붕괴 때 나왔던 중성미자가 전자중성미자인데, 그땐 중성미자가 처음 나온 거라 구분을 하지 않고 그냥 중성미자라고 불렀던 거야.

울리 쿼크 이름은 무슨 약어였죠? 업, 다운만 기억나네요. 히히-

바리 'up', 'down', 'charm', 'strange', 'top', 'bottom'의 첫 글자지. 이 중 u, c, t 쿼크는 전하량 $+\frac{2}{3}e$를, d, s, b 쿼크는 $-\frac{1}{3}e$ 전하량을 갖고 말이야.

엘리 쿼크의 전하량이 분수인 건 기억나요. 헤헤- 근데 뮤온과 타우입자도 전하를 띠나요?

바리 전자, 뮤온, 타우입자는 모두 전하량이 $-e$로 같단다. 3종류의 중성미자는 그 이름에서 알 수 있듯이 모두 전하량이 0이고 말이야.

엘리 그럼 힘을 전달하는 매개입자는 뭐예요?

바리 중성자는 1개의 u 쿼크와 2개의 d 쿼크로 되어 있어서 총 전하량이 0이고, 양성자는 2개의 u 쿼크와 1개의 d 쿼크로 되어 있어서 $+e$의 전하량을 갖지. 강력은 이 쿼크들 사이에 작용하는 힘으로, 쿼크들을 강하게 결합시켜 중성자나 양성자로 있게 하는데, 중성자나 양성자가 모여 원자핵을 이룰 수 있는 것도 결국 강력 때문이지. 이 강력의 매개입자를 '글루온gluon(접착자)'이라고 한단다.

울리 글루온요? 풀을 뜻하는 영어 'glue'에서 따온 건가 봐요.

바리 맞아. 쿼크들을 풀칠하여 붙이는 역할을 한다는 의미로 붙인 거니까 말이야. 한편 베타붕괴에 관여하는 핵력이 약력이라고 했는데, 중성자가 전자를 방출하고 양성자가 되는 것을 쿼크 입장에서 보면 중성자의 d 쿼크(전하량 $-\frac{1}{3}e$) 하나가 u 쿼크(전하량 $+\frac{2}{3}e$)로 바뀐 거야. 즉 약력은 쿼크와 렙톤 사이에 작용하는 힘이라고 할 수 있는데, 이때의 매개입자는 'W보존boson'이라는 거야. 일반적으로 약력의 매개입자는 $W^{\pm}$, Z^0 보존이 있다고 하지.

울리 이상한 입자 이름들이 많네요.

바리 그렇지? 나도 입자물리학 전공이 아니라서 모두 생소한 입자들이란다.

엘리 어? 그래요? 물리학자들은 모든 것을 다 아는 것 아니었어요?

바리 아주 기본적인 것들만 공통으로 알고 있는 거지. 세부적으로 들

〈표준모형 Standard Model〉

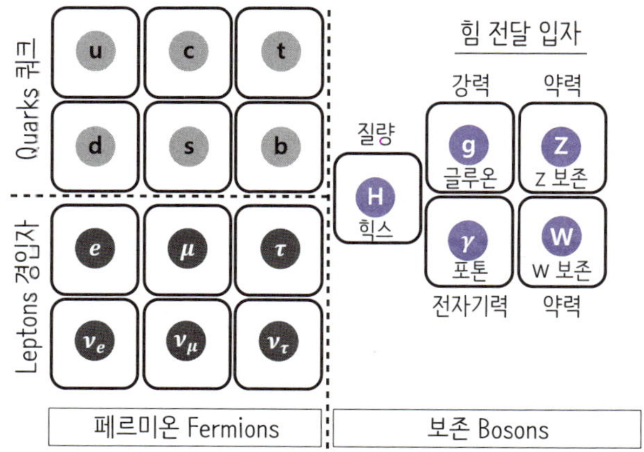

어가면 여러 복잡한 내용이 많잖아. 특히 입자물리학 이론 연구는 수학을 가장 많이 사용하는 연구 분야기 때문에 그 연구를 하지 않는 사람들은 이해하기 힘들거든.

울리 아줌마도 모든 것을 다 아는 것이 아니라는 사실이 저는 괜히 기분 좋아요. 히히-

바리 너희들이 훌륭한 물리학자가 되어 나중에는 내가 너희한테 새로운 것을 배울 수 있으면 좋겠다~ 매개입자에 대해서 마저 얘기하면, 전자기력을 매개하는 것은 '포톤photon(광자)', 중력을 매개하는 것은 '그래비톤graviton(중력자)'이라고 해. 광자에 대해선 이미 양자이론을 다루면서 많이 나왔지만, 전하들 사이의 힘을 광자가 매개한다는 것도 그리 부자연스럽지는 않지?

엘리 전하가 있기만 해도 전기장이 생기고 전하가 진동하면 전자기파도 생기니 광자가 힘을 전달한다는 것이 그럴듯하게 느껴져요. 근데 그래비톤은 그냥 중력을 조금 변형한 단어네요?

바리 맞아. 전자기력이 전자기장에 의해 힘이 전달되듯이 중력은 중력장에 의해 힘이 전달되지. 그런데 전자기장이나 중력장은 모두 양자역학이 나오기 전에 등장한 고전물리학적 개념이야. 그러니 이것을 양자역학과 결합해야 하겠지? 이걸 '장의 양자화field quantization'라고 해.

울리 아하~ 전자기장을 양자화해서 나온 입자가 포톤이고, 중력장을 양자화해서 나온 입자가 그래비톤인 거군요?

바리 그렇지. 힘의 전달에 관계하는 장을 양자화하면 그에 해당하는 입자를 얻게 되는데, 이게 바로 매개입자야. 이렇게 장의 양자화를 다루는 이론을 '양자장론quantum field theory'이라고 해. 사실 양자장론에 따르면 매개입자들뿐 아니라 쿼크나 렙톤, 힉스보존 등의 다른 입자들도 모두 그에 해당하는 '양자장quantum field'이 있어. '쿼크장quark field'처럼 말이야. 이 쿼크장의 출렁임에서 양자역학적으로 쿼크 입자가 나오는 거지.

울리 또 뭔가 멋진 느낌이 들어요. 장과 기본 입자가 서로서로 연결되는 개념이라니요.

바리 하하- 멋지지. 그런데 개념적으로는 이렇지만 중력장은 아직 성공적인 양자장론이 없다고 해. 즉 중력을 양자역학과 결합하는 것은 아직 미해결의 문제로 남아 있다는 얘기지. 그래비톤도 이름만 그렇게 붙여놓았을 뿐 실험에서 검증은 하지 못한 상태고 말이야. 그래서 보통 표준모형에서 중력이나 그래비톤은 빼고 이야기한단다.

엘리 중력이 가장 익숙한 힘인데 양자역학적으로는 설명이 잘 안 되고 있다는 거네요?

바리 그런 셈이지. 중력은 아주 약한 힘이어서 그래비톤을 관측하는 것도 쉽지 않고 말이야. 그래도 이론적으로 유추한 그래비톤의 특성은 광자처럼 질량이 없고, 빛의 속력으로 움직이고, 전하량도 0이고 스핀은 2라고 해. 이제 네 가지 기본 힘을 비교·정리해 보는 것이 좋을 것 같네. 아래 표를 보렴.

기본 힘	작용	세기	작용 거리	매개입자
강력	쿼크	1	10^{-15}m	글루온(접착자): 질량 0, 스핀 1
전자기력	전하	$\frac{1}{137}$	무한대	포톤(광자): 질량 0, 스핀 1
약력	쿼크, 렙톤	10^{-6}	10^{-18}m	$W^{\pm}$, Z^0 보존: 질량 $> 80\,GeV/c^2$ 스핀 1
중력	질량	6×10^{-39}	무한대	그래비톤(중력자): 질량 0, 스핀 2

엘리 와, 강력에 비하면 중력의 세기는 정말 무시해도 될 정도로 약하군요. 약력의 매개입자만 질량도 있고, 전하도 있고요.

울리 오늘 정말 새로운 입자들을 많이 들어보네요. 아, 근데 힉스입자가 질량과 관계가 있다고요? 무슨 의미예요?

바리 영국 물리학자 피터 웨어 힉스Peter Ware Higgs, 프랑수아 앙글레르Francois Englert 및 몇 명의 물리학자가 쿼크나 렙톤 같은 기본 입자가 질량을 가지는 이유를 설명하기 위해 1964년에 힉스보존이 있다는 가설을 제안했는데, 2013년 힉스보존의 존재가 실험적으로 증명된 거야. 힉스와 앙글레르는 같은 해에 바로 노벨 물리학상을 받았지.

울리 와~ 49년이나 지나 가설이 증명되었네요. 그럼 제 질량도 힉스보존 때문인가요?

바리 힉스보존이 쿼크나 렙톤 같은 기본 입자에 질량을 부여하긴 하지만 이것이 물질의 질량을 전부 설명하는 것은 아니란다. 이 작은 질량을 가진 쿼크들은 강력에 의해 글루온과 상호작용하며 큰 에너지를 발생하는데, 이 에너지가 양성자와 중성자, 더 나아가서는 원자 질량의 대부분을 차지하며 결국 물질의 질량 대부분을 만들어내는 거야.

울리 아, 이번에는 에너지가 질량이군요. 결국 제 몸무게도 강력에 의한 에너지 때문이라는 거고요.

바리 그렇지. 아무튼 힉스보존의 발견으로 표준모형을 실험적으로 검증하는 작업이 50년 만에 완료되었다고 할 수 있어. 이 표준모형이 바로 현재 인류가 찾아낸 우리 우주의 가장 근본적인 이론이란다. 이런 이론의 실험적 검증이 끝난 것이 바로 몇 년 전이니, 지금 이 시대는 전체 과학의 역사에서 참으로 특별한 시기라고도 할 수 있지.

엘리 와~ 정말 그렇게 생각할 수도 있겠네요. 그런데 그러면 더는 연구할 게 없다는 얘기 아닌가요?

바리 그렇진 않아. 예를 들면 아직 중력을 양자역학으로 설명하는 것도 성공하지 못했다고 했잖아. 아직 연구할 것이 무궁무진하게 많다는 얘기지. 물리 이야기는 이 정도로 하고, 이제 맛있는 것 좀 먹으며 놀자. 난 너희가 많이 그리울 것 같은데, 오늘은 즐거운 시간을 많이 함께 보내고 헤어지자.

엘리 잉~ 또 슬퍼지려고 해요~ 이 집 앞을 지날 때마다 아줌마 생각이 날 텐데요.

울리 저희 이제 온라인으로 만나요~ 전 계속 아줌마를 귀찮게 할 거예요. 헤헤-

바리 교수의 물리노트 40

- 우주를 지배하는 네 가지 기본 힘은 힘의 세기 순으로 강력, 전자기력, 약력, 중력이다.
- 강력(강한 상호작용): '쿼크quark'들 사이에 작용하는 힘으로 매개입자는 '글루온gluon(접착자)'이고, 물질의 질량은 대부분 강력에 의한 에너지 때문이다.
- 약력(약한 상호작용): 쿼크나 '렙톤lepton(경입자)'에 작용해서 베타붕괴 등의 방사능 반응에 관여하는 힘으로 매개입자는 $W^{\pm}$, Z^0 보존이다.
- 전자기력의 매개입자는 '포톤photon(광자)', 중력의 매개입자는 '그래비톤graviton(중력자)'이다.
- 입자물리학의 표준모형의 기본 입자들은 6종류의 쿼크(u, d, c, s, t, b)와 6종류의 렙톤(e, μ, τ, ν_e, ν_μ, ν_τ), 4종류의 매개입자(글루온, 포톤, $W^{\pm}$, Z^0 보존), 그리고 쿼크나 렙톤에 질량을 부여할 때 필요한 '힉스보존Higgs boson'이다.

다이얼로그 물리학 ❹

상대성이론 · 양자역학

펴낸날 1판 1쇄 2022년 2월 25일
지은이 이공주복
펴낸이 정은경
펴낸곳 이화여자대학교출판문화원
주소 서울특별시 서대문구 이화여대길 52 (우03760)
등록 1954년 7월 6일 제9-61호
전화 02) 3277-2965 (편집), 362-6076 (마케팅)
팩스 02) 312-4312
전자우편 press@ewha.ac.kr
홈페이지 www.ewhapress.com
책임편집 이지예
본문 디자인 김리영 · 정혜진
표지 디자인 이현정

ISBN 979-11-5890-456-2 04420
979-11-5890-452-4 04420(SET)
값 19,000원